中国电子教育学会高教分会推荐
高等学校应用型本科“十三五”规划教材

EDA技术与应用

何春燕　刘毓　黄颖
李生好　高飞　编著

西安电子科技大学出版社

内 容 简 介

本书是电子设计自动化(EDA)技术的基础教材。全书共7章，主要内容包括：EDA技术概述与可编程逻辑器件、工具软件MAX＋plus Ⅱ / Quartus Ⅱ、工具硬件SOPC简介、Verilog HDL硬件描述语言、VHDL硬件描述语言、程序设计实例、EDA实验及课程设计。

本书作为电子信息类专业EDA技术基础教材，以基础知识适度与结构体系鲜明为编写原则，注意了各部分知识的活化联系，重点突出，难度适中。考虑到应用型本科院校的特点和实际情况，对例题与习题做了精选，在保证必要的基本训练的基础上，适当降低其难度，努力拓宽知识面，尽量反映最新科技发展概况。

本书适合作为高等院校电子信息类专业相关课程的教材，也可作为高职高专院校电子设计自动化课程的教材或参考书，还可作为自学考试或函授教材。

★ 本书作者精心制作了配套课件与课程资源可供老师选用(在出版社网站下载)。

图书在版编目(CIP)数据

EDA技术与应用/何春燕等编著. — 西安：西安电子科技大学出版社，2017.6

高等学校应用型本科"十三五"规划教材

ISBN 978-7-5606-4544-5

Ⅰ. ① E… Ⅱ. ① 何… Ⅲ. ① 电子电路—电路设计—计算机辅助设计 Ⅳ. ① TN702.2

中国版本图书馆CIP数据核字(2017)第094017号

策划编辑 李惠萍

责任编辑 李惠萍

出版发行 西安电子科技大学出版社(西安市太白南路2号)

电　　话 (029)88242885 88201467　　邮　　编 710071

网　　址 www.xduph.com　　电子邮箱 wmcuit@cuit.edu.cn

经　　销 新华书店

印刷单位 陕西天意印务有限责任公司

版　　次 2017年6月第1版 2017年6月第1次印刷

开　　本 787毫米×1092毫米 1/16 印 张 14.5

字　　数 339千字

印　　数 1～3000册

定　　价 27.00元

ISBN 978-7-5606-4544-5/TN

XDUP 4836001-1

***** 如有印装问题可调换 *****

前　言

本书内容符合教育部“高等教育面向21世纪教学内容和课程体系改革计划”的基本要求，是编者在总结教学实践经验的基础上，为高等工科院校电子信息类专业编写的EDA课程(或可编程逻辑器件设计课程)教材。本书内容包括EDA技术概述与可编程逻辑器件、工具软件MAX + plusⅡ / QuartusⅡ、工具硬件SOPC简介、Verilog HDL硬件描述语言、VHDL硬件描述语言、程序设计实例、EDA实验及课程设计，主要介绍常见的可编程逻辑器件、常用的设计软件MAX + plusⅡ / QuartusⅡ、硬件描述语言Verilog HDL和VHDL以及EDA技术的实际应用。

本书由三所高校的教师在四年教学改革的基础上，总结、提炼、丰富、改编现有教材而完成，目的就是帮助读者学会设计数字系统的硬件描述语言，并熟悉工具软件MAX + plusⅡ和QuartusⅡ。在编写过程中我们力求突出以下特点：

(1) 有关EDA技术及可编程逻辑器件只做简单的介绍，因为有大量的资料可以供读者参考，只是出于完整性的考虑在教材中适当体现。

(2) 语言通俗易懂，内容力求精练，避免晦涩难懂的叙述。

(3) 教材中涉及的实例力求简单明了，针对性强。

当然，要想达到很高的设计水平，还需要读者进行更专业的培训和训练。一本教材不能解决所有的问题，本书仅供读者入门学习之用，能起到抛砖引玉之功效是作者的心愿。

本书是面向电子信息类专业的教材，根据我们教学的实践，建议理论授课学时数为32学时，实践课程为16学时，课程设计为16学时。不同院校可以根据自身的实际需求对书中内容加以取舍。当然，不仅仅局限于本书给出的实验和设计题目，根据学生掌握的难易程度，教师也可以自行设计其他题目。

本书由三所高校老师联合编写，重庆邮电大学移通学院何春燕老师编写第

2 章、第 5 章，重庆三峡学院电子与信息工程学院刘毓副教授编写第 4 章、第 7 章，重庆邮电大学移通学院黄颖老师编写第 1 章，重庆工程职业技术学院电气工程学院李生好副教授编写第 3 章，重庆邮电大学移通学院高飞副教授编写第 6 章。全书由何春燕老师统稿、定稿。

由于编者水平有限，书中难免有不足和考虑不周之处，敬请使用本书的师生与其他读者批评指正，以便修订时改进。

非常感谢所有关心本书编写的学校领导、同事给予我们的支持与帮助。

编　者

2017 年 5 月

目　录

第 1 章 EDA 技术概述与可编程逻辑器件

数字电子技术的发展，有力地推动了社会生产力的发展和社会信息化的提高。大规模集成电路加工技术的进步是现代数字电子技术发展的基础，现代电子产品在性能提高、复杂度增加的同时，价格却一直呈下降趋势，而且产品更新换代的步伐也越来越快。当前集成电路正朝着速度快、容量大、体积小、功耗低的方向发展。

1.1 EDA 技术

1.1.1 EDA 技术的含义

EDA(Electronic Design Automation)，即电子设计自动化，是随着集成电路和计算机技术飞速发展而产生的一种快速、有效、高级的电子设计自动化工具。EDA 是以计算机为工作平台，融合应用电子技术、计算机技术、智能化技术的最新成果而研制成的电子 CAD 通用软件包，主要功能是可以辅助进行三方面的设计工作：集成电路(Integrated Circuits，IC)设计、电子电路设计、印刷电路板(Printed Circuits Board，PCB)设计。

狭义的 EDA 技术是指以计算机为工作平台，以 EDA 软件工具为开发环境，以大规模可编程逻辑器件为设计载体，以硬件描述语言(Hardware Description Language，HDL)为系统逻辑描述的主要方式，自动地完成用软件方式描述的电子系统到硬件系统的逻辑编译、逻辑化简、逻辑分割、逻辑综合及优化、布局布线、逻辑仿真，以及特定目标芯片的适配编译、逻辑映射、编程下载等工作，最终形成集成电子系统或专用集成芯片。

广义的 EDA 实际上是 EDA 工程所涉及的范围，包括半导体工艺设计自动化、可编程器件设计自动化、电子系统设计自动化、印刷电路板设计自动化、电子电路仿真与测试、电子产品故障诊断自动化、形式验证自动化等方面的内容。

在现代电子设计领域，EDA 技术已经成为电子系统设计的重要手段。利用 EDA 工具，电子设计师可以从概念、算法、协议等开始设计电子系统，并可以将电子产品从电路设计、性能分析到设计出 IC 版图或 PCB 版图的整个过程在计算机上自动处理完成，极大地提高了设计效率，减少了设计周期，节省了设计成本。

1.1.2 EDA 技术的发展历程

从 20 世纪 70 年代起，人们就不断开发出各种计算机辅助设计工具来帮助设计人员进行集成电路和电子系统的设计，集成电路技术的不断发展对 EDA 技术提出了新的要求，并促进了 EDA 技术的发展。EDA 技术具有丰富的内容以及与电子技术各学科领域的相关性，其发展的历程同大规模集成电路设计技术、计算机辅助工程、可编程逻辑器件以及电子设计技术和工艺的发展是同步的。回顾过去几十年电子设计技术的发展历程，可将 EDA 技术的发展分为三个阶段。

1. CAD 阶段

20 世纪 70 年代，电子线路的计算机辅助设计(Computer Aided Design，CAD)是 EDA 发展的初级阶段。这一阶段的主要特征是利用计算机辅助进行 IC 版图编辑和 PCB 布局布线，使得设计师从传统的高度重复、繁杂的绘图劳动中解脱出来，产生了计算机辅助设计的概念。

2. CAE 阶段

20 世纪 80 年代，计算机辅助工程(Computer Aided Engineering，CAE)的概念出现。与 CAD 相比，除了纯粹的图形绘制功能外，该阶段已具备了设计自动化的功能，主要是具备了自动布局布线和电路的计算机仿真、分析与验证功能。

3. EDA 阶段

20 世纪 90 年代至今，出现了以高级语言描述、系统仿真和综合技术为特征的 EDA 阶段。采用“自顶向下”的设计顺序和“并行工程”的设计方法，设计师只需要准确定义所要设计的系统，由 EDA 系统去完成电子产品的系统级到物理级的设计，就可以进行该系统的芯片设计与制造。

进入 21 世纪后，全定制和半定制专用集成电路正成为新的发展热点，专用集成电路的设计与应用必须依靠专门的 EDA 工具，因此 EDA 技术在功能仿真、时序分析、集成电路自动测试、高速印刷电路板设计及操作平台的扩展等方面都面临着新的巨大的挑战。

1.1.3　EDA 的应用

EDA 在教学、科研、产品设计与制造等方面都发挥着巨大的作用。

在教学方面，几乎所有理工科(特别是电子信息)类的高校都开设了 EDA 课程，主要目的是让学生了解 EDA 的基本概念和基本原理，掌握 HDL 语言编写规范，掌握逻辑综合的理论和算法，使用 EDA 工具进行电子电路课程的实验并从事简单系统的设计，一般性地学习电路仿真工具(如 EWB、PSPICE)和 PLD 开发工具(如 Altera/Xilinx 的器件结构及开发系统)，为今后工作打下基础。

科研方面主要利用电路仿真工具(EWB 或 PSPICE)进行电路设计与仿真，利用虚拟仪器进行产品测试，将 CPLD(Complex Programmable Logic Device，复杂可编程逻辑器件)和 FPGA(Field Programmable Gate Array，现场可编程门阵列)器件实际应用到仪器设备中，从事 PCB 设计和 ASIC(Application Specific Integrated Circuits，专用集成电路)设计等。

在产品设计与制造方面，EDA 技术包括前期的计算机仿真，产品开发中的 EDA 工具应用、系统级模拟及测试环境的仿真，生产流水线的 EDA 技术应用、产品测试等各个环节，如 PCB 的制作、电子设备的研制与生产、电路板的焊接、ASIC 的流片过程等。

从应用领域来看，EDA 技术已经渗透到各行各业，如前文所说，包括机械、电子、通信、航空航天、化工、矿产、生物、医学、军事等各个领域，都有 EDA 的应用。另外，

EDA 软件的功能日益强大，原来功能比较单一的软件，现在增加了很多新用途，如 AutoCAD 软件可用于机械及建筑设计，也可扩展到建筑装潢及各类效果图绘制、汽车和飞机的模型设计、电影特技等领域。

1.1.4　EDA 技术的发展趋势

从目前的 EDA 技术来看，其发展趋势是政府重视、使用普及、应用广泛、工具多样、软件功能强大。

中国 EDA 市场已渐趋成熟，不过大部分设计工程师面向的是 PC 主板和小型 ASIC 领域，仅有小部分(不足 20%)的设计人员在研发复杂的片上系统器件。为了与台湾和美国的设计工程师形成更有力的竞争，中国的设计队伍有必要采用一些最新的 EDA 技术。

在信息通信领域，要优先发展高速宽带信息网、深亚微米集成电路、新型元器件、计算机及软件技术、新一代移动通信技术、信息管理、信息安全技术，积极开拓以数字技术、网络技术为基础的新一代信息产品，发展新兴产业，培育新的经济增长点。要大力推进制造业信息化，积极开展计算机辅助设计(CAD)、计算机辅助工程(CAE)、计算机辅助工艺(CAPP)、计算机辅助制造(CAM)、产品数据管理(PDM)、制造资源计划(MRP Ⅱ)及企业资源管理(ERP)等。有条件的企业可开展“网络制造”，便于合作设计、合作制造，参与国内和国际竞争；开展“数控化”工程和“数字化”工程。自动化仪表技术的发展趋势是测试技术、控制技术与计算机技术、通信技术进一步融合，形成测量、控制、通信与计算机(M3C)一体化结构。在 ASIC 和 PLD(Programmable Logic Device，可编程逻辑器件)设计方面，向超高速、高密度、低功耗、低电压方向发展。

外设技术与 EDA 工程相结合的市场前景看好，如组合超大屏幕的相关连接、多屏幕技术也有所发展。

中国自 1995 年以来加速开发半导体产业，先后建立了几所设计中心，推动系列设计活动以应对亚太地区其他 EDA 市场的竞争。

EDA 软件开发目前主要集中在美国。但各国也正在努力开发相应的工具。日本、韩国都有 ASIC 设计工具，但不对外开放。中国华大集成电路设计中心也提供 IC 设计软件，但性能不是很强。相信在不久的将来会有更多更好的设计工具在各地开花并结果。据最新统计结果显示，中国和印度正在成为电子设计自动化领域发展最快的两个市场，年复合增长率分别达到了 50%和 30%。

随着科学技术的飞速发展和市场需求的不断增长，EDA 开发工具将得到进一步发展，EDA 技术将朝着 ESDA(Electronic System Design Automation，电子设计系统自动化)和 CE(Concurrent Engineering，并行设计工程)的方向发展，并促使 ASIC 和 FPGA 逐步走向融合。

1.2　EDA 软件系统的构成

EDA 工具层出不穷，目前进入我国并具有广泛影响的 EDA 软件有 Altium Designer、OrCAD、PCAD、Protel、Multisim12(原 EWB 的最新版本)、Mentor、Quartus Ⅱ、MATLAB、

LSIlogic、Cadence、MicroSim 等。这些工具都有较强的功能，一般可用于几个方面，例如很多软件都可以进行电路设计与仿真，同时也可以进行 PCB 自动布局布线，可输出多种网表文件与第三方软件接口。下面按主要功能或主要应用场合，将这些 EDA 工具分为电路设计与仿真工具、PCB 设计软件、IC 设计软件、PLD 设计工具及其他 EDA 软件进行简单介绍。

1.2.1 电子电路设计与仿真工具

电子电路设计与仿真工具包括 SPICE/PSPICE、Multisim、MATLAB、SystemView、MMICAD 等。下面简单介绍前三个软件。

(1) SPICE(Simulation Program with Integrated Circuit Emphasis)软件。这是由美国加州大学推出的电路分析仿真软件，是 20 世纪 80 年代世界上应用最广的电路设计软件，1998 年被定为美国国家标准。1984 年，美国 MicroSim 公司推出了基于 SPICE 的微机版 PSPICE(Personal-SPICE)。现在用得较多的是 PSPICE 9.1，可以说在同类产品中，它是功能最为强大的模拟和数字电路混合仿真 EDA 软件，在国内被普遍使用。最新推出的 PSPICE 17.2 版本，可以进行各种各样的电路仿真、激励建立、温度与噪声分析、模拟控制、波形输出、数据输出，并在同一窗口内同时显示模拟与数字的仿真结果。使用该软件无论对哪种器件、哪些电路进行仿真，都可以得到精确的仿真结果，并可以自行建立元器件及元器件库。

(2) Multisim 软件。这是美国国家仪器(NI)有限公司推出的电子电路仿真与设计的 EDA 工具软件。作为 Windows 下运行的个人桌面电子设计工具，Multisim 是一个完整的集成化设计环境。其最新版本为 Multisim 14，目前普遍使用的是 Multisim 10.0。Multisim 的仿真分析功能中，有一种与真实实验完全类似的方式，就是可以从仪器工具栏中提取各种虚拟仪器，采用与真实仪器相同的使用方法，连接于创建的电路。然后，打开仿真开关，即可进行各种特定功能的仿真分析。这是它与其他 EDA 软件最大的区别，也是它最受教育界推崇的特点。

(3) MATLAB 产品族。这类软件的一大特性是有众多的面向具体应用的工具箱和仿真块，包含了完整的函数集，用来对图像信号处理、控制系统设计、神经网络等特殊应用进行分析和设计。它具有数据采集、报告生成和 MATLAB 语言编程产生独立 C/C++ 代码等功能。MATLAB 产品族具有下列功能：数据分析，数值和符号计算，工程与科学绘图，控制系统设计，数字图像信号处理，财务工程，建模、仿真、原型开发，应用开发，图形用户界面设计等。MATLAB 产品族被广泛地应用于信号与图像处理、控制系统设计、通信系统仿真等诸多领域。开放式的结构使 MATLAB 产品族很容易针对特定的需求进行扩充，从而在不断深化对问题的认识的同时，提高自身的竞争力。

1.2.2 PCB 设计软件

PCB 设计软件种类很多，如 Protel、Altium Designer、OrCAD、ViewLogic、PowerPCB、Cadence PSD、Mentor Graphics 的 Expedition PCB、Zuken CadStar、Winboard/Windraft/lvex-SPICE，以及 PCB Studio、TANGO 等。

目前在我国用得最多的应属 Protel，下面仅对此软件作一介绍。

Protel 是 Altium 公司在 20 世纪 80 年代末推出的 CAD 工具，是 PCB 设计者的首选软件。它较早在国内使用，普及率最高，有些高校的电路专业还专门开设 Protel 课程，几乎所有的电路公司都要用到它。早期的 Protel 主要作为印刷板自动布线工具使用，其最新版本是 Altium Designer 16，现在普遍使用的是 Protel 99SE。它是个完整的全方位电路设计系统，包含了电原理图绘制、模拟电路与数字电路混合信号仿真、多层印刷电路板设计(包含印刷电路板自动布局布线)、可编程逻辑器件设计、图表生成、电路表格生成、支持宏操作等功能，并具有 Client/Server(客户/服务器)体系结构，同时还兼容一些其他设计软件的文件格式，如 ORCAD、PSPICE、Excel 等。Protel 使用多层印刷电路板的自动布线，可实现高密度 PCB 的 100%布通率。Protel 软件功能强大、界面友好、使用方便，但它最具代表性的是电路设计和 PCB 设计。

1.2.3　IC 设计软件

IC 设计工具很多，按市场所占份额排行，前三名为 Cadence、Mentor Graphics 和 Synopsys。这三家都是 ASIC 设计领域相当有名的软件供应商。其他公司的软件相对来说使用者较少。中国华大公司也提供 ASIC 设计软件(熊猫 2000)；另外近来出名的 Avanti 公司，是原来在 Cadence 的几个华人工程师创立的，他们的设计工具可以全面和 Cadence 公司的工具相抗衡，非常适用于深亚微米的 IC 设计。下面按用途对 IC 设计软件作一介绍。

(1) 设计输入工具。这是任何一种 EDA 软件必须具备的基本功能，像 Cadence 的 Composer，ViewLogic 的 Viewdraw。硬件描述语言 VHDL、Verilog HDL 是主要设计语言，许多设计输入工具都支持 HDL。另外像 Active-HDL 和其他的设计输入方法，包括原理和状态机输入方法，设计 CPLD/FPGA 的工具大都可作为 IC 设计的输入手段，如 Xilinx、Altera 等公司提供的开发工具及 Modelsim FPGA 等。

(2) 设计仿真工具。我们使用 EDA 工具的一个最大好处是可以验证设计是否正确，几乎每个公司的 EDA 产品都有仿真工具。Verilog-XL、NC-verilog 用于 Verilog 仿真，Leapfrog 用于 VHDL 仿真，Analog Artist 用于模拟电路仿真。Viewlogic 的仿真器有 Viewsim 门级电路仿真器、Speedwave VHDL 仿真器、VCS-verilog 仿真器。Mentor Graphics 有其子公司 Model Tech 出品的 VHDL 和 Verilog 双仿真器 ModelSim。Cadence、Synopsys 用的是 VSS(VHDL 仿真器)。现在的趋势是各大 EDA 公司都逐渐用 HDL 仿真器作为电路验证的工具。

(3) 综合工具。综合工具可以把 HDL 变成门级网表。这方面 Synopsys 工具占有较大的优势，它的 Design Compile 是进行综合的工业标准，它还有另外一个产品叫 Behavior Compiler，可以提供更高级的综合。随着 FPGA 设计的规模越来越大，各 EDA 公司又开发了用于 FPGA 设计的综合软件，比较有名的有 Synopsys 的 FPGA Express、Cadence 的 Synplity、Mentor 的 Leonardo，这三家的 FPGA 综合软件占据了市场的绝大部分。

(4) 布局和布线。在 IC 设计的布局布线工具中，Cadence 软件的功能是比较强的，它包含很多产品，可应用于标准单元、门阵列，且已实现交互布线，其中最有名的是 Cadence Spectra。Cadence Spectra 原来应用于 PCB 布线，后来 Cadence 用它来进行 IC 的布线。Cadence Spectra 中的主要工具有 Cell3，Silicon Ensemble——标准单元布线器，Gate Ensemble——

门阵列布线器，Design Planner——布局工具。其他各 EDA 软件开发公司也提供各自的布局布线工具。

(5) 物理验证工具。物理验证工具包括版图设计工具、版图验证工具、版图提取工具等。这方面 Cadence 也是很强的，其 Dracula、Virtuoso、Vampire 等物理工具有很多的使用者。

(6) 模拟电路仿真器。前面讲的仿真器主要是针对数字电路的，模拟电路的仿真工具普遍使用 SPICE，这是唯一的选择，只不过是选择不同公司的 SPICE 而已，像 MicroSim 的 PSPICE、Meta Soft 的 HSPICE 等。HSPICE 现在被 Avanti 公司收购了。在众多的 SPICE 中，HSPICE 作为 IC 设计，它的模型最多，仿真的精度也最高，颇受青睐。

1.2.4　PLD 设计工具

PLD(Programmable Logic Device)是一种由用户根据需要自行构造逻辑功能的数字集成电路。PLD 目前主要有两大类型：CPLD(Complex PLD)和 FPGA(Field Programmable Gate Array)。它们的基本设计方法是借助于 EDA 软件，用原理图、状态机、布尔表达式、硬件描述语言等方法，生成相应的目标文件，最后用编程器或下载电缆，由目标器件实现。生产 PLD 的厂家很多，但最有代表性的 PLD 厂家为 Altera、Xilinx 和 Lattice 公司。

PLD 的开发工具一般由器件生产厂家提供，但随着器件规模的不断增加，软件的复杂度也随之提高，目前由专门的软件公司与器件生产厂家合作，推出功能强大的设计软件。下面介绍主要器件生产厂家和开发工具。

(1) Altera。Altera 在 20 世纪 90 年代以后发展很快。主要产品有 MAX3000/7000、FELX6K/10K、APEX20K、ACEX1K、Stratix 等。其开发工具——MAX + plus Ⅱ是较成功的 PLD 开发平台，最新又推出了 Quartus Ⅱ开发软件。Altera 公司提供较多形式的设计输入手段，绑定第三方 VHDL 综合工具，例如综合软件 FPGA Express、Leonard Spectrum，以及仿真软件 ModelSim。

(2) Xilinx。Xilinx 是 FPGA 的发明者。Xilinx 产品种类较全，主要有 XC9500/4000、Coolrunner(XPLA3)、Spartan、Vertex 等系列，其中的 Vertex-Ⅱ Pro 器件已达到 800 万门。Xilinx 推出的开发软件有 Foundation 和 ISE。通常来说，在欧洲用 Xilinx 产品的人较多，在日本和亚太地区用 Altera 产品的人多，在美国则是平分秋色。全球 PLD/FPGA 产品 60% 以上是由 Altera 和 Xilinx 提供的。可以讲 Altera 和 Xilinx 共同决定了 PLD 技术的发展方向。

(3) Lattice-Vantis。Lattice 是 ISP(In-System Programmability)技术的发明者，ISP 技术极大地促进了 PLD 产品的发展。与 Altera 和 Xilinx 相比，Lattice 的开发工具比 Altera 和 Xilinx 的略逊一筹，其中小规模 PLD 比较有特色，但大规模 PLD 的竞争力还不够强(Lattice 没有基于查找表技术的大规模 FPGA)。1999 年 Lattice 推出可编程模拟器件，1999 年 Lattice 收购 Vantis(原 AMD 子公司)，成为第三大可编程逻辑器件供应商。2001 年 12 月 Lattice 收购 Agere 公司(原 Lucent 微电子部)的 FPGA 部门，Lattice 的主要产品有 ispLSI 2000/5000/8000、MACH4/5 等。

(4) Actel。Actel 是反熔丝(一次性烧写)PLD 的领导者，由于反熔丝 PLD 抗辐射、耐高低温、功耗低、速度快，所以在军品和宇航级市场上有较大优势。Altera 和 Xilinx 则一般不涉足军品和宇航级市场。

(5) QuickLogic。QuickLogic 是专业 PLD/FPGA 公司，以生产一次性反熔丝工艺产品为主，在中国地区销售量不大。

(6) Lucent。Lucent 的主要特点是有不少用于通信领域的专用 IP 核，但 PLD/FPGA 不是 Lucent 的主要业务，其产品在中国地区使用的人很少。

(7) Atmel。该公司的中小规模 PLD 做得不错。Atmel 也做了一些与 Altera 和 Xilinx 产品兼容的芯片，但在品质上与原厂家的还是有一些差距，在高可靠性产品中使用较少，多用在低端产品上。

(8) Clear Logic。该公司生产与一些著名 PLD/FPGA 大公司兼容的芯片，这种芯片可将用户的设计一次性固化，不可编程，批量生产时的成本较低。

(9) WSI。WSI 生产 PSD(单片机可编程外围芯片)产品。这是一种特殊的 PLD，如最新的 PSD8xx、PSD9xx 集成了 PLD、EPROM、Flash，并支持 ISP(在线编程)，集成度高，主要用于配合单片机工作。

PLD(可编程逻辑器件)是一种可以完全替代 74 系列及 GAL、PLA 的新型电路，只要有数字电路基础，并会使用计算机，就可以进行 PLD 的开发。PLD 的在线编程能力和强大的开发软件，使工程师在几天，甚至几分钟内就可完成以往几周才能完成的工作，并可将数百万门的复杂设计集成在一颗芯片内。PLD 技术在发达国家已成为电子工程师必备的技术。

1.2.5　其他 EDA 软件

(1) VHDL，即超高速集成电路硬件描述语言(VHSIC Hardware Description Language)，是 IEEE 的一种标准设计语言。它源于美国国防部提出的超高速集成电路(Very High Speed Integrated Circuit，VHSIC)计划，是 ASIC 设计和 PLD 设计的一种主要输入工具。

(2) Verilog HDL，这是 Verilog 公司推出的硬件描述语言，在 ASIC 设计方面与 VHDL 平分秋色。

(3) 其他 EDA 软件如专门用于微波电路设计和电力载波的工具、PCB 制作和工艺流程控制等领域的工具等，在此就不作介绍了。

1.3　硬件描述语言

硬件描述语言(Hardware Description Language，HDL)是一种用于设计硬件电子系统的计算机语言，是 EDA 技术中的重要组成部分。它用软件编程的方式来描述电子系统的逻辑功能、电路结构和连接形式。与传统的门级描述方式相比，HDL 更适合大规模系统的设计。

1.3.1　HDL 的发展历程

常用的硬件描述语言有 ABEL、VHDL 和 Verilog HDL，而 VHDL 和 Verilog HDL 是当前最流行的，并成为 IEEE(Institute of Electrical and Electronics Engineers)标准的硬件描述语言。下面简单介绍一下这几种语言的发展历史。

(1) VHDL，1982 年由美国国防部推出。1987 年，IEEE 将 VHDL 确定为标准，称为 IEEE 1076-1987。自 IEEE 公布了 VHDL 的标准版本后，各 EDA 公司相继推出了自己的 VHDL 设计环境，或宣布自己的设计工具可以和 VHDL 接口。此后，VHDL 在电子设计领域得到了广泛的应用，并逐步取代了原有的非标准的硬件描述语言。1993 年，IEEE 公布了 VHDL 的新版本 VHDL 1164，其中增加了一些新的命令和属性。1996 年，IEEE 1076.3 成为 VHDL 的综合标准。

(2) Verilog DHL，由 GDA(Gateway Design Automation)公司的 Philip Moorby 在 1983 年末首创，最初只是设计了一个仿真与验证工具，之后又陆续开发了相关的故障模拟与时序分析工具。1985 年，Moorby 推出了第三个商用仿真器 Verilog-XL，从而使 Verilog HDL 迅速得到推广应用。1995 年 12 月，IEEE 制定了 Verilog HDL 的标准 IEEE 1364-1995。2000 年，IEEE 公布了 Verilog 2001 标准，该标准大幅度地提高了系统级和可综合性能。

(3) ABEL(Advanced Bloolean Equation Language，先进的布尔方程语言)，由美国 DATAI/O 公司于 1983—1988 年推出，用来描述逻辑函数，可方便设计者使用 PLD 来实现函数功能。它支持各种行为的输入方式，包括布尔方程、真值表、状态机等表达方式。

1.3.2　HDL 的特点

(1) HDL 支持数字电路的设计、验证、综合和测试，可以在行为域和结构域对数字系统建模，并支持这两个域的所有描述层次。

(2) HDL 既是包含一些高级程序设计语言的结构形式，又是兼顾描述硬件电路连接的具体构件。

(3) HDL 是并发的，即具有在同一时刻执行多任务的能力。通常，程序设计语言是串行的，但在实际硬件中许多操作都是在同一时刻发生的，所以 HDL 语言具有并发的特征。

(4) HDL 有时序的概念。一般来说，程序设计语言是没有时序概念的，但在硬件电路中，从输入到输出总是有延时存在。为描述这些特征，HDL 需要建立时序的概念。因此，使用 HDL 除了可以描述硬件电路的功能外，还可以描述其时序要求。

1.3.3　VHDL 系统设计的特点及优势

作为 IEEE 的一种工业标准，VHDL 具有很多其他硬件描述语言所不具备的优势。其特点如下：

(1) 功能强大，设计灵活。VHDL 拥有强大的语言结构，可以用简洁的程序描述复杂的逻辑控制。为了有效地控制设计的实现，它具有多层次的设计描述功能，支持设计库和可重复使用的元件生成；支持层次化设计和模块化设计；支持各种设计方法，如自底向上的设计和自顶向下的设计。同时，VHDL 还支持同步、异步和随机电路的设计，这是其他硬件描述语言难以比拟的。

(2) 与具体器件无关。设计人员采用 VHDL 设计硬件电路时，并不需要首先确定设计采用哪种器件，也不需要特别熟悉器件的内部结构。

(3) 很强的移植能力。VHDL 是一种标准的硬件描述语言，同一个设计的程序可以被不同的工具所支持，使得设计描述的移植成为可能。

(4) 强大的硬件描述能力。VHDL 具有多层次的设计描述功能，既可以描述系统级电路，又可以描述门级电路；而描述方式既可以采用行为描述、寄存器传输描述或者结构描述，也可以用混合描述方式。另外，VHDL 支持惯性延迟和传输延迟，以便准确地建立硬件电路模型。

(5) 易于共享和复用。VHDL 采用基于库的设计方法，可以建立各种可再次利用的模块。这些模块可以预先设计或使用以前设计中的存档模块，将这些模块存放到库中，就可以使设计成果在设计人员间进行交流和共享，减少硬件电路设计的工作量。

但是，VHDL 也并不是一种完美的硬件描述语言，其自身也存在着不足之处，这主要体现在以下几个方面：

(1) 对设计者的硬件电路功底要求较高。

(2) 系统级抽象描述能力较差。

(3) 不具备描述模拟电路的能力。

(4) 综合工具生成的逻辑实现有时并不是最佳的。

(5) 综合工具的不同将导致综合质量的不同。

1.3.4　Verilog HDL 的优点

Verilog HDL 不仅定义了语法，而且对每个语法结构都定义了清晰的模拟、仿真语义，也从 C 语言中继承了多种操作符和结构。因此，用这种语言编写的模型能够使用 Verilog 仿真器进行验证。Verilog HDL 提供了扩展的建模能力，其中许多扩展最初很难理解，但是，其核心子集非常易于学习和使用，这对大多数建模应用来说已经足够。当然，完整的硬件描述语言足以对从最复杂的芯片到完整的电子系统进行描述。

Verilog 具有以下优点：

(1) 通用的 HDL，与 C 语言类似，易学易用。

(2) 有大量的单元库资源。

(3) 允许对同一个电路进行不同抽象层次的描述，包括开关级、门级、RTL 级或行为级描述电路。

(4) 既可以设计电路，也可以描述电路的激励，用于电路的验证。

(5) 类似编程，有利于开发调试，在设计前期就可以完成电路功能验证，节省费用和时间。

(6) 具有设计的工艺无关性，支持程序综合。

(7) 与 C 语言有 PLI 接口，设计者可以通过编写增加的 C 语言代码来访问 Verilog 内部数据结构，扩展语言功能。

对比 VHDL，Verilog 更灵活、效率更高，能以较少的代码实现相同的功能。另外，Verilog 拥有一些 VHDL 没有的系统函数，如 $time、$random 等。

1.4　可编程逻辑器件

1.4.1　可编程逻辑器件概述

可编程逻辑器件(Programmable Logic Device，PLD)是一类半定制的通用型器件，用户可以通过对 PLD 器件进行编程来实现所需的逻辑功能。与专用集成电路 ASIC 相比，PLD 具有灵活度高、设计周期短、成本低、风险小等优势，因而得到了广泛应用，其各项相关技术也迅速发展起来。PLD 目前已经成为数字系统设计的重要硬件基础。

PLD 从 20 世纪 70 年代发展至今，已经形成了许多类型的产品，其结构、工艺、集成度、速度等方面都在不断完善和提高。目前，Xilinx、Altera、Lattice 为主要的 PLD 生产厂家，生产的 FPGA 单品规模可达上千万门，速度可达 550 MHz，采用 65 nm 甚至更高的光刻技术。随着数字系统规模和复杂度的增长，许多简单的 PLD 产品已经逐渐退出市场，目前使用最广泛的可编程器件就是 FPGA 和 CPLD。

FPGA 和 CPLD 内部结构稍有不同。通常，FPGA 中的寄存器资源比较丰富，适合同步时序电路较多的数字系统；CPLD 中组合逻辑资源比较丰富，适合组合电路较多的控制应用。在这两类可编程逻辑器件中，CPLD 提供的逻辑资源较少，而 FPGA 提供了极高的逻辑密度、极丰富的特性和极高的性能，目前 FPGA 已经在通信、消费电子、医疗、工业和军事等各应用领域中占据重要地位。

1.4.2 PLD 的分类

PLD 的各生产厂家有不同的系列和产品名称，器件结构和分类更是不同，以下是几种比较通行的 PLD 的分类方法。

1. 按集成度分类

(1) 低密度 PLD，PLD 中的等效门数不超过 500 门，只能完成较小规模的逻辑电路设计，如 PROM、PLA、PAL 和 GAL。

(2) 高密度 PLD，PLD 中的等效门数超过 500 门，可用于设计大规模的数字系统，集成度高，甚至可以做到 SOC 级，如 FPGA 和 CPLD。

2. 按互连结构分类

(1) 确定型，此类 PLD 互连结构每次用相同的互连线实现布线，所以线路的时延是可以预测的。此类 PLD 包括简单 PLD (PROM、PLA、PAL、GAL)和 CPLD。

(2) 统计型，指设计系统每次执行相同的功能，都能给出不同的布线模式，一般无法确切地预知线路的时延。此类 PLD 的典型代表是 FPGA。

3. 按编程元件分类

(1) 熔丝或反熔丝开关。熔丝开关是最早的可编程元件，由熔断丝组成。它是一次可编程器件，缺点是占用面积大，要求大电流，难于测试，如 PROM、PAL 和 Xilinx 的 XC5000 系列。

(2) 浮栅编程技术，用悬浮栅存储电荷的方法来保存编程数据，在断电时，存储数据不会丢失，如 GAL 和大多数 CPLD。

(3) SRAM 配置存储器，即使用静态存储器 SRAM 存储配置数据。大多数公司的 FPGA 器件采用了这种编程结构，这种 SRAM 配置存储器具有很强的抗干扰性。每次掉电后配置数据会丢失，在每次上电时需要进行重新配置。

4. 按可编程特性分类

(1) 一次可编程，典型产品如 PROM、PAL、熔丝和反熔丝型 FPGA。

(2) 重复可编程，在此类器件中，用紫外线擦除的产品的编程次数一般为几十次的量级；用电擦除方式的编程次数稍多些，采用E^2CMOS工艺的产品，擦写次数可达上千次；采用SRAM配置结构的，则被认为可实现无限次编程。

1.4.3　PLD 产品介绍

PLD 产品众多，系列丰富，这里主要介绍以下三种：Altera 公司的 MAX7000 系列、FLEX8000 系列和 FLEX10K10 系列。主要从产品特点、型号、结构方面进行说明。

1. Altera 公司的 MAX7000 系列

1) MAX7000 的特点

① 该系列是以第二代多阵列结构为基础的、高性能的 CMOS 器件。

② 高密度，有 600～5000 个可用逻辑门。

③ MAX7128E 可提供 5000 个门，其中可用门数为 2500，有 128 个宏单元，最大 I/O 引脚达 104 个。

④ 引脚到引脚的时延为 6 ns，计数器工作频率为 151 MHz。

⑤ 可配置的扩展乘积项，允许向每个宏单元提供 52 个乘积项。

⑥ 44 到 208 个引脚的各种封装：引线塑料载体(PLCC)、针栅阵列(PGA)、扁平封装(QFP)。

⑦ 3.3 V 或 5 V 的电源电压。

⑧ 具有可编程保密位。

⑨ Altera MAX + plus 软件提供开发支持。

2) 系列型号

该系列结构型号为 EPM7032、EPM7032V、EPM7064、EPM7096、EPM7128E、EPM7160、EPM7192、EPM7256。

3) MAX7000 的结构

MAX7000 的结构可分为 I/O(输入/输出)模块、FB 逻辑阵列模块(LAB)。这些模块由可编程互连矩阵相互连接。

① 专用输入信号。MAX7000 结构包含 4 个可以作为通用输入或宏单元和 I/O 引脚的高速、全局控制信号(时钟、清除和两个输出使能信号)的专用输入。

② 逻辑阵列块(LAB)。每个 LAB 由 16 个宏单元组成，多个 LAB 通过可编程连线阵列互连，每一个 LAB 有来自 PIA 的 36 个信号、用于寄存器辅助功能的控制信号和 I/O 引脚到寄存器的直接通道。

③ 宏单元。宏单元可以单独配置为组合逻辑和时序逻辑工作方式，它由三个功能块组成：逻辑阵列、乘积项选择矩阵和可编程触发器。

④ 扩展乘积项。扩展乘积项可以使一个宏单元实现更复杂的逻辑函数，而不是使用两个宏单元。

⑤ 可编程连线阵列。该阵列将各个 LAB 互连在一起，构成所需的逻辑功能。

⑥ I/O 控制块。允许每个 I/O 引脚可以单独配置为输入、输出或是双向工作方式。

2. FLEX8000 系列

FLEX 是 Flexible Logic Element Matrix 的缩写。该系列采用 0.8 μm CMOS SRAM 或 0.65 μm CMOS SRAM 集成电路制造工艺制造。

1) FLEX8000 的特点

① 最大门数为 32 000，具有 2500～16 000 个可用门和 282～1500 个触发器。

② 在线可重配置。

③ 可预测在线时间延迟的布线结构。

④ 实现加法器和计数器的专用进位通道。

⑤ 3.3 V 和 5 V 电源。

⑥ MAX + plus 软件支持自动布线和布局。

⑦ 84～304 个引脚的各种封装。

2) 常用型号

常用型号为 EPF8282、EPF8452、EPF8636、EPF8820、EPF81188、EPF81500。

3. FLEX 10K10 系列

该系列采用 0.5 μm CMOS SRAM 或 0.25 μm CMOS SRAM(10K10E 系列)集成电路制造工艺制造。

1) FLEX10K10 的特点

① 具有 7000～31 000 个可用门、6144 位 RAM、720 个触发器，最大 I/O 数为 150。

② 在线可重配置。

③ 可预测在线时间延迟的布线结构。

④ 实现加法器和计数器的专用进位通道。

⑤ 3.3 V 或 5 V 的电源电压。

⑥ MAX + plus 软件支持自动布线和布局。

⑦ 84～562 个引脚的各种封装。

2) 常用型号

常用型号为 EPF10K10、EPF10K20、EPF10K30、EPF10K40、EPF10K50、EPF10K70、EPF10K100 等。

1.4.4 PLD 的配置

1. MAX7000 系列

由于 MAX7000 系列的配置程序是固化在芯片内的 EEPROM 中的，因此该系列不需要专用的配置存储器，所以 MAX7000 系列产品都由 Altera 公司提供的编程硬件和软件进行编程。

(1) 编程硬件包括编程卡、主编程部件(Master Programming Unit，MPU)和配套的编程适配器。

(2) 编程软件主要是 MAX + plusⅡ。

2. FLEX8000 系列和 FLEX10K10 系列

该系列产品的配置信息存放在芯片内的 SRAM 中，当掉电后，配置信息将全部丢失，所以这些配置信息需要存放在其他 EPROM 中，Altera 公司提供了为该系列芯片配套使用的 EPROM。所以对芯片的编程就是对 EPROM 的编程。芯片开始工作时，进入命令状态，在该状态将配置信息从 EPROM 中读到自己的 SRAM 中，然后进入用户状态，在用户状态器件就可以按照配置的功能进行工作。整个配置过程全部自动进行，也可以靠外部逻辑控制进行。时钟可由器件自己提供，也可由外部时钟控制。

所以，整个器件只要更换 EPROM 中的配置信息就可以更换功能，其灵活性是不言而喻的。

该器件有如下配置方式：主动串行配置(AS)、主动并行升址和降址配置(APU 和 APD)、被动并行同步配置(PPS)、被动并行异步配置(PPA)、被动串行配置(PS)。

1) 主动串行配置(AS)

该配置使用 Altera 公司提供的 EPROM 配置(如 EPC1213)作为器件的配置数据源，配置 EPROM 以串行位流(bit-stream)方式向器件提供数据。FLEX8000DE nCONFIG 引脚接电源。使该器件有开机自动配置能力。

2) 主动并行升址和降址配置(APU 和 APD)

在该方式，FLEX8000 提供驱动外部 PROM 地址输入的连续地址，PROM 则在数据引脚 DATA[7…0]上送回相应的字节数据，FLEX8000Q 器件产生连续地址直至加载完成。对于 APU 方式，计数顺序是上升的(00000H 到 3FFFFH)；对于 APD 方式，计数顺序是下降的。使用并行 EPROM 以 APU 或 APD 方式配置 FLEX8000 器件。所有 FLEX8000 芯片通过自己的 18 条地址线向 EPROM 提供地址。

3) 被动串行配置(PS)

被动串行配置方式采用外部控制器，通过串行位流来配置 FLEX8000，FLEX8000 以从设备的方式通过 5 条线与外部控制器连接。

外部控制器有如下几种：Altera 公司的 PL-MPU 编程部件和 FLEX 卸载电缆(download cable)；智能主机(微机或单片机)；Altera 公司的 Bit Blaster 电缆，该电缆与 RS232 接口兼容。

使用 Altera 的 FLEX 卸载电缆进行被动串行配置时，FLEX 的卸载电缆一端接 MPU 主编程部件的 EPROM 适配器，另一端与要编程的目的板中的配置 FLEX 器件连接起来，向 FLEX 器件提供 5 个信号，配置数据取自 MAX+plusⅡ软件编译形成的 SRAM 目标文件(*.SOF)。

4) 在线重新配置

FLEX8000 进入用户状态后，随时都可以置换器件内的配置数据，这个过程叫做在线重新配置(In-Circuit-Configuration)或在线系统编程(In-System-Programmable)。MAX＋plusⅡ配置与编程支持该软件，可以产生四种不同类型的编程文件。

(1) SRAM 文件。该文件(SRAM Object File)(*.SOF)用于被动串行配置，可使用 MAX+plusⅡ编程器、FLEX 卸载电缆和 Altera 编程部件将数据直接装入系统中的 FLEX8000 中。利用该文件可以生成 POF、TTF 和 HEX 文件。

(2) 编程目标文件。该文件(Programmer Object File)(*.POF)用于主动串行配置(AS)Altera 的 EPROM，MAX+plus Ⅱ软件为每一个设计自动生成一个 POF 文件。

(3) 十六进制文件(Inter 格式文件)。该文件(Hexadecimal File)(*.HEX)是 Inter HEX 格式的 ASCII 文件。使用 APU 或 APD 方式配置 FLEX8000 时需使用标准的并行 EPROM，通用烧录器可以完成此项工作。

(4) 列表文本文件。该文件(Tabular Text File)(*.TTF)是一个表格文件，它提供的是逗号分隔开的文件，可以用于 PPA、PPS 和一位宽的 PS 方式配置数据。

1.4.5 可编程逻辑器件的发展历史及未来趋势

当今社会是数字化的社会，是数字集成电路广泛应用的社会。数字集成电路本身在不断地进行更新换代。它由早期的电子管、晶体管、中小规模集成电路，发展到超大规模集成电路(VLSIC，几万门以上)以及许多具有特定功能的专用集成电路。但是，随着微电子技术的发展，设计与制造集成电路的任务已不完全由半导体厂商来独自承担。系统设计师们更愿意自己设计专用集成电路(ASIC)芯片，而且希望ASIC的设计周期尽可能短，最好是在实验室里就能设计出合适的ASIC芯片，并且立即投入实际应用之中，因而出现了现场可编程逻辑器件(FPLD)，其中应用最广泛的当属现场可编程门阵列(FPGA)和复杂可编程逻辑器件(CPLD)。

早期的可编程逻辑器件只有可编程只读存储器(PROM)、紫外线可擦除只读存储器(EPROM)和电可擦除只读存储器(EEPROM)三种。由于结构的限制，它们只能完成简单的数字逻辑功能。

其后，出现了一类结构上稍复杂一些的可编程芯片，即可编程逻辑器件(PLD)，它能够完成各种数字逻辑功能。典型的 PLD 由一个“与”门和一个“或”门阵列组成，而任意一个组合逻辑都可以用“与—或”表达式来描述，所以， PLD 能以乘积和的形式完成大量的组合逻辑功能。

这一阶段的产品主要有 PAL(可编程阵列逻辑)和 GAL(通用阵列逻辑)。PAL 由一个可编程的“与”平面和一个固定的“或”平面构成，或门的输出可以通过触发器有选择地被置为寄存状态。PAL 器件是现场可编程的，它的实现工艺有反熔丝技术、EPROM 技术和 EEPROM 技术。还有一类结构更为灵活的逻辑器件是可编程逻辑阵列(PLA)，它也由一个“与”平面和一个“或”平面构成，但是这两个平面的连接关系是可编程的。 PLA 器件既有现场可编程的，也有掩膜可编程的。 在 PAL 的基础上，又发展了一种通用阵列逻辑 GAL，如 GAL16V8、GAL22V10 等。它采用了 EEPROM 工艺，实现了电可擦除、电可改写，其输出结构是可编程的逻辑宏单元，因而它的设计具有很强的灵活性，至今仍有许多人使用。 这些早期的 PLD 器件的一个共同特点是可以实现速度特性较好的逻辑功能，但其过于简单的结构也使它们只能实现规模较小的电路。

为了弥补这一缺陷，20 世纪 80 年代中期，Altera和Xilinx分别推出了类似于PAL结构的扩展型 CPLD和与标准门阵列类似的FPGA，它们都具有体系结构和逻辑单元灵活、集成度高以及适用范围宽等特点。这两种器件兼容了PLD和通用门阵列的优点，可实现较大规模的电路，编程也很灵活。与门阵列等其他ASIC相比，它们又具有设计开发周期短、设计制造成本低、开发工具先进、标准产品无需测试、质量稳定以及可实时在线检验等优点，因此被广泛应用于产品的原型设计和产品生产(一般在 10 000 件以下)之中。几乎所有应用门阵列、PLD和中小规模通用数字集成电路的场合均可应用FPGA和CPLD器件。

随着数字电路技术的发展与进步，可编程逻辑器件的发展趋势主要体现在以下几点：低密度 PLD 还将存在一定时期；高密度 PLD 继续向更高密度、更大容量迈进；IP 内核得到进一步发展。这些发展趋势具体表现在以下几个方面：

(1) PLD 正在由 5 V 电压向低电压 3.3 V 甚至 2.5 V 器件演进，这样有利于降低功耗。

(2) ASIC 和 PLD 相互融合。标准逻辑 ASIC 芯片尺寸小、功能强大、不耗电，但是设计复杂，并且有批量要求；而可编程逻辑器件价格较低廉，能在现场进行编程，但它们体积大、能力有限，而且功耗比 ASIC 大。因此，从市场发展的情况看，FPGA 和 ASIC 正逐步融合，取长补短。

(3) ASIC 和 FPGA 之间的界限正变得模糊。系统级芯片不仅集成了 RAM 和微处理器，也集成了 FPGA。随着 ASIC 制造商向下发展和 FPGA 的向上发展，在 CPLD 和 FPGA 之间正在诞生一种“杂交”产品，以满足降低成本和尽快上市的要求。

(4) 价格不断降低。随着芯片生产工艺的不断进步，如深亚微米 0.13 μm 工艺已经成熟，芯片线宽的不断减少使芯片的集成度不断提高。Die(裸片)面积大小是产品价格高低的重要因素，线宽的减小必将大大降低 PLD 产品的价格。

(5) 集成度不断提高。微细化新工艺的推出及市场的需要是集成度不断提高的基础和动力。许多公司在新技术的推动下，迅速提高产品集成度，尤其是最近几年的迅速发展，其集成度已经达到了 1000 万门，现在有的 PLD 则达到了几百万系统门甚至 1000 万系统门。

(6) 向系统级发展。集成度的不断提高使得产品的性能不断提高、功能不断增多。最早的 PLD 仅仅能够实现一些简单的逻辑功能，而现在已经逐渐把 DSP、MCU、存储器及应用接口等集成到 PLD 中，使得 PLD 的功能大大增强，并逐渐对准了可编程逻辑器件片上系统集成 SOPC(System On a Programmable Chip)。可以预见未来的一块电路板上可能只有两部分电路：模拟部分(包括电源)和一块 PLD 芯片，最多还有一些大容量的存储器。

第 2 章　工具软件MAX + plus Ⅱ/Quartus Ⅱ

2.1 常用软件

对于 EDA 开发而言，常用的语言是 VHDL 和 Verilog HDL，对应的相关软件常用的是 MAX+plus Ⅱ和 Quartus Ⅱ，本章就这两个软件的使用做一些基本介绍。

MAX+plus Ⅱ是美国 Altera 公司推出的一个 CPLD/FPGA 系列器件的开发软件。它提供丰富的逻辑功能供设计者调用，其中包括 74 系列全部器件的等效宏功能库和多种特殊的宏功能模块以及参数化的宏功能模块，还具有开放核的特点，并且允许设计者添加自己的逻辑功能模块及宏功能模块。它可以以图形方式、文字输入方式(AHDL、VHDL 和 Verilog)和波形方式输入设计文件，具有编辑、编译、仿真、综合、下载等功能。用户可以在此软件中完成从源代码输入到芯片烧录的全部设计开发过程。

Quartus Ⅱ 8.0 是 Altera 公司新近推出的 EDA 软件工具，支持 VHDL、Verilog 的设计流程，其内部嵌有 VHDL、Verilog 逻辑综合器及仿真工具。对于一般的设计，利用该 EDA 软件可以较好地完成工程项目的各个部分。在设计输入完毕后，Quartus Ⅱ工程中进行适当的设置，通过 Quartus Ⅱ就可直接调用第三方工具对工程进行综合与仿真。常见的第三方综合工具有 Leonardo Spectrum、Synplify Pro、FPGA Compiler Ⅱ，常见的第三方仿真工具有 Modelsim 等。Quartus Ⅱ也为设计者提供了 DSP 开发支持，它与 MATLAB、DSP Builder 等软件相结合可以进行基于 FPGA 的 DSP 系统开发，是 DSP 硬件实现的重要工具。Quartus Ⅱ与 SOPC Builder 结合，还可实现 SOPC 系统开发。

2.2 MAX + plus Ⅱ软件的使用

利用 MAX + plus Ⅱ设计软件进行设计的流程如图 2.1 所示。

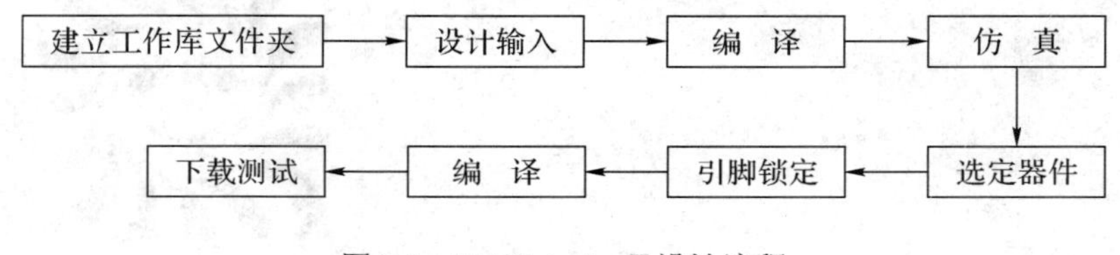

图 2.1　MAX + plus Ⅱ设计流程

1. 界面介绍

启动 MAX + plus Ⅱ，双击 MAX + plus Ⅱ图标，进入如图 2.2 所示的主界面。

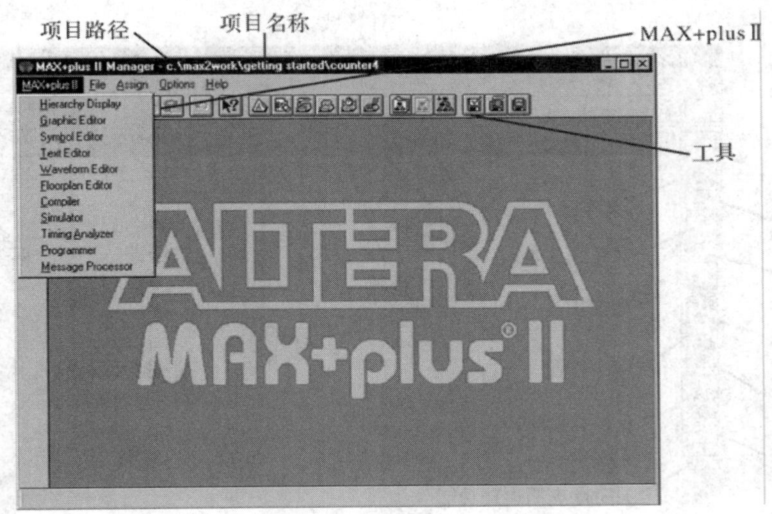

图 2.2　MAX+plus II 主界面

在选定的盘符上建立用英文或数字组成的文件夹(注意：不能使用中文)，例如：F:\08020101。然后在该文件夹下建立设计项目，如图 2.3 所示。

Graphic Editor file 用于图形输入，文件格式应选择 .gdf 格式。

Symbol Editor file 用于符号编辑方式输入。

Text Editor file 用于文本编辑方式输入。

Waveform Editor file 用于波形仿真方式输入，文件格式应选 .scf 格式。

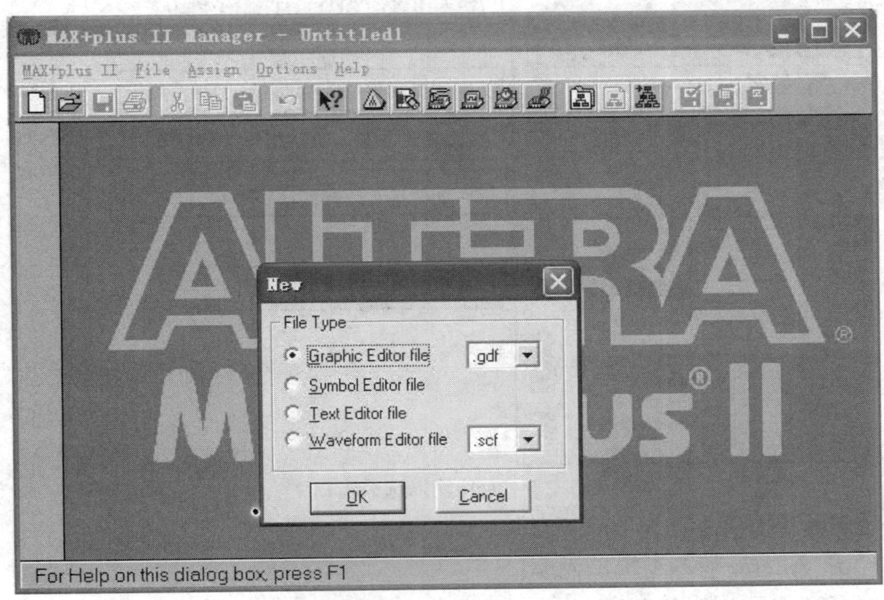

图 2.3　建立 MAX+plus II 文件

2. 图形编辑器

在图 2.3 中选择 Graphic Editor file，进入原理图编辑器，如图 2.4 所示。

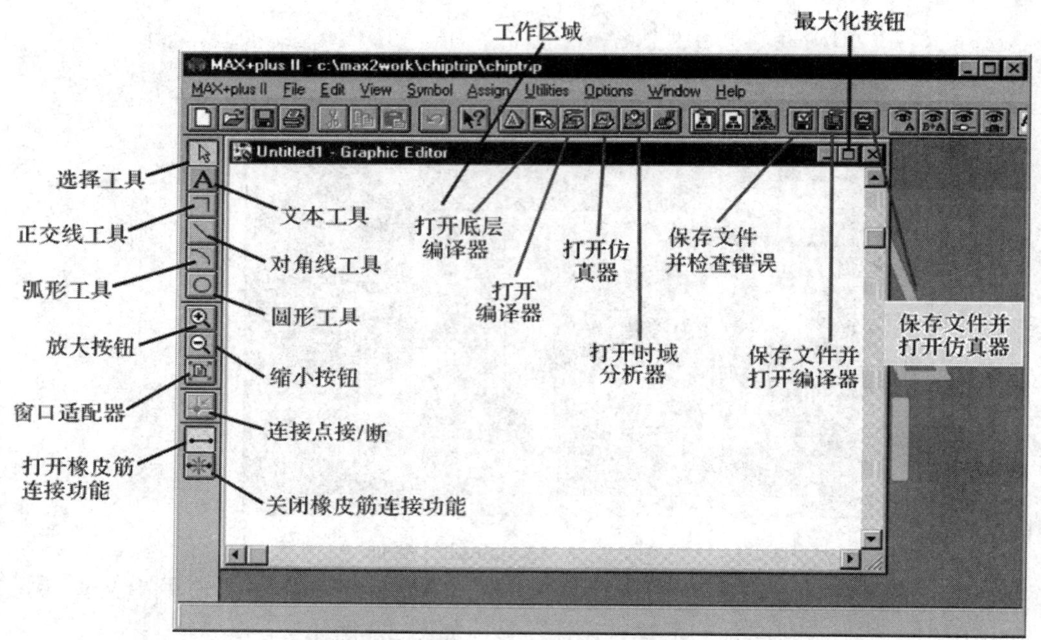

图 2.4　原理图编辑器

输入基本的逻辑电路符号或宏功能单元执行命令：Symbol\Enter Symbol name，或单击鼠标右键，将出现元件选择对话框，如图 2.5 所示。

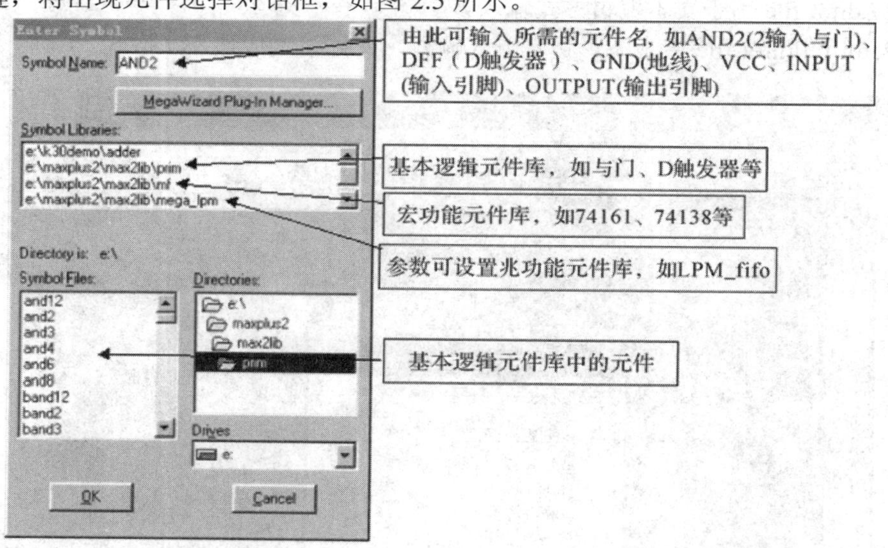

图 2.5　元件输入选择窗口

MAX+plus II 提供了如下五个元件库：

(1) Prim：Altera 基本逻辑单元库；

(2) Mf：74 系列逻辑等效宏库；

(3) Mega_lpm：参数化模块库、宏功能高级模块和 IP 功能模块；

(4) edif：edif 接口库；

(5) 用户自定义库。

可以在 Enter Symbol 编辑框的 Symbol Name 处输入元件名，或者从 Symbol Libraries 中用鼠标双击元件库名，如 prim 元件库，在 Symbol Files 处列出 and、not、input、output 元件等，双击该元件，所选元件即被放置在原理图编辑器中。要连续放置相同的元件，只要按住<Ctrl>键，同时用鼠标拖动该元件即可。部分常见元件如图 2.6 所示。

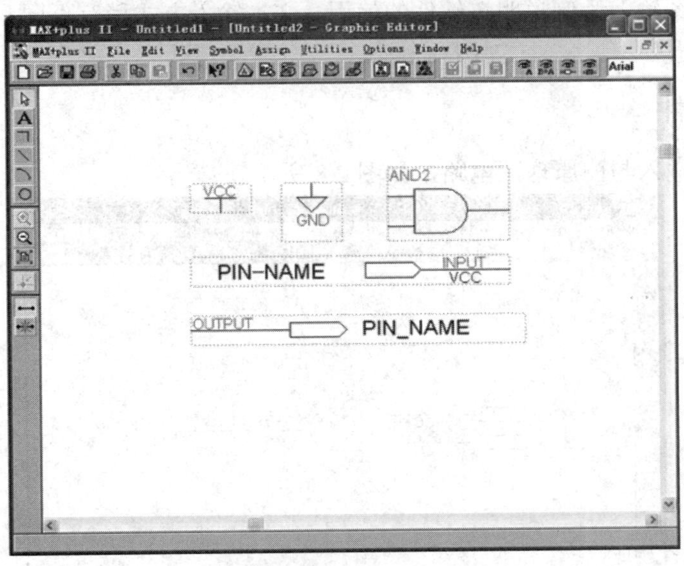

图 2.6　部分常见元件

双击输入/输出端口的“PIN-NAME”，当其变成黑色时即可输入标记符号并按回车键确认。将鼠标移到元件引脚附近，鼠标光标由箭头变成十字状，按住鼠标左键拖动，即可画出连线。连线的粗细、线型以及管脚名称、字型均可编辑，即点击鼠标右键在各选项中进行设置。当电路连接正确时，系统会自动产生一个如图 2.7 所示的节点。然后放置输入符号 input 和输出符号 output，之后为引脚和连线命名。点击保存按钮，对原理图进行保存，扩展名为 .gdf。

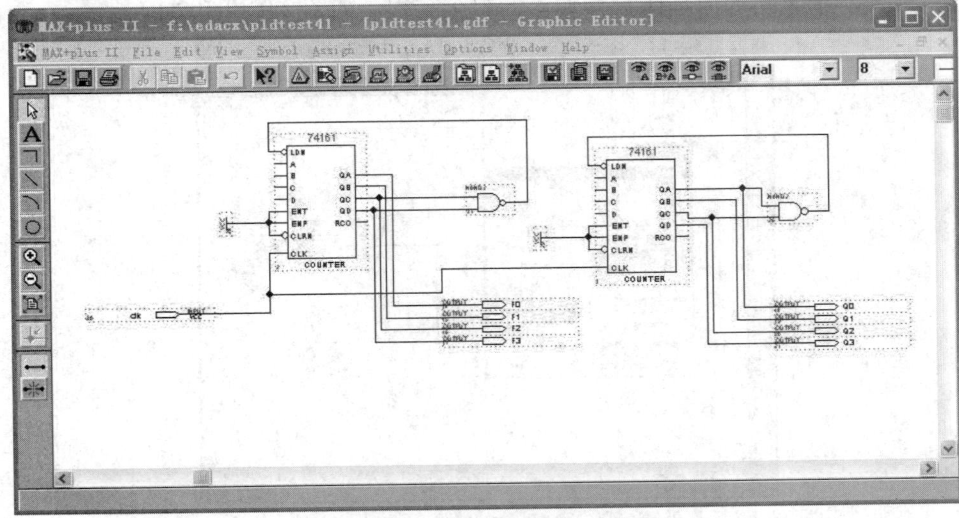

图 2.7　编写好的原理图程序

2.3　MAX+plus II 原理图输入使用示例

下面以原理图输入为例说明该软件的使用。文本输入方式稍有不同，将在后面相关部分再做介绍。

2.3.1　建立文件

建立一个 2 输入与门原理图电路，如图 2.8 所示。

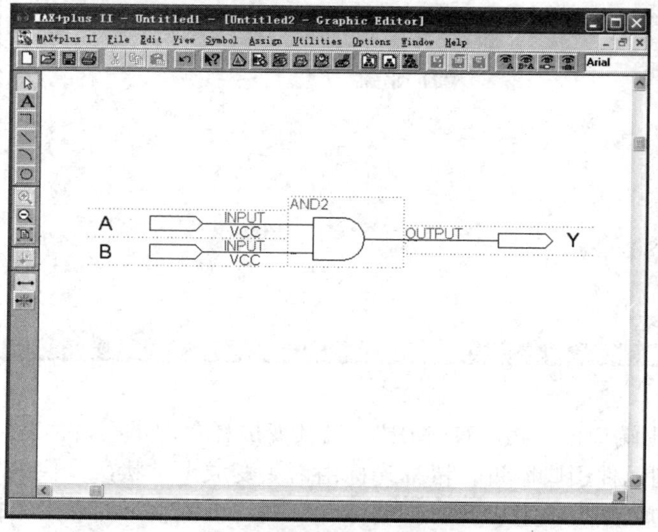

图 2.8　输入与门原理图

单击保存按钮(在此之前最好自己新建一个文件夹)，对于新建的文件，出现类似文件管理器的图框，选择保存路径，输入文件名，保存原理图，本实验中取名为 and2.gdf。至此，已完成了一个电路的原理图设计输入的整个过程，如图 2.9 和图 2.10 所示。

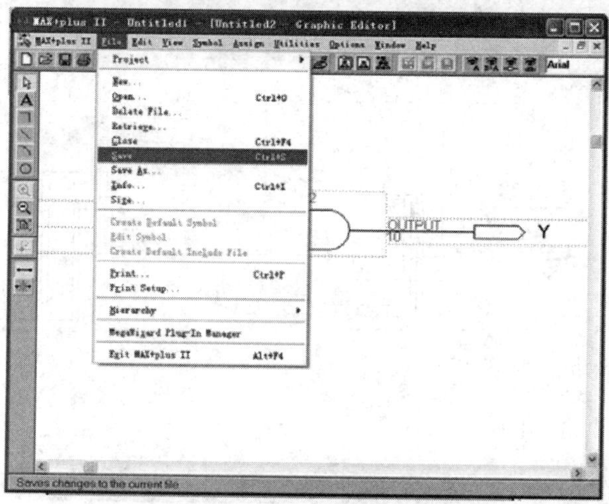

图 2.9　保存菜单

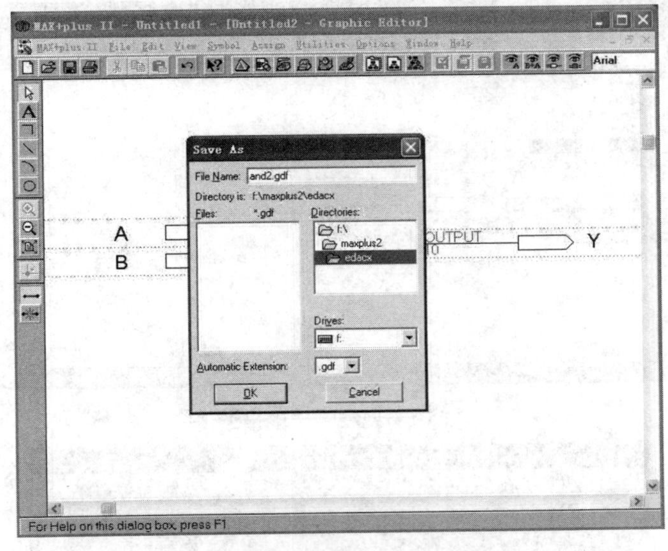

图 2.10　保存路径及文件命名

要对所设计的原理图进行下一步的处理，必须把当前文件设置为工程文件，方法是点击菜单 File→Project→Set Project to Current File(这一步相当重要，特别是当有多个项目文件时尤其重要，只有进行了这一步，窗口顶部显示的才是你所要处理的项目)，如图 2.11 所示。完成后显示如图 2.12 所示。注意看标题栏。

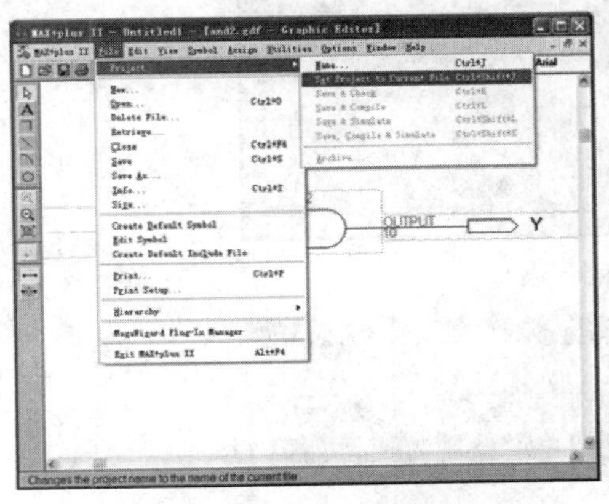

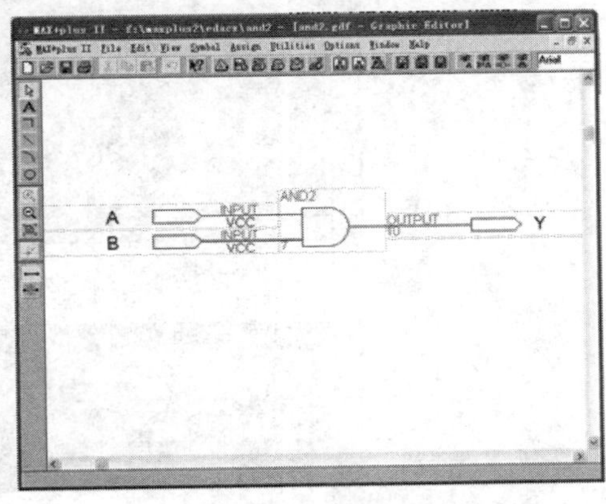

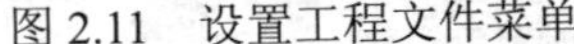

图 2.11　设置工程文件菜单　　　　图 2.12　设置完成的电路图

2.3.2　编译环节

设计好的图形文件一定要通过 MAX+plus Ⅱ的编译。在 MAX+plus Ⅱ集成环境下，执行“MAX+plus”菜单下的“Compiler”命令，在弹出的编译对话框按“START”键，即可对 and2.gdf 文件进行编译。

在编译中，MAX+plus Ⅱ自动完成编译网表提取(Compiler Netlist Extractor)、数据库建立(Database Builder)、逻辑综合(Logic Synthesizer)、逻辑分割(Partitioner)、适配(Fitter)、延时网表提取(Timing SNF Extractor)和编程文件汇编(Assembler)等操作。整个过程如图 2.13～图 2.15 所示。

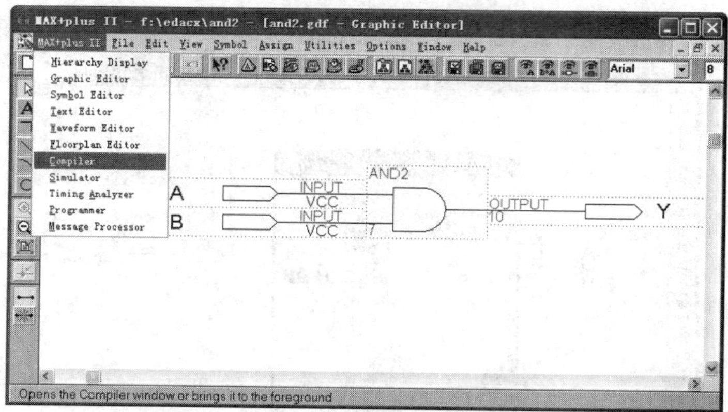

图 2.13　编译菜单

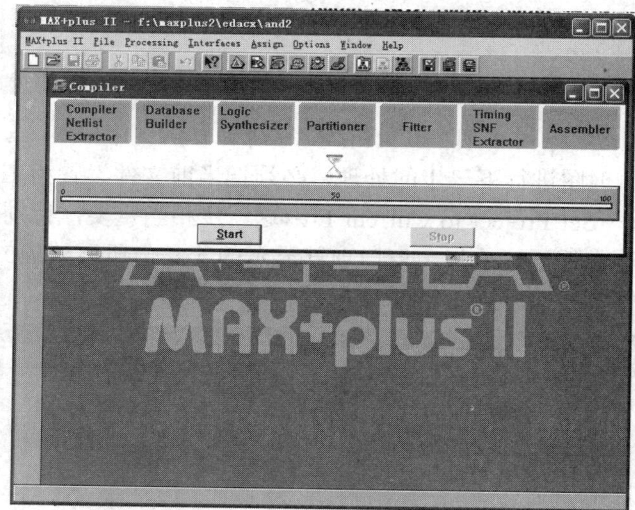

图 2.14　编译界面

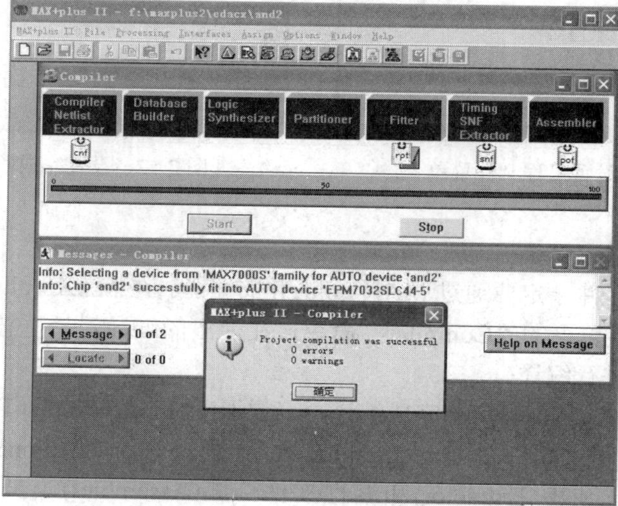

图 2.15　编译结果

2.3.3　功能仿真设计文件

仿真，也称为模拟(Simulation)，是对电路设计的一种间接的检测方法。对电路设计的逻辑行为和功能进行模拟检测，可以获得许多设计错误及改进方面的信息。对于大型系统的设计，能进行可靠、快速、全面的仿真尤为重要。

仿真包括编辑波形文件、保存波形文件和执行仿真文件等操作。建立仿真文件如图 2.16 所示。

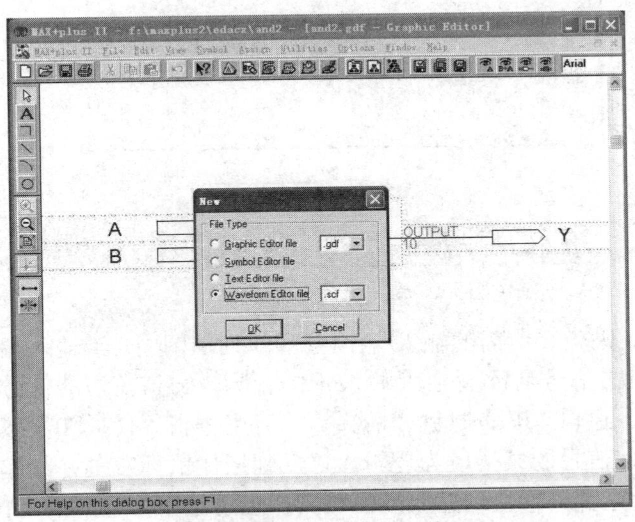

图 2.16　建立仿真文件

在仿真文件窗口的空白处按右键，选择 Enter Nodes from SNF 选项并按左键确认，加载输入和输出端口，如图 2.17 所示。

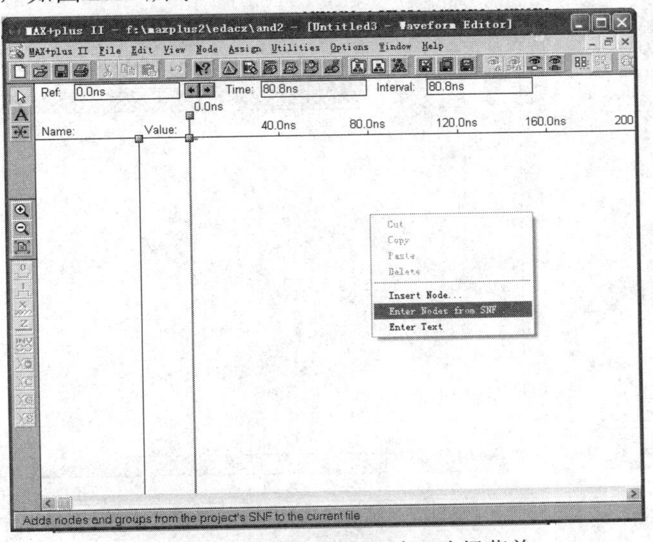

图 2.17　加载输入和输出端口选择菜单

在出现的“Enter Nodes from SNF”对话框中，单击 List 按钮然后点击节点(欲仿真的 I/O 管脚)和“=》”按钮，被选择的节点即出现在右边窗口中。加载界面如图 2.18 所示。

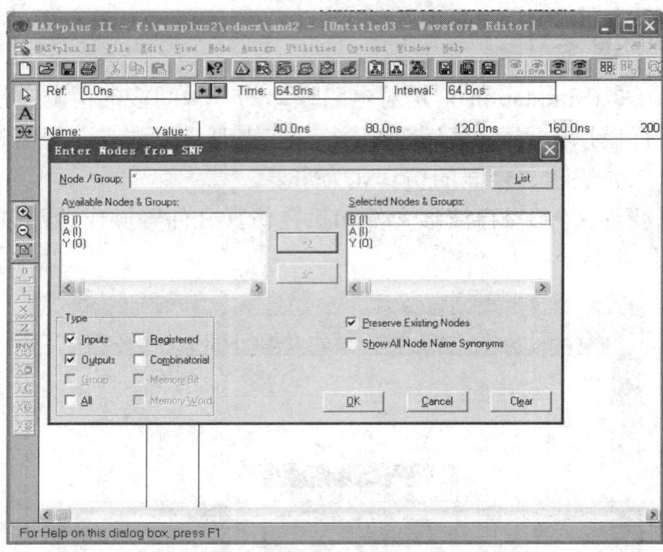

图 2.18　加载界面

单击 OK 按钮，则仿真所需的输入/输出管脚即列在图中。给输入端口赋值的过程如图 2.19 所示。选中(点击信号名)欲添加激励波形的管脚，窗口左边的信号源即刻变成可操作状态，如逻辑“1”、逻辑“0”、时钟、箭头等，若用逻辑“1”、“0”按钮设置相应的输入信号波形，例如要使信号的某一段为逻辑“1”，则按住鼠标左键并从起点拖动到终点，然后点击“1”按钮，重复进行直到完成所需设置；也可选中信号然后点击左边的时钟按钮。

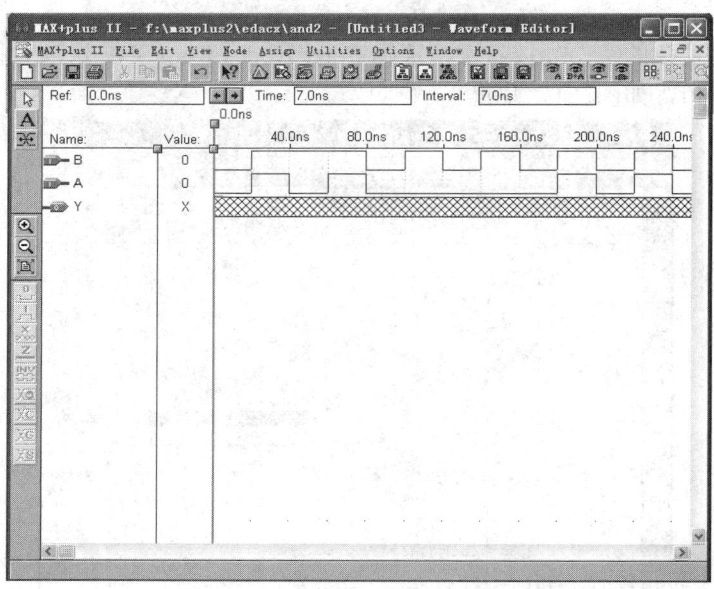

图 2.19　输入、输出端口赋值

选择 File\Save，则会出现如图 2.20 所示的对话框。注意此时的文件名(自动生成 *.scf，其前缀就是项目名)不要随意改动。单击 OK 按钮即可保存仿真文件。没有这一步仿真就无法进行。

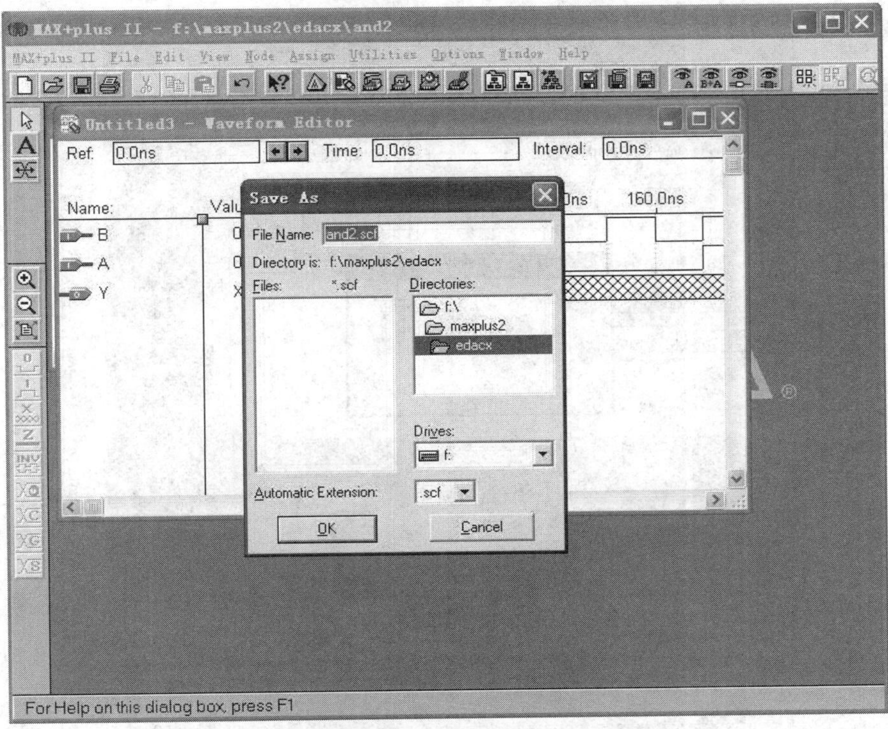

图 2.20　仿真文件保存

启动 MAX+plus Ⅱ\Simulator 菜单，开始仿真，如图 2.21 所示。一般此时只需在弹出的窗口选择 Start 项，然后再按 Open scf 即可得到仿真结果。

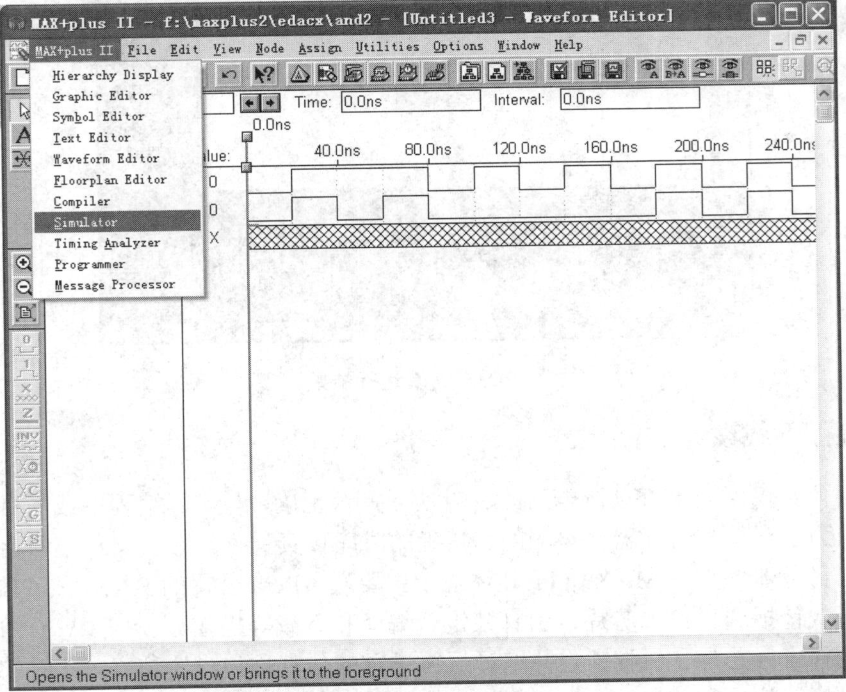

图 2.21　仿真执行命令

仿真执行情况如图 2.22 所示，结果如图 2.23 所示。

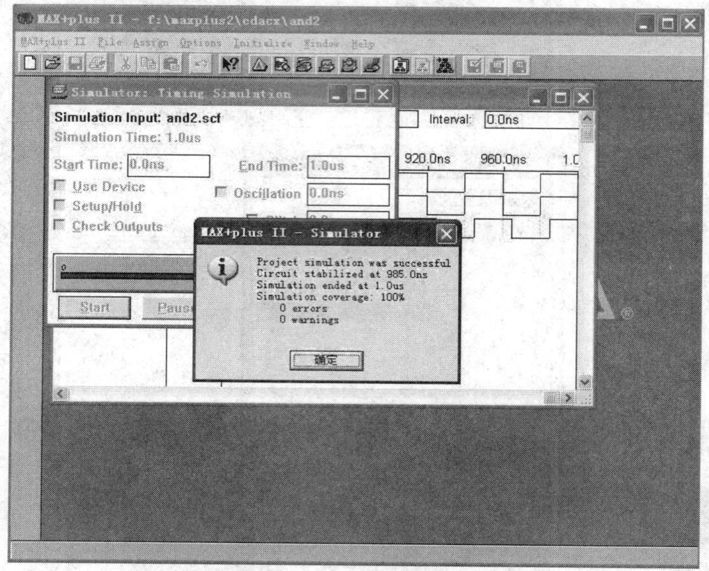

图 2.22　仿真执行

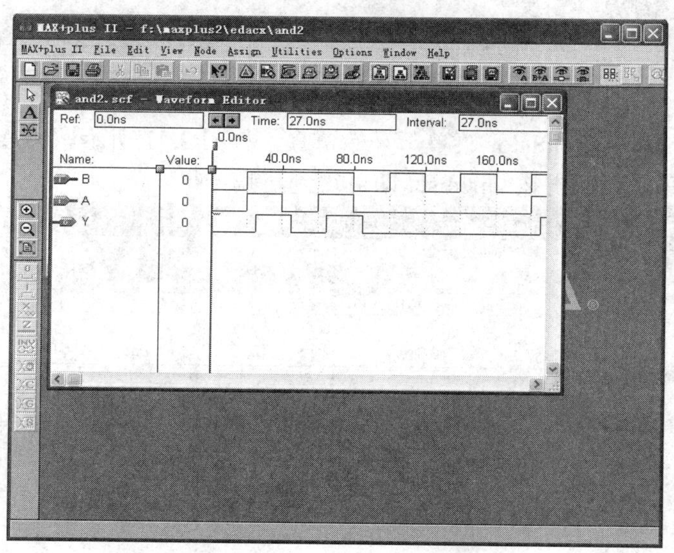

图 2.23　仿真运行结果

2.3.4　编程下载设计文件

上述的仿真仅用来检查设计电路的逻辑功能是否正确，与实际编程下载的目标芯片还没有联系。为了获得与目标器件对应的、精确的时序仿真文件，在对文件编译前必须选定设计项目的目标器件，在 MAX+plus II 环境中主要选 Altera 公司的 FPGA 或 CPLD。

编程下载包括选择目标芯片、引脚锁定、编译和下载等操作。

完成选择目标芯片、引脚锁定并编译后再进行的仿真称为时序仿真，此时的仿真是针对具体的目标芯片进行的。

选择目标芯片命令如图 2.24 所示，器件选择如图 2.25 所示。

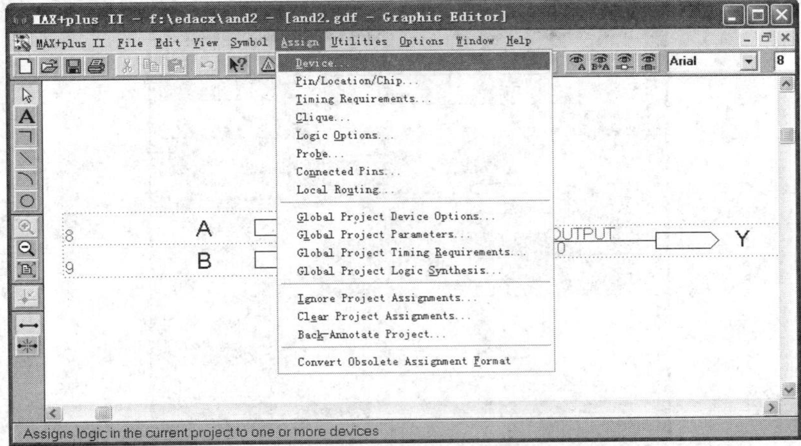

图 2.24　选择目标芯片命令

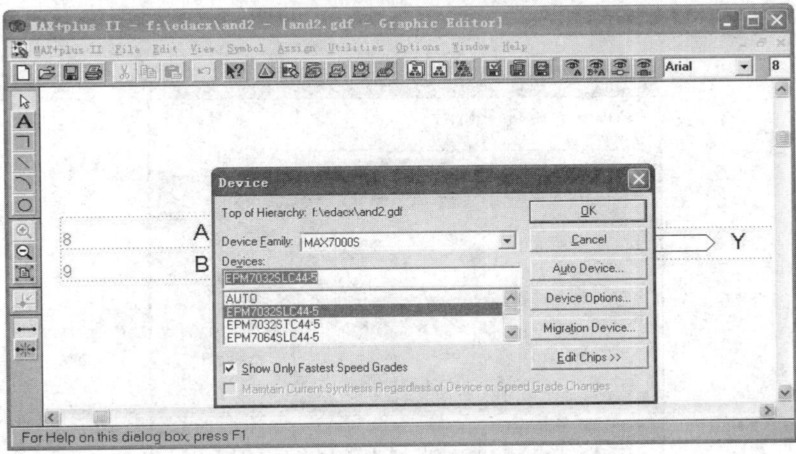

图 2.25　器件选择

引脚锁定命令如图 2.26 所示。

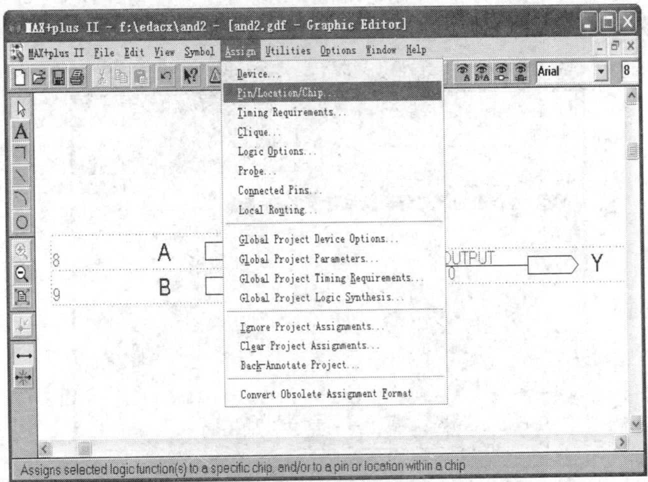

图 2.26　引脚锁定命令

整个引脚锁定过程如图 2.27～图 2.32 所示。

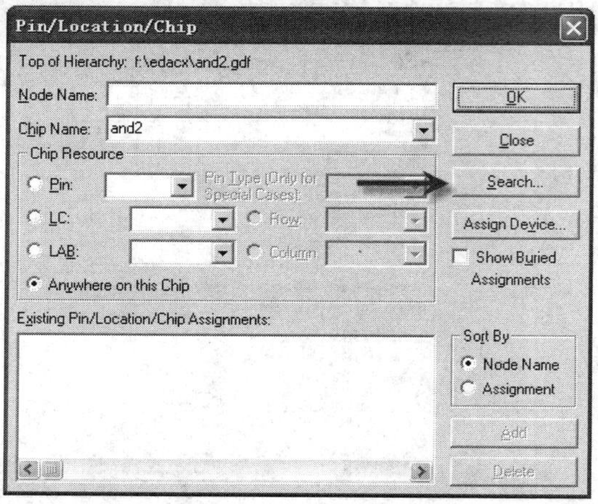

图 2.27　选择端口列表

点击 Search 按钮进入图 2.28。

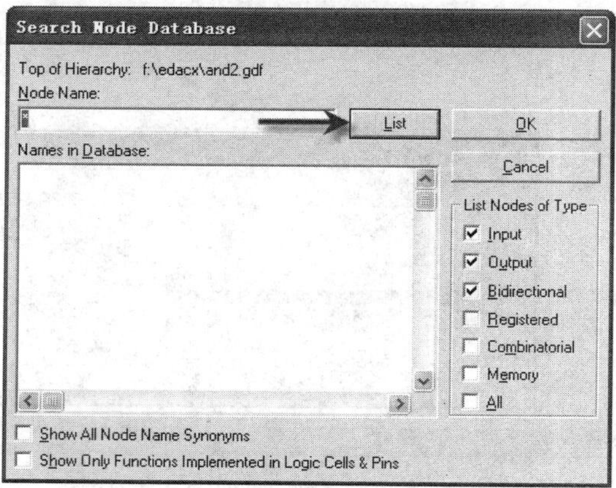

图 2.28　端口列表

点击 List 按钮进入图 2.29。

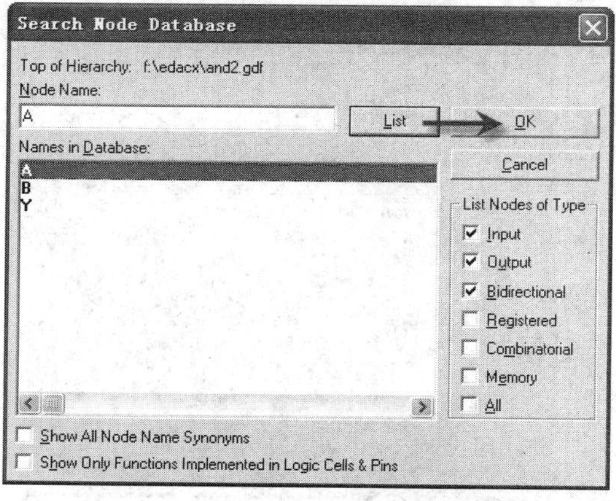

图 2.29　选择端口

点击 OK 按钮进入图 2.30。

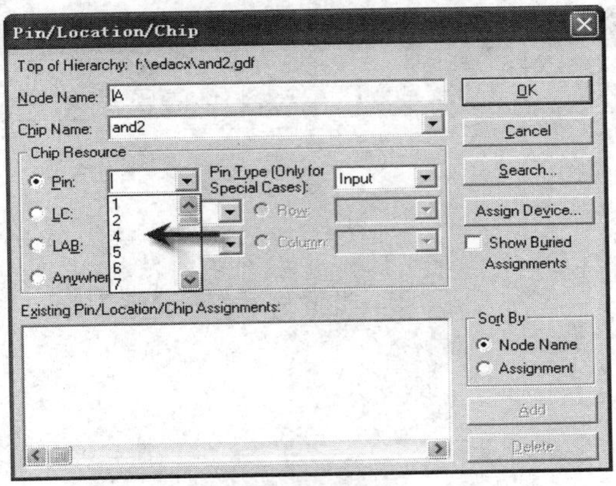

图 2.30　选择引脚

选择 Pin 下拉菜单中的“4”引脚 (任意选的，只是为了说明问题)，点击 Add 按钮确定即可，如图 2.31 所示。

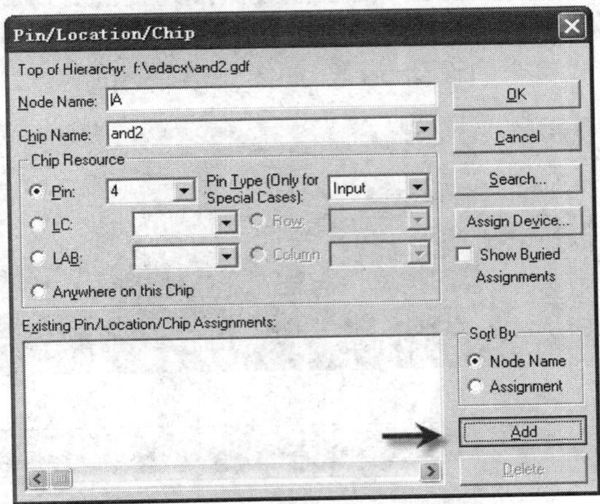

图 2.31　确定引脚

依次类推，可以锁定 B、Y 的引脚，最后点击 OK 按钮，如图 2.32 所示。

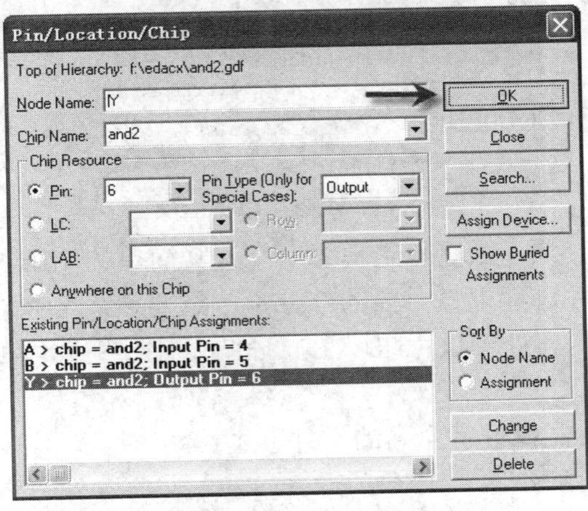

图 2.32　引脚锁定完成图

最后形成的原理图如图 2.33 所示。

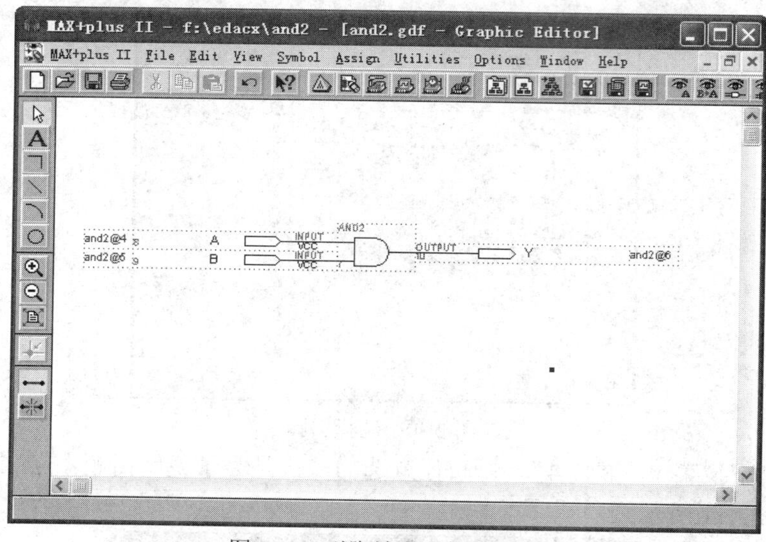

图 2.33　引脚锁定后的原理图

再次编译一下，完成整个的设计过程，如图 2.34 所示。

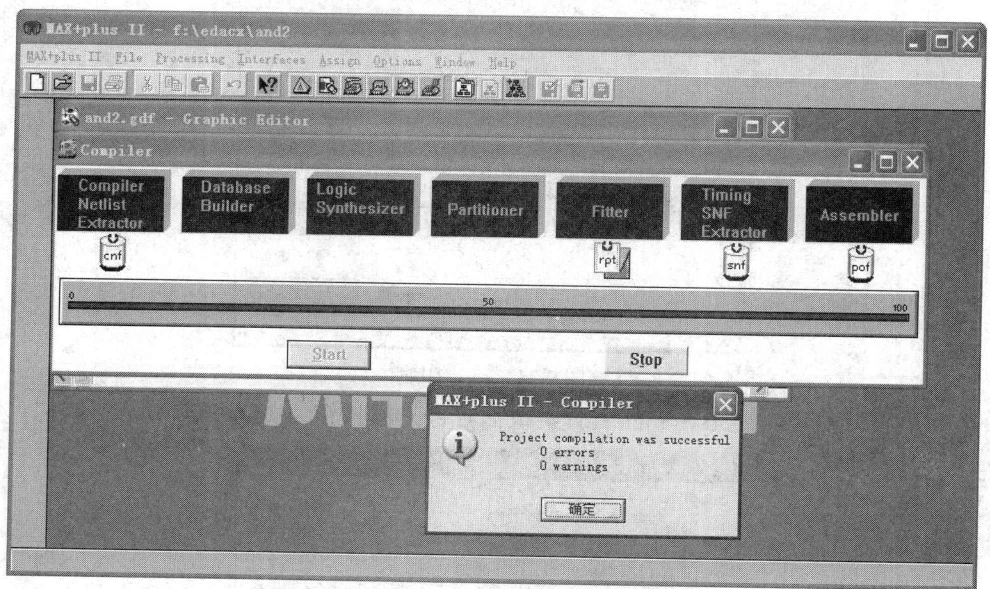

图 2.34　引脚锁定后的编译

以上原理图的设计方法，虽然只是举了一个极其简单的例子，但包含了除下载以外的全部过程，也是学习软件过程中最重要的部分，一定要熟练掌握。

如果是文本格式输入，处理过程跟以上原理图设计过程大体相同，只是在保存文件的时候注意以下几点：

(1) 只能保存在以英文或数字命名的文件夹里；

(2) 文件后缀名为“.vhd”；

(3) 文件名必须和实体名一致，如图 2.35 中黑色矩形框标注所示。

```
LIBRARY IEEE;
USE IEEE.STD_LOGIC_1164.ALL;
ENTITY pledtest42 IS
PORT ( clk,rst:IN STD_LOGIC;
       Light:OUT STD_LOGIC_VECTOR(4 DOWNTO 0));
END pledtest42;
ARCHITECTURE behave OF pledtest42 IS
BEGIN
PROCESS (clk,rst)
  variable cnt :integer range 0 to 150;
  begin
    if(clk'event and clk='1')then
       if(rst='0')then
         cnt:=0;
       else
         if(cnt<149)then
           cnt:=cnt+1;
         else
```

图 2.35　文本格式输入的关键点

2.4　Quartus II 软件的使用

2.4.1　建立工程

下面以实现一个如图 2.36 所示的 4 位加法器为例，详细介绍 Quartus II 软件的使用方法。

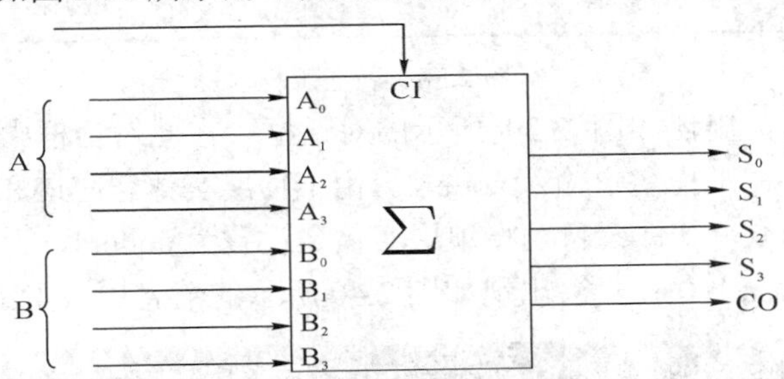

图 2.36　加法器示意图

运行 Quartus II 8.1，初始界面如图 2.37 所示。

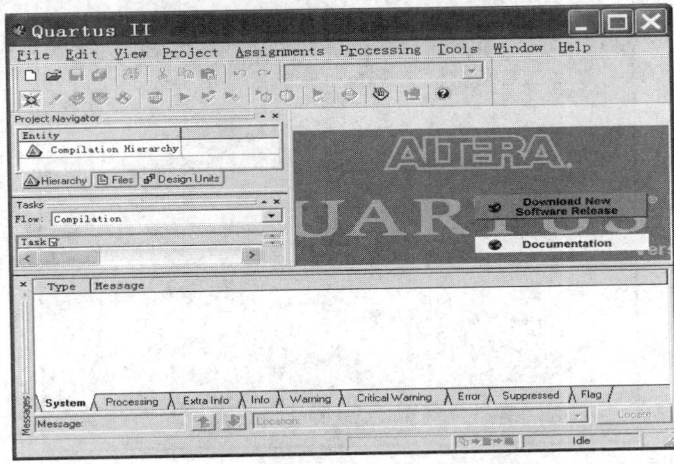

图 2.37　Quartus II 启动界面

选择 File→New Project Wizard，出现如图 2.38 所示的对话框。对话框显示该向导工具将帮助你建立并初始化一个新的工程，其步骤包括指定工程名、工程存放路径、顶层实体名，添加工程文件和相应的库，选择目标器件，设置 EDA 工具等。

New Project Wizard: Introduction
The New Project Wizard helps you create a new project and preliminary project settings, including the following:
Project name and directory
Name of the top-level design entity
Project files and libraries
Target device family and device
EDA tool settings
You can change the settings for an existing project and specify additional project-wide settings with the Settings command (Assignments menu). You can use the various pages of the Settings dialog box to add functionality to the project.
Don't show me this introduction again
< Back
Next >
Finish
取消

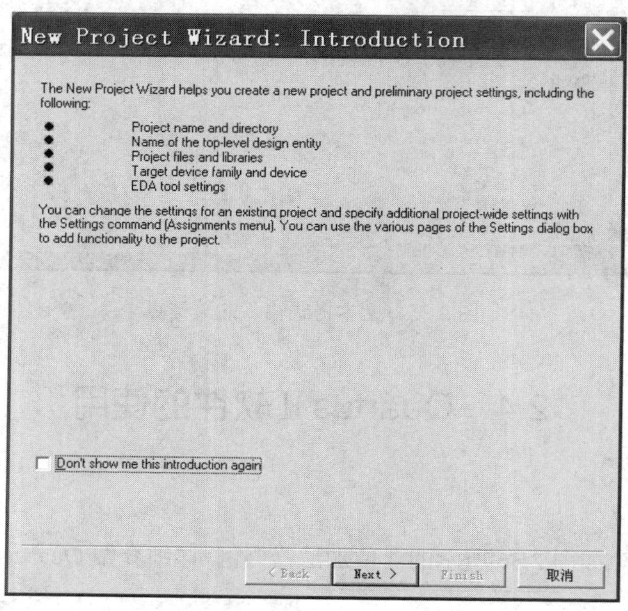

图 2.38　新建工程

点击 Next 按钮，出现如图 2.39 所示的对话框。在此对话框中输入工程的保存路径 D:\altera\81\quartus，在工程名中输入 adder4。由于顶层实体名应该和工程名一致，所以当我们输入工程名的时候，软件会自动将顶层实体名设置为 adder4，无需修改。再点击 Next 按钮，如果指定的路径不存在，会出现如图 2.40 所示的消息框，点击“是”即可。

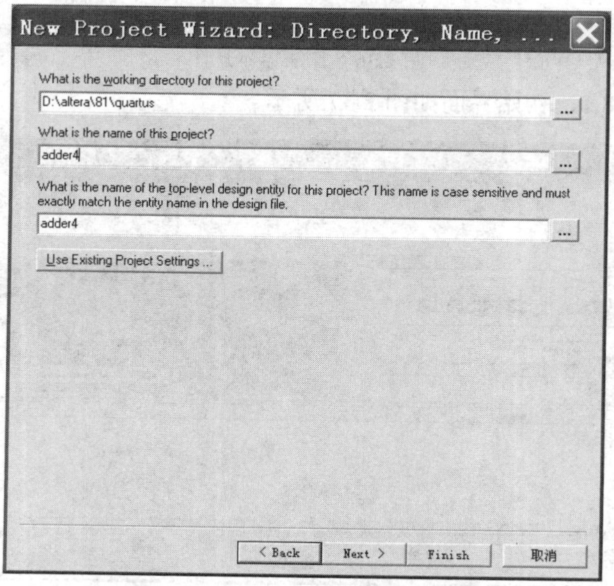

New Project Wizard: Directory, Name, ...
What is the working directory for this project?
D:\altera\81\quartus
What is the name of this project?
adder4
What is the name of the top-level design entity for this project? This name is case sensitive and must exactly match the entity name in the design file.
adder4
Use Existing Project Settings ...
< Back
Next >
Finish
取消

图 2.39　新建工程保存路径及工程名

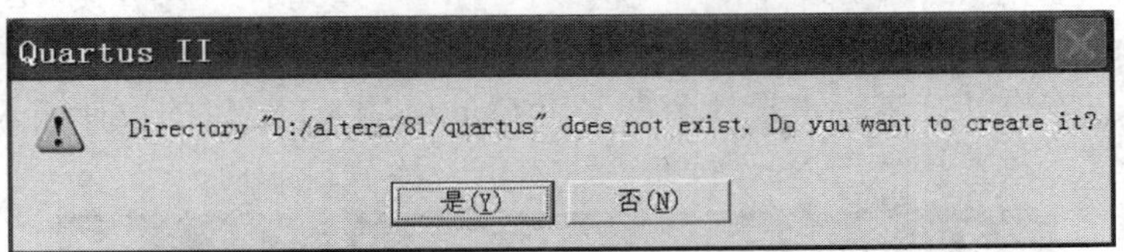

图 2.40　为工程新建目录

接下来出现如图 2.41 所示的对话框，可以将已经存在的设计文件添加到当前工程中，如果没有设计文件则直接点击 Next 按钮进入下一步。

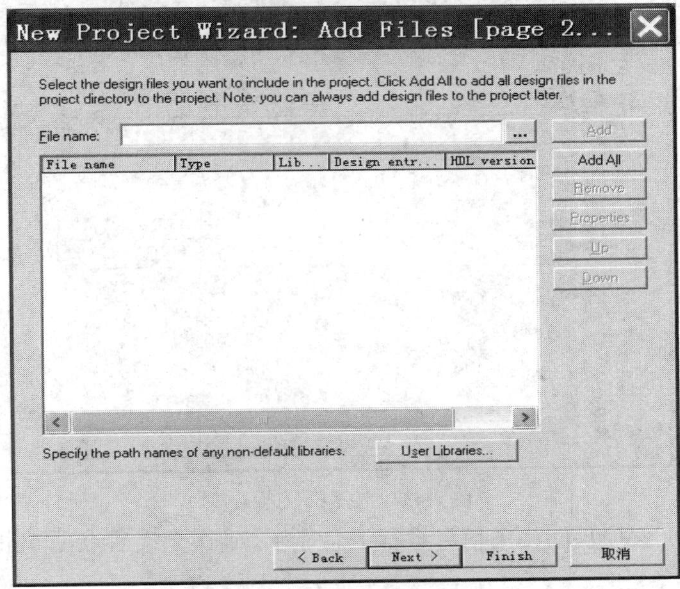

图 2.41　添加设计文件

点击 Next 按钮后出现如图 2.42 所示的对话框。在 Available devices 列表中选择所用实验箱中的 FPGA 的型号，此处选择 EP2C35F672C6。

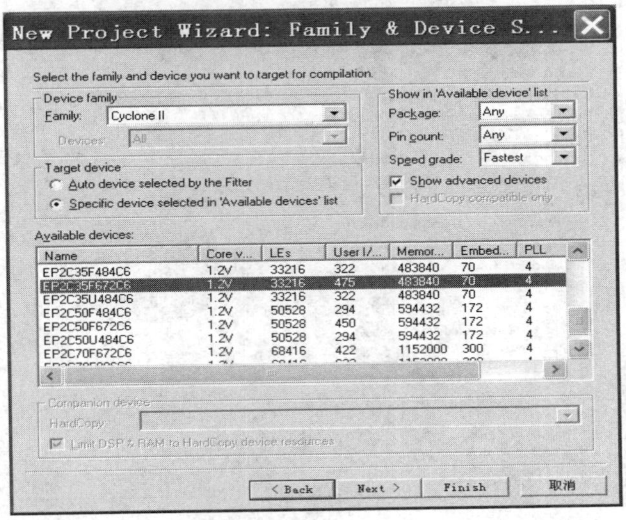

图 2.42　选择目标器件

点击 Next 按钮，出现如图 2.43 所示的对话框，该对话框提示用户选择将要在新建工程中使用的第三方设计工具。本设计全部采用 Quartus II 8.1 提供的设计输入、综合、仿真和时序分析工具，故直接点击 Next 按钮，进入下一环节。

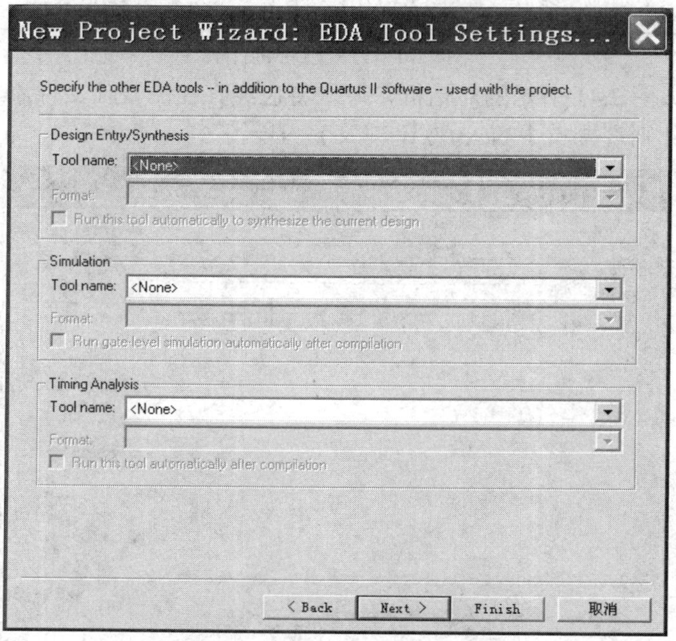

图 2.43　选择第三方工具

图 2.44 是对工程项目的相关信息进行汇总显示，确认无误后点击 Finish 按钮完成新工程的建立。

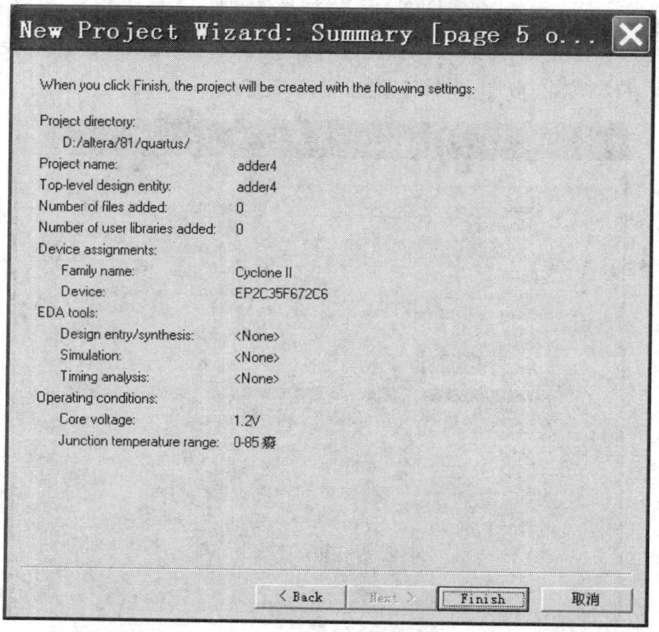

图 2.44　新建工程信息汇总

2.4.2　设计输入

在当前工程下，选择 File→New 菜单，打开如图 2.45 所示的对话框。

选择 Verilog HDL File，点击 OK 按钮即可打开文本编辑器。

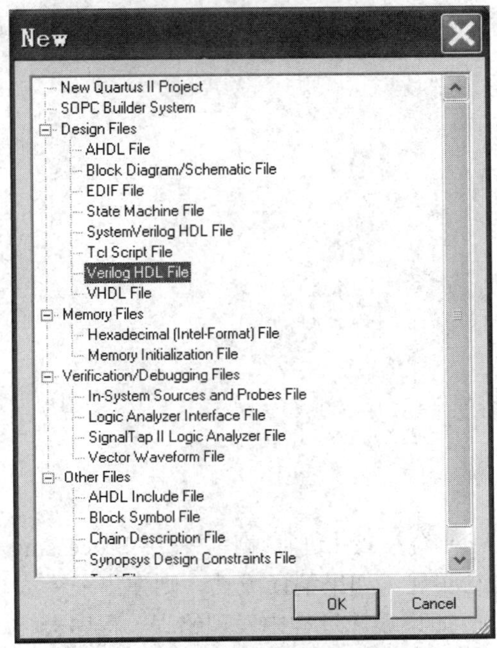

图 2.45　新建文件

在设计输入前，不妨先保存一次。选择 File→Save as 菜单，进入如图 2.46 所示的对话框。输入文件名 adder4，选择保存类型为 Verilog HDL File，同时勾选下方的 Add file to current project，以便把当前文件加入到当前工程中。点击保存按钮，在 Text Editor 中输入例 2.1 的程序代码。

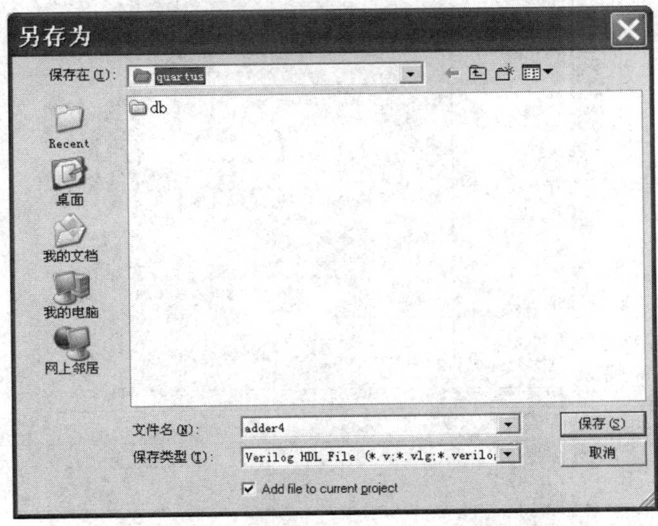

图 2.46　保存文件

例 2.1　4 位加法器设计代码。

```
module adder4(A, B, CI, S, CO);
input[3:0] A, B;
input CI;
output[3:0] S;
output CO;
reg[3:0] S;
reg CO;
always@(A or B or CI)
begin
S = A+B+CI;
    if(A+B+CI > 15)
        CO = 1;
    else
        CO = 0;
end
endmodule
```

输入完毕后保存，然后对输入文件进行编译。使用 Processing→Start Compilation 菜单，完成对设计的分析、综合与实现。如果编译成功，则弹出编译成功的消息框，点击确定后可看到如图 2.47 所示窗口。如果编译过程中发现错误，程序会自动终止，并用红色字体显示出错信息，修改程序并再次编译，直到成功为止。

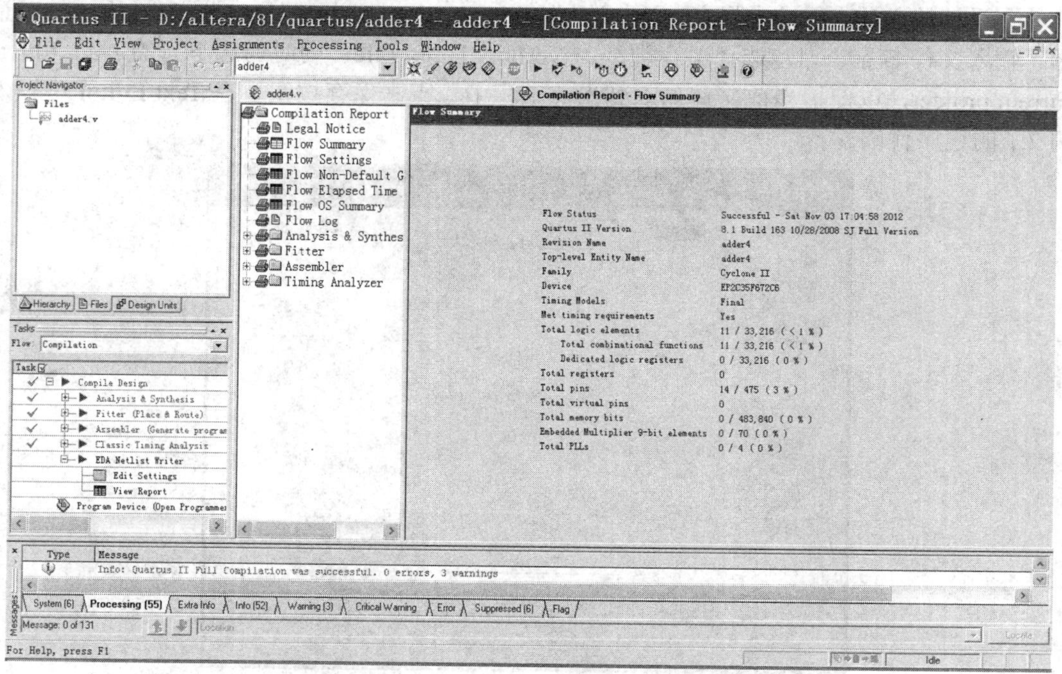

图 2.47　编译结果

2.4.3　电路仿真

为了检验所设计的电路的功能是否正确，有必要对其进行功能仿真(除了功能仿真之外，电路设计中还涉及时序仿真，但此次只讨论功能仿真)。

首先建立矢量波形文件，选择 File→New 菜单，在弹出的对话框中选择 Verification/Debugging Files 选项中的 Vector Waveform File，如图 2.48 所示。

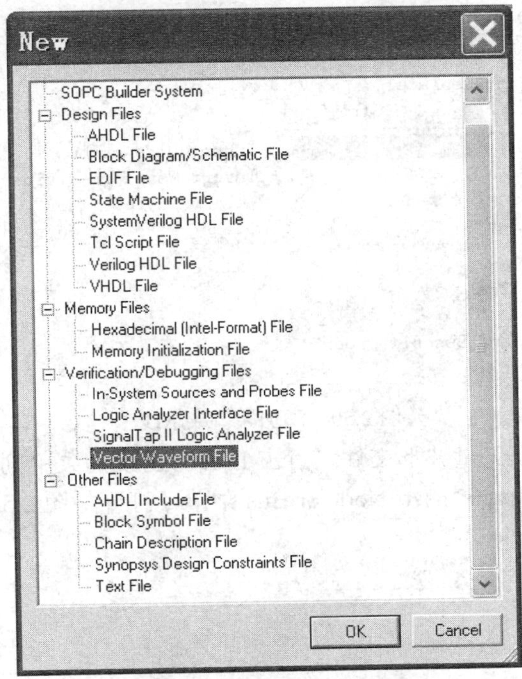

图 2.48　建立矢量波形文件

点击 OK 按钮，进入矢量波形编辑器窗口，如图 2.49 所示。

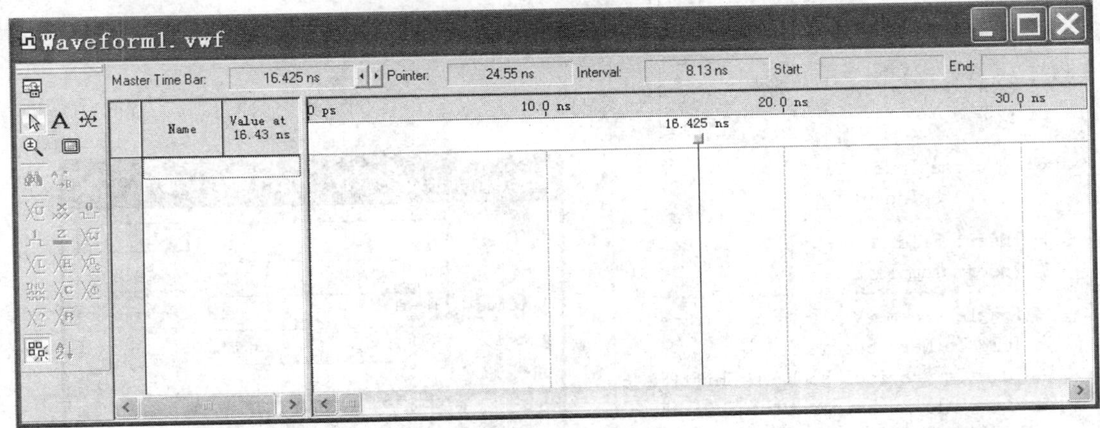

图 2.49　波形编辑器

使用 File→Save As 菜单将文件保存为 adder4.vwf。用 Edit→End Time 菜单设定仿真终止时间，这里设为 200 ns。点击 View→Fit in Window 菜单在窗口中显示整个仿真的时间范围。

接下来将输入节点加入到波形中来。点击 Edit 会出现如图 2.50 所示的菜单。

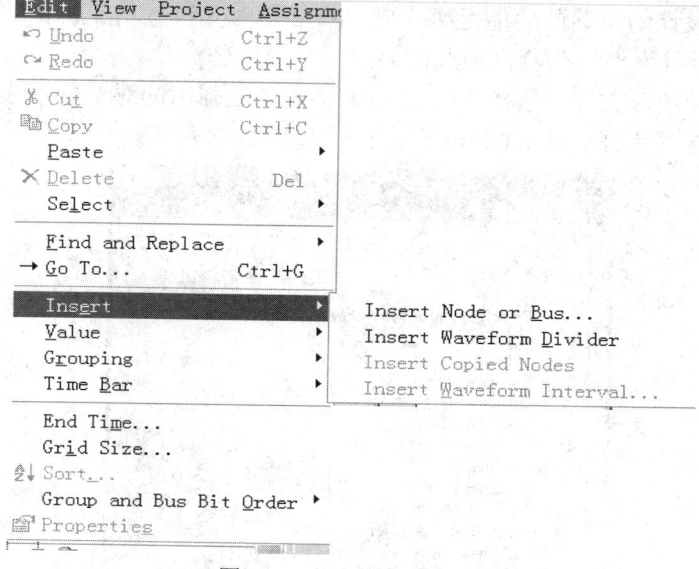

图 2.50　添加端口或总线

注意：如果没有建立矢量波形文件，点击 Edit 时出现的菜单则不同，如图 2.51 所示。在图 2.50 中选择 Insert→Insert Node or Bus 菜单，打开如图 2.52 所示的窗口。

Undo　Ctrl+Z
Redo　Ctrl+Y
Cut　Ctrl+X
Copy　Ctrl+C
Paste　Ctrl+V
Delete　Del
Select All　Ctrl+A
Find...　Ctrl+F
Find Next　F3
Find Matching Delimiter　Ctrl+M
Replace...　Ctrl+H
Go To...　Ctrl+G
Increase Indent
Decrease Indent
Insert File...
Insert Template...
Toggle Bookmark　Ctrl+F2
Jump To Next Bookmark　F2
Jump To Previous Bookmark　Shift+F2
Clear All Bookmarks　Ctrl+Shift+F2
Replace Tabs With Spaces

图 2.51　Edit 下拉菜单

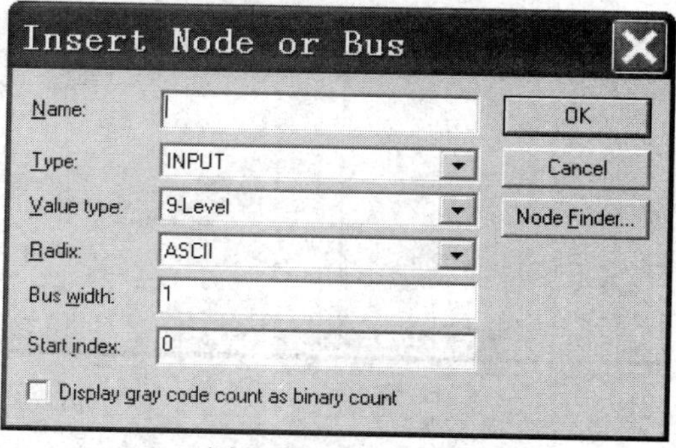

图 2.52　加入节点

点击 Node Finder，在 Node Finder 窗口中选择 Filter 为 Pins:all，再点击 List，结果如

图 2.53 所示。

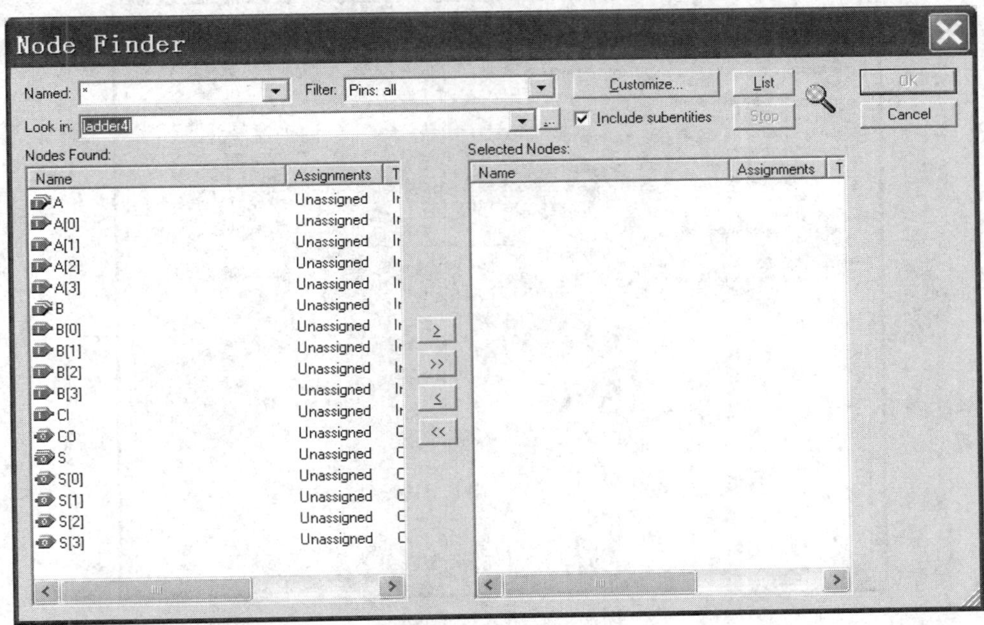

图 2.53　Node Finder 对话框

点击>>按钮，将所有的节点添加到 Selected Nodes 框中。再点击 OK 按钮，返回波形编辑器窗口，用“ ”和“ ”编辑输入波形。编辑后的结果如图 2.54 所示。为了简单，我们让 A = 0，而 B[3:0] = [0000]～[1111]，进位输入 CI = 0。

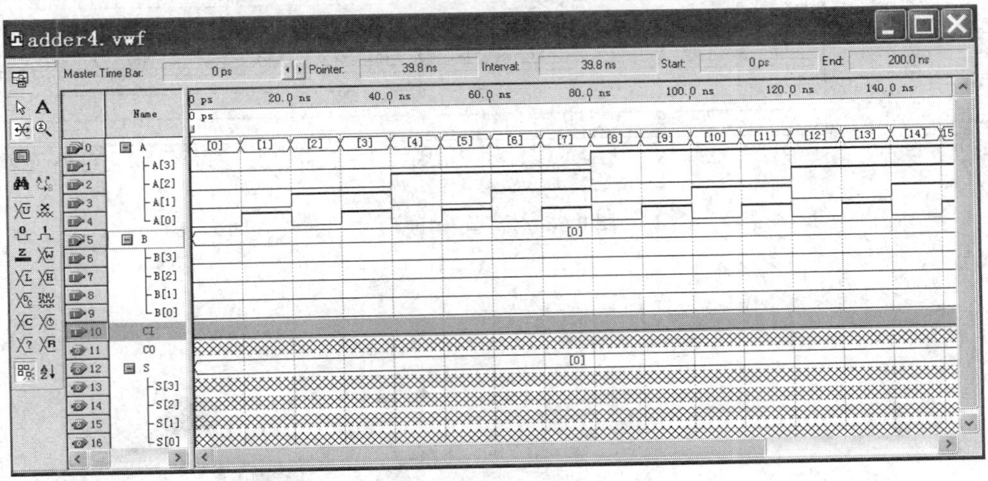

图 2.54　波形编辑

下面进行功能仿真。选择 Assignments→Settings 菜单，打开 Settings 窗口，如图 2.55 所示。点击 Simulator Settings，选择 Simulation mode 为 Fuctional，按 OK 按钮，完成设置。用 Processing→Generate Fuctional Simulation Netlist 菜单产生功能仿真所需的网表，最后用 Processing→Start Simulation 菜单启动功能仿真。

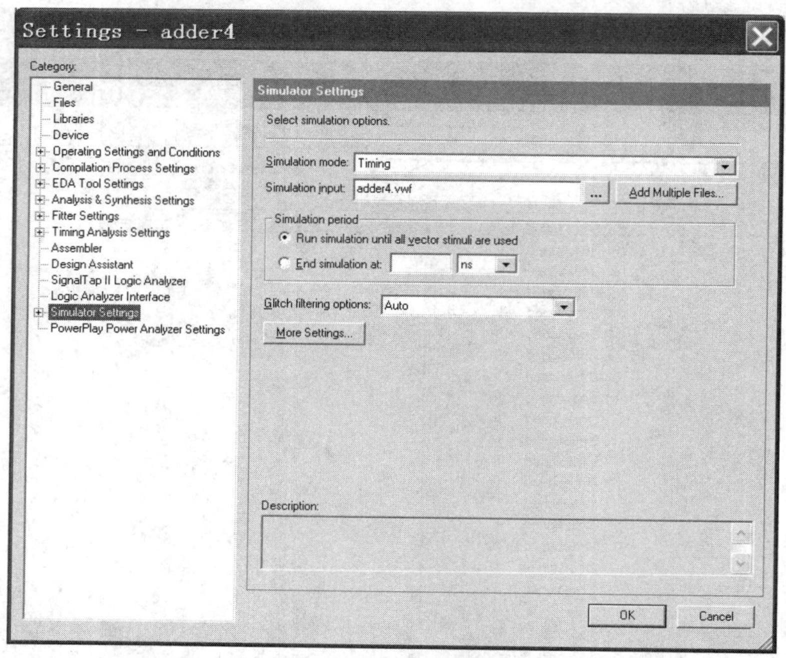

图 2.55　仿真设置窗口

仿真结束后，得到的仿真波形如图 2.56 所示。通过仿真输出波形，我们可以判断前述设计在功能上是否正确。

图 2.56　仿真输出波形

第 3 章　工具硬件 SOPC 简介

时序仿真除了需要系统软件以外还需要与相应的系统硬件结合进行结果验证。EDA/SOPC 实验箱是集 EDA 和 SOPC 开发为一体的综合性实验箱，它不仅可以独立完成几乎所有的 EDA 设计，也可以完成大多数的 SOPC 开发。

3.1　EDA/SOPC 开发系统

以 Altera 公司的 CycloneⅡ系列的 FPGA 为核心，整个开发系统采用模块化设计，各个模块之间可以自由组合，使得该实验箱的灵活性大大提高。同时实验箱还提供了丰富的接口模块，供人机交互，从而大大增加了实验开发者开发的乐趣，满足了普通高等院校、科研人员等的需求。

开发工程师可以使用 VHDL、Verilog HDL、原理图输入等多种方式，利用 Altera 公司提供的 QuartusⅡ及 NiosⅡ软件进行编译、下载，并通过 EDA/SOPC 实验箱进行结果验证。实验箱提供多种人机交互方式，如键盘阵列、按键、拨挡开关输入，七段数码管、大屏幕图形点阵 LCD 显示，串口通信，VGA 接口、PS2 接口、USB 接口、Ethernet 接口等。利用 Altera 公司提供的一些 IP 资源和 Nios 32 位处理器，用户可以在该实验箱上完成不同的 SOPC 设计。

EDA/SOPC 实验箱提供的资源有：

- Altera 公司的 EP3C16Q240C8 的 FPGA，另外也可选配有更多资源的 FPGA；
- FPGA 配置芯片采用可在线编程的 EPCS4，通过 JTAG 口和 AS 口即可完成设计的固化；
- 1 个数字时钟源，提供 48 MHz、12 MHz、1 MHz、100 kHz、10 kHz、1 kHz、100 Hz、10 Hz、2 Hz 和 1 Hz 等多个时钟；
- 1 个模拟信号源，提供频率和幅度可调的正弦波、三角波和方波；
- 1 个串行接口，用于完成与计算机的通信；
- 1 个 VGA 接口；
- 1 个 PS2 接口，可以接键盘或鼠标；
- 1 个 USB 接口，利用 PDIUSBD12 芯片实现 USB 协议转换；
- 1 个 Ethernet 接口，利用 RTL8019 芯片实现 TCP/IP 协议转换；
- 基于 SPI 接口的音频 CODEC 模块；
- 1 个输入、输出探测模块，用于观察数字信号；
- 16 个 LED 显示模块；
- 8 个拨挡开关输入模块和 8 个按键输入模块；

- 1 个 4 × 4 键盘阵列；
- 8 个七段数码管显示模块；
- 1 个扬声器模块，1 个交通灯模块，1 个直流电机模块；
- 1 个高速 ADC 和 1 个高速 DAC；
- 240 × 128 大屏幕图形点阵 LED 显示；
- 存储器模块提供 512K/1024K × 8 bit 的 SRAM 和 2M/4M × 8 bit 的 FLASH ROM。

实验箱基本布局如图 3.1 所示。

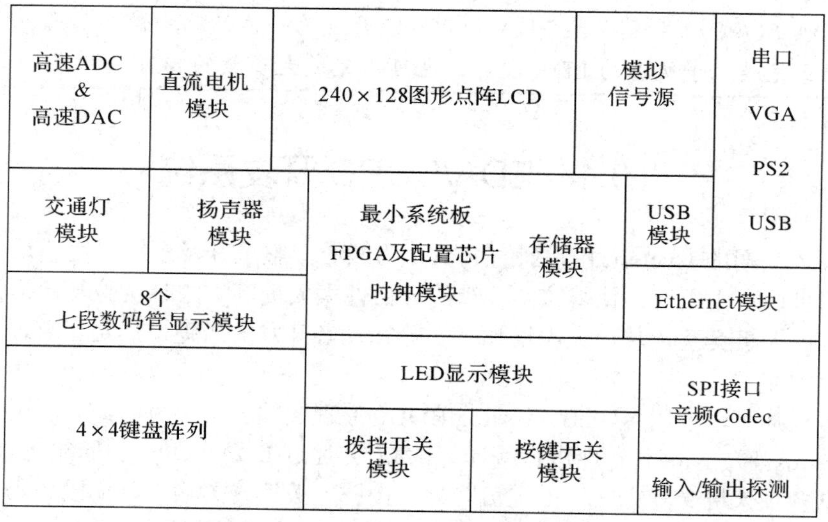

高速ADC & 高速DAC
直流电机模块
240 × 128图形点阵LCD
模拟信号源
串口
VGA
PS2
USB
交通灯模块
扬声器模块
最小系统板
FPGA及配置芯片
时钟模块
存储器模块
USB模块
Ethernet模块
8个七段数码管显示模块
LED显示模块
SPI接口
音频Codec
4 × 4键盘阵列
拨挡开关模块
按键开关模块
输入/输出探测

图 3.1　EDA/SOPC 试验箱系统布局

下面就部分模块做简要介绍。

1. FPGA 模块

FPGA 采用 Altera 公司提供的 Cyclone Ⅲ系列的 EP3C16Q240C8，该芯片采用 240 脚的 PQFP 封装，提供 161 个 IO 接口。该芯片拥有 15 408 个逻辑单元(Les)；总共可以提供 516 096 bit 的 RAM；另外，此芯片内部还自带有 4 个锁相环，可以在高速运行的时候保证系统时钟信号的稳定性。

FPGA 与实验箱上提供的各个模块都已经连接好了(详情请查看本书附录)，这样就避免了实验过程中繁琐的连线以及由于连线造成的不稳定的后果。

2. 配置模块

实验箱的配置芯片采用可在线多次编程的 EPCS4，该芯片通过 AS 口下载，即可完成 FPGA 设计的固化。这样就避免了用户需要多条电缆或者需要编程器才能完成固化的任务，同时也方便了用户只需一条下载电缆即可完成 FPGA 的配置和 EPCS4 的编程。

3. 时钟模块

时钟模块由有源晶振产生 48 MHz 的时钟信号，再由 CPLD 分频完成多种时钟信号的产生。时钟信号已经在系统板上连接到 FPGA 的全局时钟引脚(PIN_33)，只需要通过时钟模块的简单跳线，即可完成 FPGA 时钟频率的选择。

4. USB 模块

USB 模块采用 Philips 公司的 PDIUSBD12 芯片，它通常用作微控制器系统中实现与微控制器进行通信的高速通用并行接口。它还支持本地的 DMA 传输。

PDIUSBD12 完全符合USB1.1 版的规范，它还符合大多数器件的分类规格：成像类、海量存储器件、通信器件、打印设备以及人机接口设备。另外，该芯片还集成了许多特性，包括SoftConnect™、GoodLink™、可编程时钟输出、低频晶振和终止寄存器集合，所有这些特性都为系统显著地节约了成本，同时使USB功能在外设上的应用变得容易。

5. 存储器模块

实验箱上提供了 512K/1024 × 8 bit 的 SRAM 和 2M/4M × 8 bit 的 FLASH ROM，其中 SRAM 主要是为了在开发 SOPC 时存放可执行代码和程序中用到的变量，而 FLASH 则是用来固化调试好的 SOPC 代码等。SRAM 选用 ISSI 公司的 IS61LV5128；FLASH ROM 采用的是 AMD 公司的 AM29LV160，其容量为 2 MB。

6. Ethernet 模块

Ethernet 模块采用的 TCP/IP 转换芯片为 RTL8019AS。该芯片是一款高集成度、全双工以太网控制器，内部集成了三级省电模式，由于其具有便捷的接口方式，所以成了多数系统设计者的首选。RTL8019AS 支持即插即用标准，可以自动检测设备的接入，完全兼容 Ethernet Ⅱ以及 IEEE802.3 10BASE5、10BASE2、10BASET 等标准，同时针对 10BASET 还支持自动极性修正的功能。另外该芯片还有很多其他功能，此处不再赘述。

7. 高速 ADC & 高速 DAC

实验箱中采用的高速 ADC 为 TLC5510。TLC5510 是一个 8 位高速 ADC，其最高转换速率可到 20 MS/s，单电源 5 V 供电，被广泛地应用在数字电视、医疗图像、视频会议等高速数据转换的领域。

实验箱中采用的高速 DAC 为 TLC5602，该芯片也是一个单电源 5 V 供电的 8 位高速 DAC，其最高转换速率可到 33 MS/s，足以满足一般数据处理的场合。

8. 240 × 128 图形点阵 LCD

实验箱所用的图形点阵 LCD 为 240 × 128 点，可以用来显示图形、曲线、文本、字符等。显示模块内嵌有 T6963C 控制器。在该液晶显示模块上已经实现了行列驱动器及显示缓冲区 RAM 的接口，同时也设置了液晶的结构：单屏显示，80 系列的 8 位微处理器接口，显示屏长度为 30 个字符，宽度为 16 个字符等。

3.2　硬件使用验证示例

下面以七人表决器为例说明实验箱的使用。

表决器就是对于一个行为，由多个人投票，如果同意的票数过半，就认为此行为可行；如果否决的票数过半，则认为此行为无效。

七人表决器顾名思义就是由七个人来投票，当同意的票数大于或者等于 4 人时，则认为同意该行为；当否决的票数大于或者等于 4 人时，则认为不同意该行为。实验中用 7 个拨挡开关来表示七个人，当对应的拨挡开关输入为“1”时，表示此人同意；否则，当若拨挡开关输入为“0”时，则表示此人反对。表决的结果用一个 LED 表示，若表决的结果为同意，则 LED 被点亮；如果表决的结果为反对，则 LED 不会被点亮。

下面利用 EDA/SOPC 实验箱中的拨挡开关模块和 LED 模块来实现一个简单的七人表决器的功能。拨挡开关模块中的 K1～K7 表示七个人，当拨挡开关输入为“1”时，表示对应的人投同意票；当拨挡开关输入为“0”时，表示对应的人投反对票。LED 模块中的 LED1_1 表示七人表决的结果。当 LED1_1 点亮时，表示事件通过；当 LED1_1 熄灭时，表示事件未能通过。

拨挡开关 K1～K7 以及 LED1_1 与 FPGA 的引脚连接请查看本书附录。

3.2.1 建立工程

建立一个新的工程，步骤如下：

(1) 选择开始→程序→Altera→Quartus II 7.2，运行 Quartus II 软件。

(2) 选择 File→New Project Wizard，新建一个工程。

(3) 在 Introduction 页面中点击 Next 按钮。

(4) 指定工作目录，如 d:/ newproject/example1。

(5) 指定工程和顶层设计实体名称，如 exp1，见图 3.2。这时提示该工程不存在，询问是否新建，选择“是”即可。

(6) 点击两次 Next 按钮。

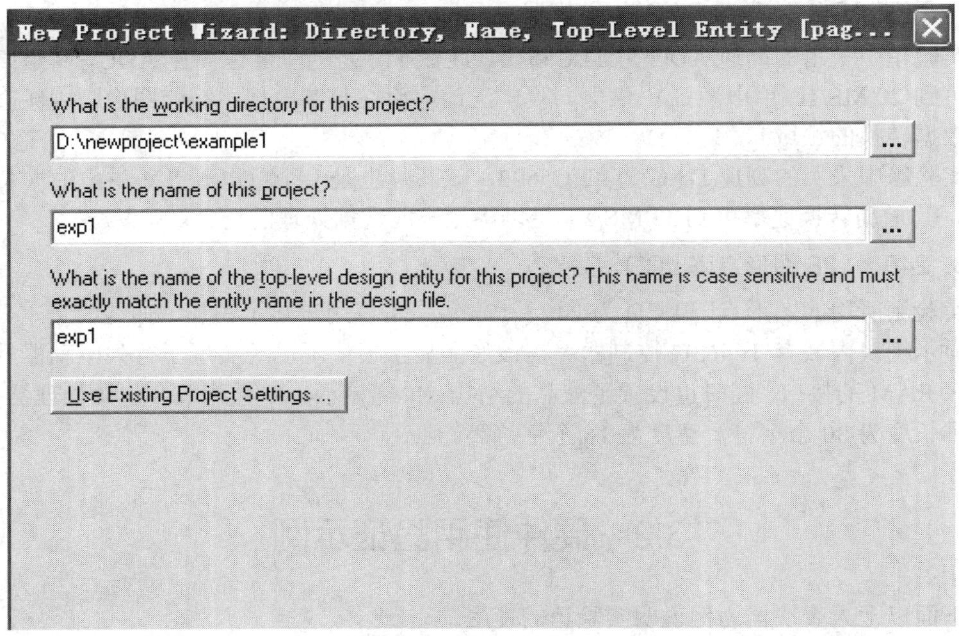

图 3.2　指定工程名称及目录

3.2.2 选择器件

(1) 选择 FPGA 器件，如图 3.3 所示。

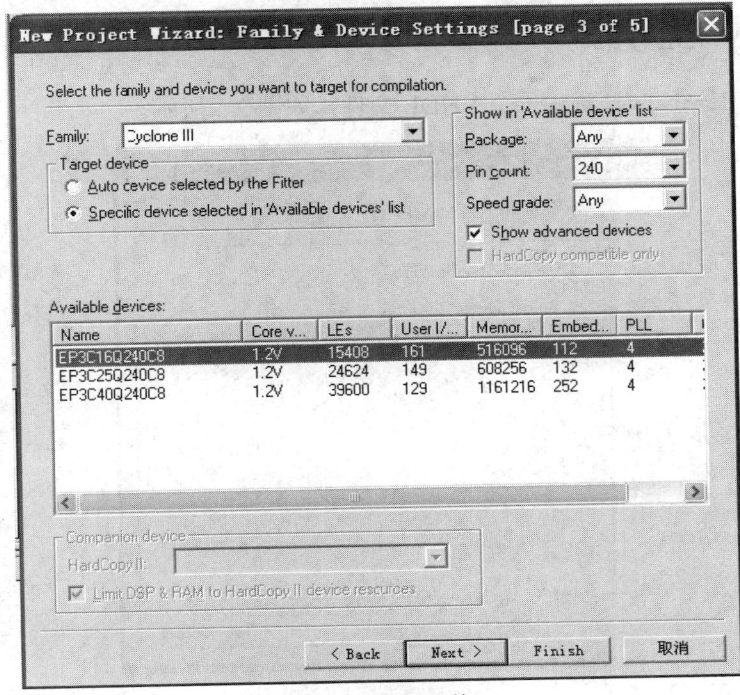

图 3.3　选择器件

(2) 首先在 Family 框中选择 Cyclone Ⅲ，在 Target device 中选择第二项，在 Speed grade 选项中选择 8，然后再选择器件 EP3C16Q240C8。

(3) 点击 Next 按钮，直至出现 Finish 界面窗口，此时工程文件建立结束。如图 3.4 所示。

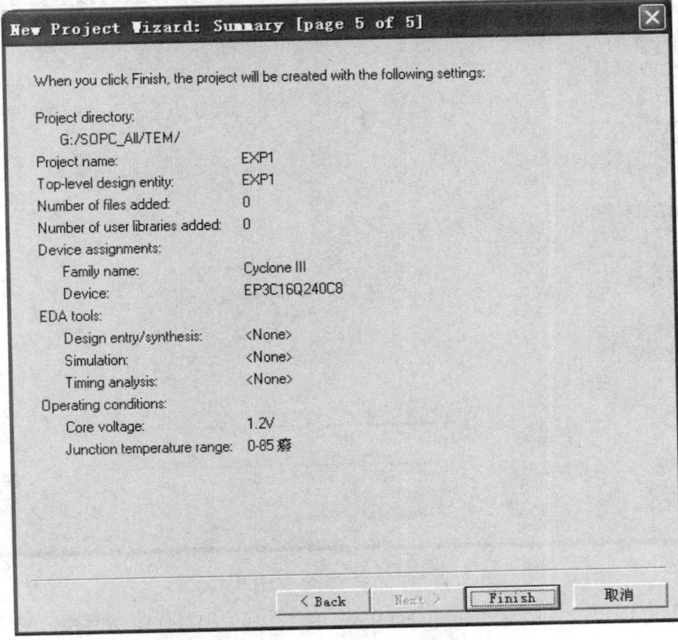

图 3.4　工程文件建立结束

3.2.3　新建 VHDL 文件

(1) 点击 File→New，新建一个 VHDL 文件，如图 3.5 所示。

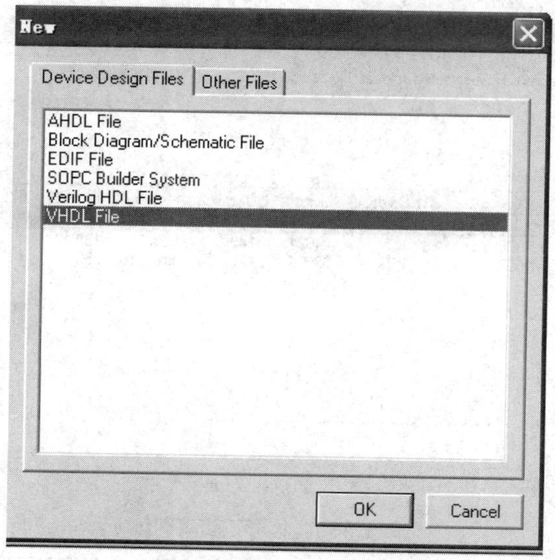

图 3.5　新建 VHDL 文件

(2) 点击 OK 按钮，再点击 File→Save，无需做任何更改，再点击 OK 按钮即可，如图 3.6 所示。

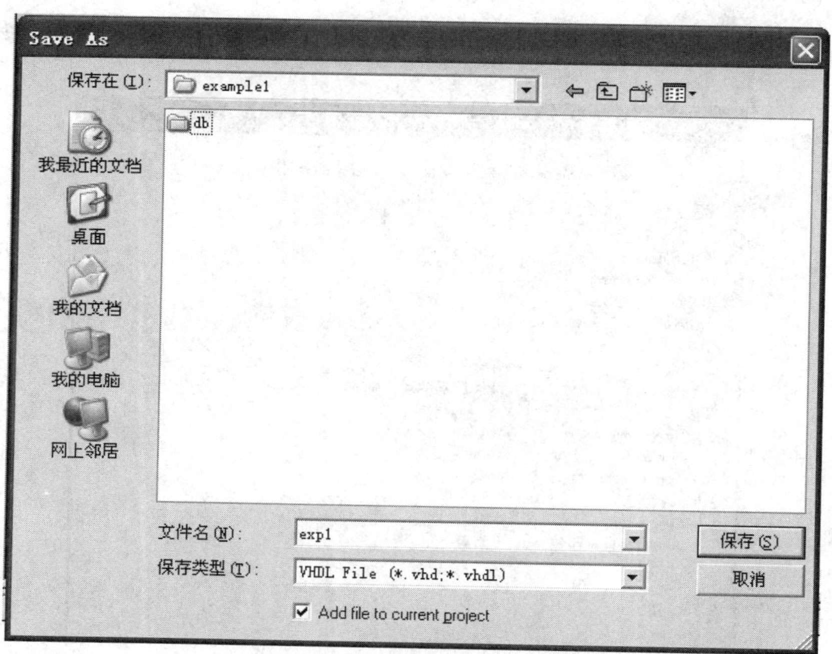

图 3.6　存储新建的 VHDL 文件

(3) 按照自己的想法，在新建的 VHDL 文件中编写 VHDL 程序。参考程序如下：

```
library ieee;
```

```
use ieee.std_logic_1164.all;
use ieee.std_logic_arith.all;
use ieee.std_logic_unsigned.all;
entity exp1 is
  port( K1, K2, K3, K4, K5, K6, K7  :  in    std_logic;          --输入：7 个人
        m_Result                    :  out   std_logic           --表决结果
      );
end exp1;
architecture behave of exp1 is
  signal  K_Num             : std_logic_vector(2 downto 0);
  signal  K1_Num, K2_Num: std_logic_vector(2 downto 0);
  signal  K3_Num, K4_Num: std_logic_vector(2 downto 0);
  signal  K5_Num, K6_Num: std_logic_vector(2 downto 0);
  signal  K7_Num            : std_logic_vector(2 downto 0);

  begin
    process(K1, K2, K3, K4, K5, K6, K7)         --计算表决同意人数
      begin
        K1_Num <= '0'&'0'&K1;
        K2_Num <= '0'&'0'&K2;
        K3_Num <= '0'&'0'&K3;
        K4_Num <= '0'&'0'&K4;
        K5_Num <= '0'&'0'&K5;
        K6_Num <= '0'&'0'&K6;
        K7_Num <= '0'&'0'&K7;
    end process;
    process(K1_Num, K2_Num, K3_Num, K4_Num, K5_Num, K6_Num, K7_Num)
      begin
      K_Num <= K1_Num + K2_Num + K3_Num + K4_Num + K5_Num + K6_Num + K7_Num;
    end process;
    process(K_Num)                              --根据人数输出结果
      begin
        if(K_Num > 3) then
            m_Result <= '1';
        else
            m_Result <= '0';
        end if;
    end process;
end behave;
```

3.2.4　编译环节

代码书写结束后需保存，选择 Processing>Start Compilation，对编写的代码进行编译，直到编译通过。

3.2.5　仿真功能设计文件

(1) 编译通过后，选择 File→New，在弹出的对话框中点击 Other Files，选择 Vector Waveform File，并点击 OK 按钮，建立一个波形文件，如图 3.7 所示。

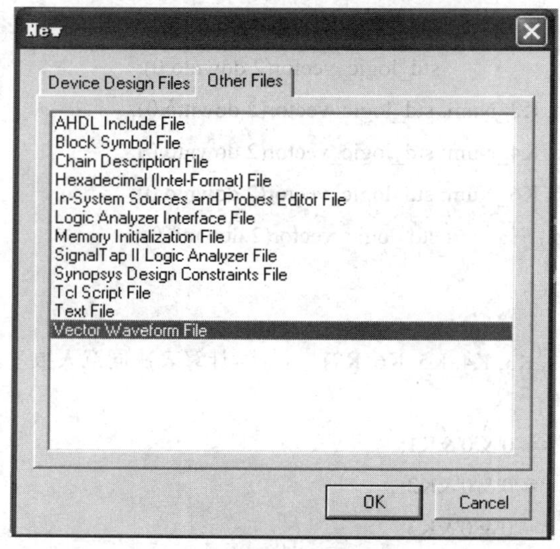

图 3.7　新建波形文件

(2) 点击 File→Save，在弹出的对话框中点击 OK 按钮即可存储新建的波形文件，如图 3.8 所示。

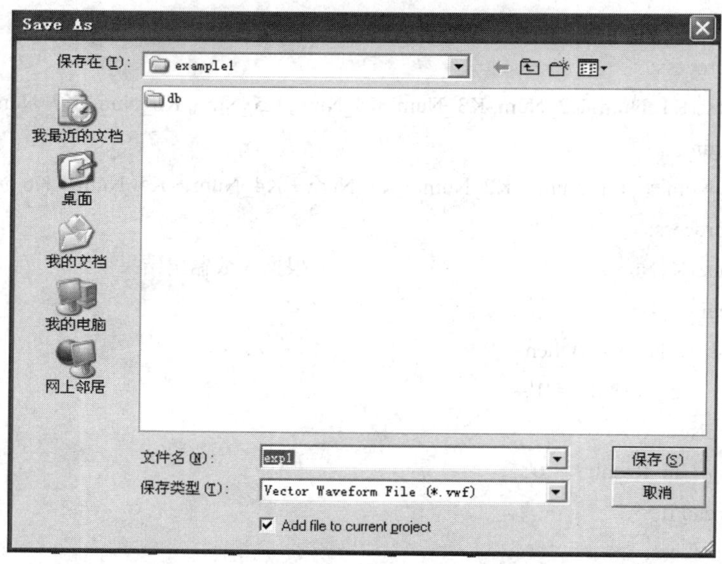

图 3.8　存储新建的波形文件

(3) 在波形文件中点击鼠标右键，选择 Insert→Insert Node or Bus，如图 3-9(a)所示，在弹出的对话框中点击 Node Finder，在新弹出的对话框中的 Filter 中选择 Pins:all，然后点击 List 按钮，这样，在 Nodes Founder 区域就会出现先前在 VHDL 文件中定义的输入、输出端口，如图 3.9(b)所示。然后再点击>>，把所有 VHDL 中定义的端口都选中，选择 OK 按钮即可。之后在 Insert Node or Bus 对话框中也选择 OK 按钮即可。

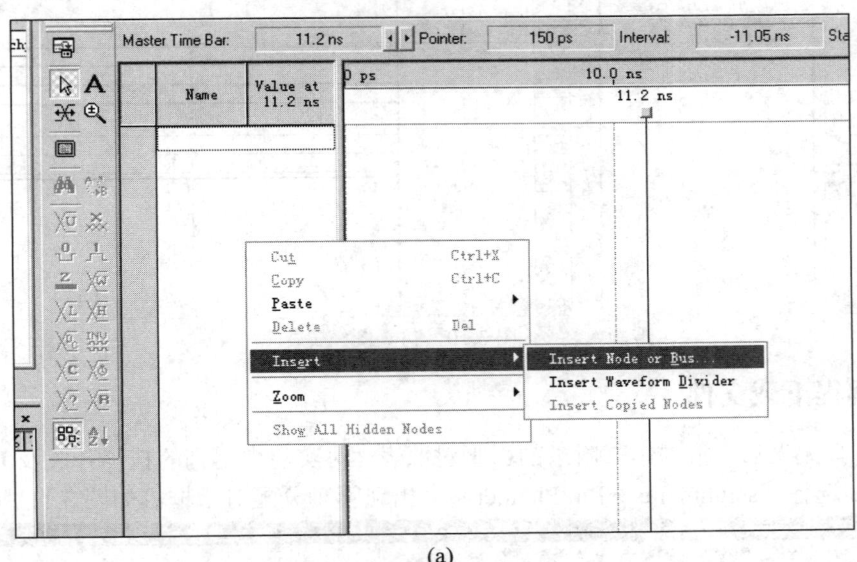

(a)

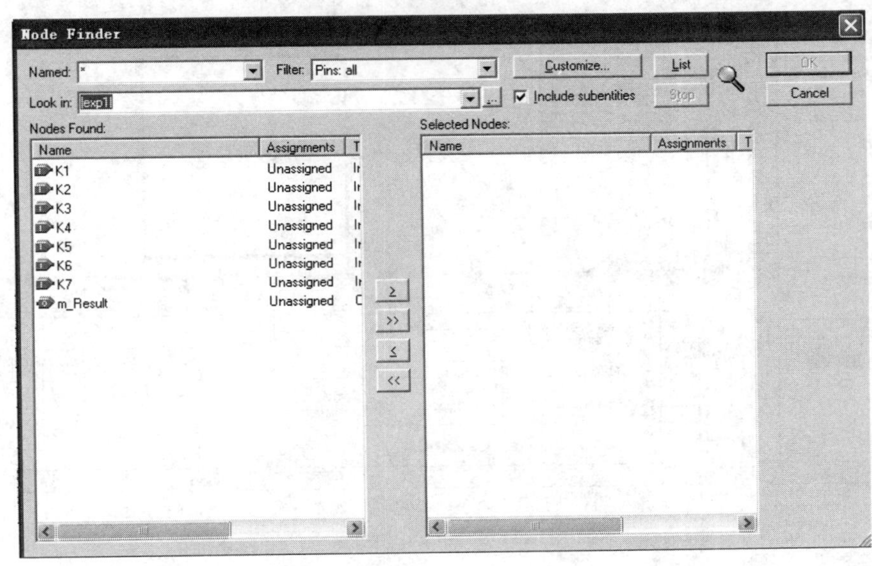

(b)

图 3.9　节点查找对话框

(4) 对加入到波形文件中的输入端点进行初始值设置，然后点击 Processing>Start Simulation，在弹出的对话框中点击 Yes 按钮，系统开始仿真。

(5) 仿真结束后，出现如图 3.10 所示仿真图，查看仿真结果是否符合实验要求。

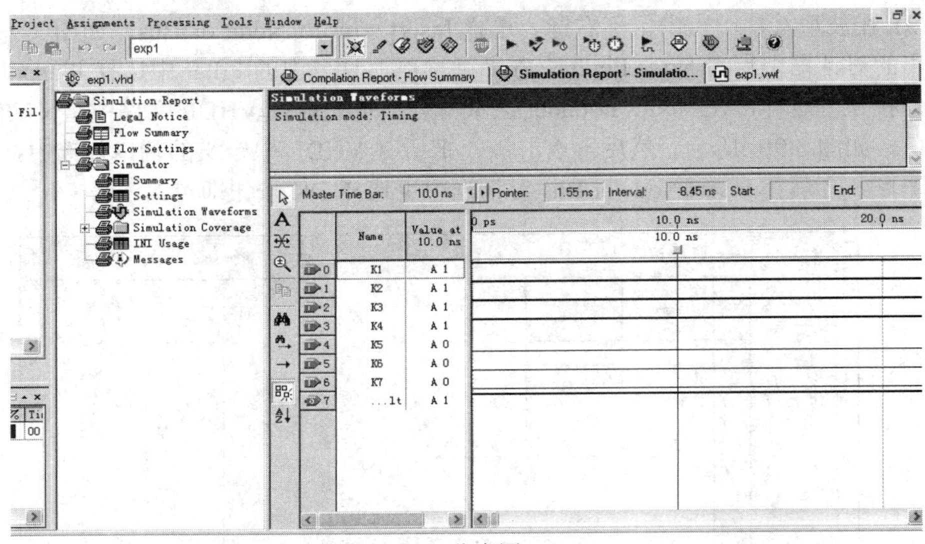

图 3.10　仿真图

3.2.6　编程下载文件

(1) 仿真无误后，根据本书附录的引脚对照表，对实验中用到的拨挡开关及 LED 进行管脚绑定。选择 Assignments→Pin Planner，会出现管脚分配对话框，如图 3.11 所示。

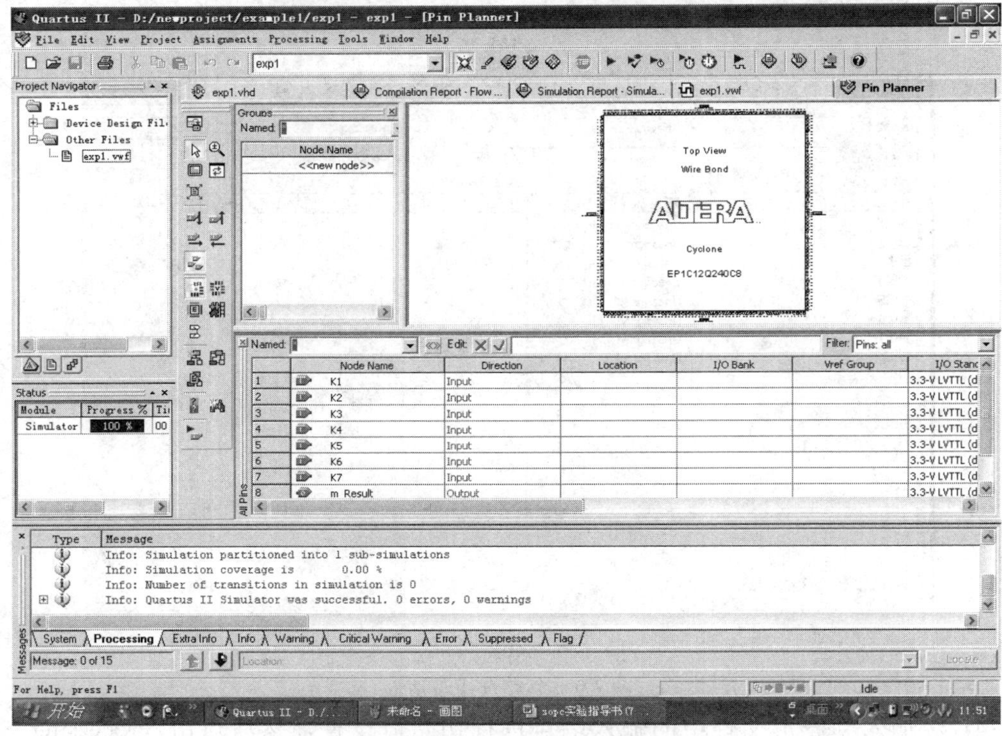

图 3.11　管脚分配对话框

(2) 首先选择对应的引脚，然后双击 location，在 location 中输入 VHDL 设计中对应的端口名称引脚号，如 pin_78 (参看本书附录)，然后回车即可。

(3) 重复步骤(2)，对所有的端口进行分配，如图 3.12 所示。

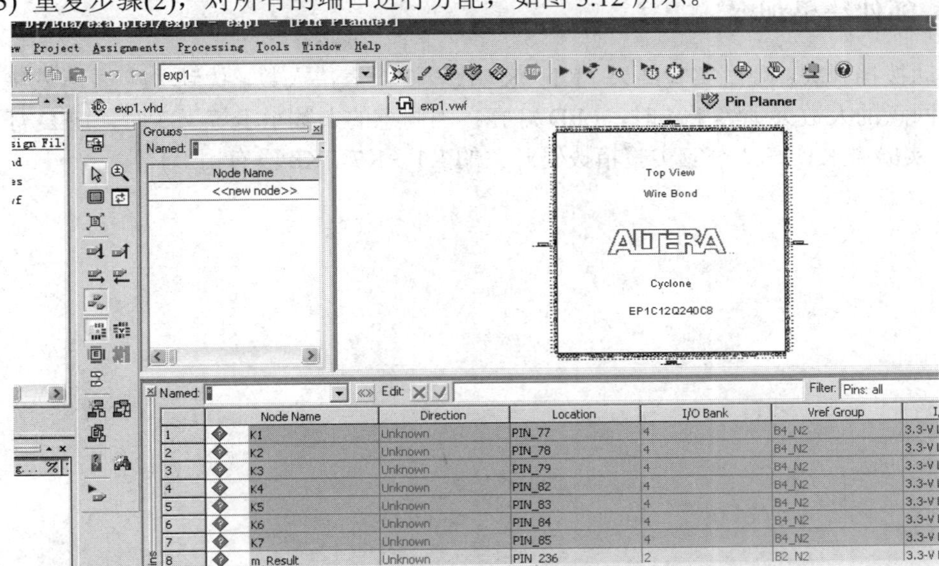

图 3.12　引脚分配

(4) 对于复用的引脚，需要做进一步处理。选择 Assignments/Device 对话框中的 Device & Pin Options，在弹出的对话框中首先选择 Configuration 标签，在 Configuration scheme 中选择 Active Serial(can use Configuration Device)项，如图 3.13 所示。配置结束后点击确认按钮即可。

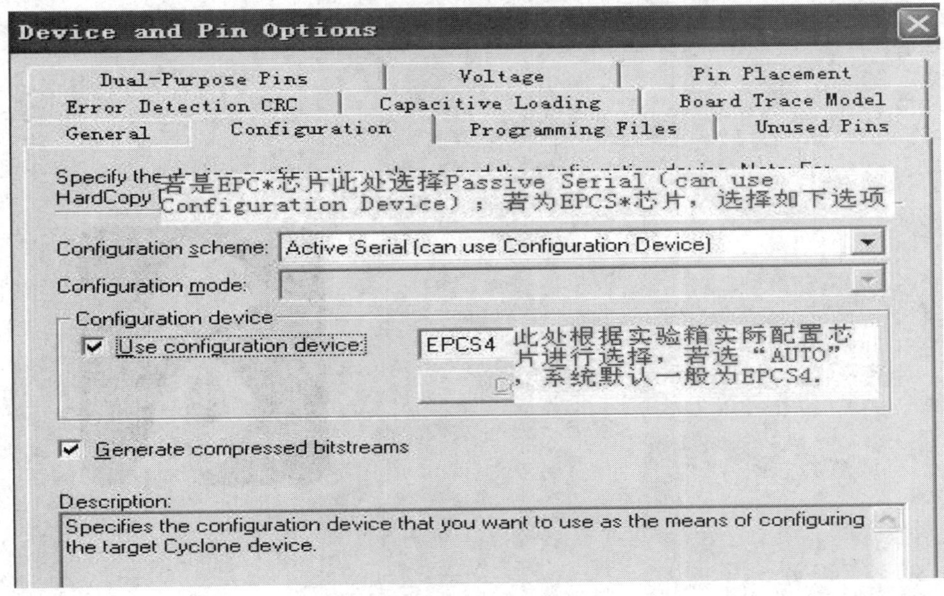

图 3.13　复用引脚配置对话框

(5) 在还剩下的 Settings 对话框中点击 OK 按钮，然后再编译一次。

(6) 编译无误后，用下载电缆通过 JTAG 接口将对应的 ex1.sof 文件下载到 FPGA 中(下载时注意勾选 program/configure 项)。

3.2.7　硬件结果观察

拨动拨挡开关，观察实验结果。K1～K7 代表 7 个表决人数，拨到“1”表示表决同意。当表决同意的人数大于等于 4 时，LED 灯亮；当同意的人数小于等于 3 时，LED 灯不亮。(注意：实验中 K1～K7 对应实验箱拨码开关的 K1～K7，K8 没有用。)

第 4 章　Verilog HDL 硬件描述语言

Verilog HDL 是硬件描述语言的一种，用于数字电子系统设计。该语言是 1983 年由 GDA(GateWay Design Automation)公司的 Phil Moorby 首创的。Phil Moorby 后来成为 Verilog-XL 的主要设计者和 Cadence 公司(Cadence Design System)的第一个合伙人。在 1984—1985 年间，Phil Moorby 设计出第一个名为 Verilog-XL 的仿真器；1986 年，他对 Verilog HDL 的发展又一次做出了巨大贡献——提出了用于快速门级仿真的 XL 算法。

随着 Verilog-XL 算法的成功，Verilog HDL 得到迅速发展。1989 年，Cadence 公司收购 GDA 公司，Verilog HDL 成为了 Cadence 公司的私有财产。1990 年，Cadence 公司决定公开 Verilog HDL，并成立了 OVI(Open Verilog International)组织，负责促进 Verilog HDL 的发展。基于 Verilog HDL 的优越性，IEEE 于 1995 年制定了 Verilog HDL 的 IEEE 标准，即 Verilog HDL 1364—1995；2001 年发布了 Verilog HDL1364-2001 标准，该标准大幅提高了 Verilog HDL 的系统级和可综合性能。

4.1　Verilog 的基本语法

4.1.1　简单的 Verilog HDL 模块

Verilog HDL 是以模块(block)集合的形式来描述硬件系统的。模块是 Verilog HDL 的基本单元，它用于描述某个设计的功能或结构及其与其他模块的外部接口。模块可以代表从简单门元件到复杂系统的任何一个硬件电路。每一个模块都有接口部分，用于描述与其他模块之间的连接关系。Verilog HDL 的各个模块之间是并行运行的。通常设计的硬件系统有一个顶层模块，该顶层模块的输入/输出分别代表系统的输入/输出。顶层模块可以由若干个子模块组成，每个子模块代表着系统中具有特定功能的一个功能单元，各个子模块通过端口相互连接起来，从而实现分层设计。

模块的基本组成结构如下：

```
Module <模块名>(<端口列表>);
  端口说明 (input, output, inout)
  参数定义 (可选)(parameter)
  数据类型定义 (wire, reg 等)
  连续赋值语句 (assign)
  过程块语句 (initial 和 always)(包括条件、选择、循环等行为描述语句或语句块)
```

```
    底层模块实例引用语句 (module instantiations)
    函数和任务 (function，task)
endmodule
```

其中，<模块名>是模块唯一的标识符；<端口列表>是由模块各个端口组成的，根据端口信号的方向，端口具有三种类型：输入(input)端口、输出(output)端口和双向(inout)端口，这些端口用来与其他模块进行连接；端口说明用来说明各个端口的数据流向及数据宽度等；参数定义用来说明系统设计中用到的有关参数；数据类型定义用来指定模块内各组件进行信息交流所用的数据对象是寄存器型、存储器型还是连线型。用于说明系统的逻辑功能及组成的语句有三种，包括连续赋值语句(assign)、过程块(initial 和 always)语句和底层模块实例引用语句(module instantiations)，其中连续赋值语句(assign)用于数据流描述，过程块语句用于行为描述，内含各种行为描述语句，而底层模块实例引用语句则进行结构描述。在 always 块内，被赋值的每个信号都必须定义为 reg(寄存器)型变量。在 Verilog HDL 中，output 端口信号可定义成寄存器型变量，并在 always 块内被赋值使用，而 inout 型双向端口信号不能被定义成 reg 型变量，因此在 always 块内不能被直接赋值使用，这一点与 VHDL 中双向端口的使用方法有所不同。

Verilog HDL 程序是由模块组成的，每个模块的内容都包含在“module”和“endmodule”两个语句之间。Verilog HDL 程序的书写格式与 C 语言类似，一行可以写多条语句，也可以一条语句分成多行书写，每条语句以英文输入状态下的分号结束，但 endmodule 语句后面不必写分号。初学者经常忘记第一行语句后面的分号，或输入的是中文输入状态下的分号，这都会导致程序编译时报错。

例 4.1 二选一选择器。程序如下：

```
module TwoSelOne(a, b, s, y);
    input a, b;
    input s;
    output y;
    assign y = (s==0)?a:b;
endmodule
```

说明：程序第一行需要分号，而最后一行即 endmodule 语句后面不写分号，程序中的逗号、分号等都应该是在英文输入状态下输入的，而不能在中文状态下输入；如果该模块是顶层模块，那么模块名要与该工程名一致。在给模块命名时，不能使用 Verilog HDL 中的关键词，并且最好能“顾名思义”，方便以后在阅读到该模块时，看名字就能知道它的功能。

一个模块可以是一个元件或者一个设计单元。类似于 C 语言中的函数调用，底层模块通常被整合在高层模块中提供某个通用功能。可以在设计中多处被使用。高层模块通过调用、连接底层模块的实例来实现复杂的功能。调用时只需要定义输入/输出接口，而不用关注底层模块内部如何实现，这为程序的层次化、模块化设计提供了便利，利于分工协作与维护。

例 4.2 调用底层模块实现二选一选择器。程序如下：

```
module TwoSelOne(a, b, s, y);
```

```
    input a, b;
    input s;
    output y;
    wire d, e, ns;
    not gate1(ns, s);
    and gate2(d, ns, a);
    and gate3(e, s, b);
    or gate4(y, d, e);
endmodule
```

4.1.2　数据类型及其常量、变量

Verilog HDL 数据类型(Data Types)主要用来说明存储在数字硬件或传送于数字组件间的数据类型。它不仅支持如整型、实型等抽象的数据类型，而且也支持物理数据类型来表示真实的硬件。物理数据类型有连线型(wire、tri 等)和寄存器型(reg)两种，这两种类型的变量在定义时均要设置位宽，在缺省状态时，位宽默认为 1 位。变量的每一位可以取 0、1、x 或 z 中的任意值。除了与具体的硬件电路对应的物理数据类型外，Verilog HDL 还提供了整型(integer)、实型(real)、时间型(time)、参数型(parameter)等四种抽象的数据类型，这些抽象数据类型主要用于仿真。抽象数据类型只是纯数学的抽象描述，不与任何实际的物理硬件相对应。

1. 连线型数据类型

连线型数据对应于硬件电路中的物理信号连线，没有电荷保持作用(trireg 除外)。连线型数据必须由驱动源驱动。它有两种驱动方式：一种是在结构描述中把它连接到一个门或模块的输出端；另一种是用连续赋值语句 assign 对其赋值。当没有驱动源对其驱动时，它将保持高阻态。

为了能够精确地反映硬件电路中各种可能的物理信号的连接特性，Verilog HDL 提供了多种连线型数据，具体介绍如下。

1) wire 和 tri 网络

连线(wire)和三态线(tri)的语法和功能基本一致。三态线(tri)可以用于描述多个驱动源驱动同一根线的线网类型。多个驱动源驱动一个连线时，线网的有效值如表 4.1 所示。

表 4.1　多个驱动源驱动一个连线时线网的有效值

wire(或 tri)	0	1	x	z
0	0	x	x	0
1	x	1	x	1
x	x	x	x	x
z	0	1	x	z

2) wor和trior线网

线或(wor)和三态线或(trior)的语法和功能基本一致。若驱动源为 1，线或线网值为 1，则多个驱动源驱动这类线网时，线网的有效值如表 4.2 所示。

表 4.2　多个驱动源驱动线或线网时的有效值

wor(或 trior)	0	1	x	z
0	0	1	x	0
1	1	1	1	1
x	x	1	x	x
z	0	1	x	z

3) wand和triand线网

线与(wand)和三态线与(triand)的语法和功能基本一致。若驱动源为 0，线与线网值为 0，则多个驱动源驱动这类线网时，线网的有效值如表 4.3 所示。

表 4.3　多个驱动源驱动线与线网时的有效值

wand(或 triand)	0	1	x	z
0	0	0	0	0
1	0	1	x	1
x	0	x	x	x
z	0	1	x	z

4) trireg 线网

trireg 线网用于存储数值，并且用于电容节点的建模。当 trireg 的所有驱动源都处于高阻态时，trireg 线网保存作用在线网上的最后一个值。trireg 线网的初始值为 x。

5) tri0 和tri1 线网

tri0 和 tri1 线网用于线逻辑的建模，其中，当无驱动源时，tri0 线网的值为 0，tri1 线网的值为 1。多个驱动源驱动这类线网时，线网的有效值如表 4.4 所示。

表 4.4　多个驱动源驱动 tri0 和 tri1 时线网的有效值

tri0(或 tri1)	0	1	x	z
0	0	x	x	0
1	x	1	x	1
x	x	x	x	x
z	0	1	x	0(1)

6) supply0 和supply1 线网

supply0 线网用于对低电平 0 的建模，supply1 线网用于对电源，即高电平 1 的建模。

连线型数据类型的定义格式为

<连线型数据的类型> <范围> <延迟时间> <变量列表>;

例如：

```
wire signal1, signal2;      //两个连线型数据
tri [7:0] bus;              //8 位三态总线
```

在 Verilog HDL 中，有的时候可以不需要声明某种线网类型，缺省的线网类型为 1 位线与网。可以使用编译器伪指令 'default_nettype 来改变这个隐式的线网说明方式。其调用格式为

```
'default_nettype net_kind
```

向量线网是用关键词 scalared 或者 vectored 来定义的。需要注意的是，vectored 定义的向量线网必须整体进行赋值。若没有定义关键词，缺省值为标量。

2. 寄存器型数据类型

1) 寄存器数据

寄存器数据对应于具有状态保持作用的硬件电路元件，如触发器、锁存器等。若寄存器数据未初始化，它将为未知状态 x。寄存器数据的关键字为 reg，缺省时为 1 位数。寄存器数据与连线型数据的区别在于：寄存器数据保持最后一次的赋值，而连线型数据需要有持续的驱动。寄存器数据的驱动可以通过过程赋值语句实现，在 always 块内被赋值的每一个信号都必须定义为 reg 型，即赋值操作符的右端变量必须是 reg 型的。

寄存器数据的定义格式为

reg <范围> <变量列表>;

例如：

```
reg    d1;                  //1 位寄存器
reg[3:0] state;             //4 位寄存器
reg[4:1] rega, regb;        //定义 2 个 4 位的分别名为 rega，regb 的 reg 型的寄存器
```

2) 存储器数据

存储器数据实际上是一个寄存器数组，Verilog 通过 reg 型变量建立数组来对存储器建模，可以描述 RAM、ROM 存储器和 reg 文件。数组中的每一个单元通过一个整数索引进行寻址。存储器型数据通过扩展 reg 型数据的地址范围来达到二维数组的效果，其使用的格式如下：

```
reg[msb:lsb]   存储器名[n-1:0];
```

其中 reg[msb:lsb]定义了存储器中每一个存储单元的大小，即该存储器单元是一个 n 位位宽的寄存器；存储器后面的[n-1:0]定义了存储器的大小，即该存储器中有多少个这样的寄存器。

若寄存器说明中缺省[n-1:0]，则是说明寄存器。例如：

```
reg[7:0] regc;              //regc 为一个 8 位寄存器
reg memb[15:0];             //memb 为 16 个 1 位寄存器的数组，即存储器
```

```
reg[7:0] memc[15:0];    //memc 为 16 个 8 位寄存器的数组
```

需要注意的是，存储器不能像寄存器那样赋值。一个 n 位的寄存器可以在一条赋值语句里进行赋值，而一个完整的存储器则不行。例如：

```
regc = 0;      //合法赋值语句
memc = 0;      //非法赋值语句
```

如果想对存储器中的存储单元进行读写操作，必须指定地址。例如：

```
reg [7:0] memd[4:1];          //定义 4 个字节的存储器 memd
initial
begin
memd[1] = 0;                  //给存储器单元 memd[1]赋值为 0
memd[2] = 1;                  //给存储器单元 memd[2]赋值为 1
memd[3] = "Jan";              //给存储器单元 memd[3]赋值为字符串"Jan"
memd[4] = "Feb";              //给存储器单元 memd[4]赋值为字符串"Feb"
end
```

除此之外，还可以借助于系统函数$readmemb 和$readmemh 来将文件中的二进制或十六进制数据读取到存储器中。如：

```
reg[7:0] mem[1:256]           //先定义一个有 256 个地址的字节存储器 mem
initial $readmemh("mem.data", mem);
initial $readmemh("mem.data", mem, 16);
initial $readmemh("mem.data", mem 128, 1);
```

上述第 2 条语句在仿真 0 时刻，将数据装载到以地址为 1 的存储器单元为起始存放单元的存储器中去；第 3 条语句将数据装载到以单元地址是 16 的存储器单元为起始存放单元的存储器中去，一直到地址是 256 的单元为止；第 4 条语句将从地址是 128 的单元开始装载数据，一直到地址为 1 的单元。在最后这种情况下，当装载完毕后，系统要检查在数据文件里是否有 128 个数据，如果没有，系统提示错误信息。

3. 整型数据类型

整型(integer)数据常用于对循环变量进行说明，在算术运算中被视为二进制补码形式的有符号数。除了寄存器型数据被当作无符号数处理之外，整型数据与 32 位寄存器型数据在实际意义上相同。整型数据的声明格式为

integer<寄存器型变量列表>;

整型数据可以是二进制(b 或 B)、十进制(D 或 d)、十六进制(h 或 H)或八进制(O 或 o)。整型数据可以有下面三种书写形式：

(1) 简单十进制格式，这种格式是直接由 0～9 的数字串组成的十进制数，可以用符号“+”或“-”来表示数的正负，如 789。

(2) 缺省位宽的基数格式，这种格式的书写形式为

'<base_format> <number>

其中，符号“'”为基数格式表示的固有字符，该字符不能省略，否则为非法表示形式；参数<base_format>用于说明数值采用的进制格式；参数<number>为相应进制格式下的一串数

字；这种格式未指定位宽，其缺省值至少为 32 位。例如：

```
'h 137FF                //缺省位宽的十六进制数
```

(3) 指定位宽的基数格式，这种格式的书写形式为

<size> ' <base_format><number>

其中，参数<size>用来指定所表示数的位宽，当位宽小于数值的实际位数时，相应的高位部分被忽略；当位宽大于数值的实际位数且数值的最高位是 0 或 1 时，相应的高位部分补 0；当位宽大于数值的实际位数，但数值的最高位是 x 或 z 时，相应的高位部分补 x 或 z。二进制的一个 x 或 z 表示 1 位处于 x 或 z; 八进制的一个 x 或 z 表示 3 位二进制位都处于 x 或 z；十六进制的一个 x 或 z 表示 4 位二进制位都处于 x 或 z。另外，数值中的 z 还可以用“?”来代替。例如：

```
4'b1101                 //4 位二进制数
```

4. 实型数据类型

Verilog HDL 支持实型(real)常量与变量。实型数据在机器码表示法中是浮点型数值，可用于计算延迟时间。实型数据的声明格式为

real<变量列表>;

例如：real　a;

实型数据可以用十进制与科学计数法两种格式来表示，如果采用十进制格式，小数点两边都必须是数字，否则为非法的表示形式，如：1.8、3.8E9。

5. 时间型数据类型

时间型(time)数据与整型数据类似，只是它是 64 位无符号数。时间型数据主要用于对模拟时间的存储与计算，常与系统函数 $time 一起使用。时间型数据的声明格式为

time <寄存器型变量列表>;

例如：

```
time start, stop;                //声明 start 和 stop 为两个 64 位的时间变量
```

6. 参数型数据类型

参数型数据(parameter)是被命名的常量，在仿真前对其赋值，在整个仿真过程中其值保持不变，数据的具体类型是由所赋的值来决定的。可以用参数型数据定义变量的位宽及延迟时间等，从而增加程序的可读性与易修改性。参数型数据的声明格式为

parameter <赋值列表>;

例如：

```
parameter   size = 8;
parameter   width = 6, x = 8;
```

4.1.3　Verilog HDL 操作符

Verilog HDL 提供了各种不同的操作符，例如算术操作符、取模操作符、逻辑操作符、关系操作符、相等操作符、按位操作符、归约操作符、移位操作符、条件操作符及连接操作符。操作符会将其操作数按照所定义的功能计算以产生新值。大部分操作符为单目操作

符或双目操作符。单目操作符使用一个操作数；双目操作符使用两个操作数；条件操作符使用三个操作数；连接操作符则可以使用任何个数的操作数。表 4.5 所列为常用的操作符。表 4.5 中的各操作符在处理实数时需特别注意，仅有部分操作符处理实数表达式有效。这些有效的操作符列于表 4.6 中。

表 4.5　Verilog 操作符

<table>
<tr><th>操作符类型</th><th>操 作 符</th><th>功 能 说 明</th></tr>
<tr><td>算术操作符</td><td>+，－，*，/</td><td>加、减、乘、除算术运算</td></tr>
<tr><td>取模操作等</td><td>%</td><td>取模</td></tr>
<tr><td rowspan="3">逻辑操作符</td><td>!</td><td>逻辑非</td></tr>
<tr><td>&&</td><td>逻辑与</td></tr>
<tr><td>||</td><td>逻辑或</td></tr>
<tr><td>关系操作符</td><td><，>，<=，>=</td><td>关系运算：小于、大于、小于等于、大于等于</td></tr>
<tr><td rowspan="4">相等操作符</td><td>==</td><td>相等</td></tr>
<tr><td>!=</td><td>不等</td></tr>
<tr><td>===</td><td>全等</td></tr>
<tr><td>!==</td><td>非全等</td></tr>
<tr><td rowspan="5">按位操作符</td><td>~</td><td>按位非</td></tr>
<tr><td>&</td><td>按位与</td></tr>
<tr><td>|</td><td>按位或</td></tr>
<tr><td>^</td><td>按位异或</td></tr>
<tr><td>^~ 或 ~^</td><td>按位异或非</td></tr>
<tr><td rowspan="6">归约操作符</td><td>&</td><td>归约与</td></tr>
<tr><td>~&</td><td>归约与非</td></tr>
<tr><td>|</td><td>归约或</td></tr>
<tr><td>~|</td><td>归约或非</td></tr>
<tr><td>^</td><td>归约异或</td></tr>
<tr><td>~^ 或 ^~</td><td>归约异或非</td></tr>
<tr><td rowspan="2">移位操作符</td><td><<</td><td>左移位</td></tr>
<tr><td>>></td><td>右移位</td></tr>
<tr><td>条件操作符</td><td>?:</td><td>条件</td></tr>
<tr><td>连接操作符</td><td>{}</td><td>连接</td></tr>
</table>

表 4.6　实数表达式中有效的操作符

<table>
<tr><th>操 作 符</th><th>功 能 说 明</th></tr>
<tr><td>+，-，*，/</td><td>算术操作符</td></tr>
<tr><td>>，>=，<，<=</td><td>关系操作符</td></tr>
<tr><td>!，&&，|</td><td>逻辑操作符</td></tr>
<tr><td>==，!=</td><td>相等操作符</td></tr>
<tr><td>?=</td><td>条件操作符</td></tr>
</table>

和其他高级语言一样，Verilog HDL 中的运算符也是具有优先级的。表 4.7 给出了运算符优先级从高到低的排列次序，同一行中的运算符优先级相同。

表 4.7　操作符优先权顺序

<table>
<tr><th>操 作 符</th><th>功 能 描 述</th><th>优先级次序</th></tr>
<tr><td>[ ]</td><td>位选择或部分选择</td><td rowspan="17">最高优先级
↓
最低优先级</td></tr>
<tr><td>( )</td><td>圆括号</td></tr>
<tr><td>!，~</td><td>逻辑非，按位非</td></tr>
<tr><td>&，|，~&，~|，^，~^，^~</td><td>归约操作符</td></tr>
<tr><td>+，7</td><td>单目算术操作符</td></tr>
<tr><td>{ }</td><td>连接操作符</td></tr>
<tr><td>*，/，%</td><td>算术操作符</td></tr>
<tr><td>+，7</td><td>双目算术操作符</td></tr>
<tr><td><<，>></td><td>移位操作符</td></tr>
<tr><td><，<=，>，>=</td><td>关系操作符</td></tr>
<tr><td>==，!=，===，!==</td><td>相等操作符</td></tr>
<tr><td>&</td><td>按位与</td></tr>
<tr><td>^，^~，~^</td><td>按位异或，异或非</td></tr>
<tr><td>|</td><td>按位或</td></tr>
<tr><td>&&</td><td>逻辑与</td></tr>
<tr><td>||</td><td>逻辑或</td></tr>
<tr><td>?:</td><td>条件操作</td></tr>
</table>

1. 算术操作符

算术操作符包括单目操作符和双目操作符。算术表达式结果的长度由最长的操作数决定。赋值语句中，其结果的长度由操作符左端目标长度决定。算术表达式的所有中间结果长度取最大操作数的长度。若算术操作符中的任一操作数中含有 x 或者 z，则表达式的结果为 x。

算术操作符中，无符号数存储在线网、寄存器或者基数形式的整数中；有符号数存储在整数寄存器或者十进制形式的整数中。算术操作符的使用举例如下：

```
//单目操作符
integer[7:0] a, b;
a = -8;                    // -8(单目操作符)
b = +10;                   // +10
//双目操作符
reg[3:0] a, b, c, d;
a = 4'b0010;
assign c = a+b;            //变量+变量
assign d = b+2;            //变量+常数
//----------------------
integer a, b, c, d;
a = 12/3 ;                 // a = 4
b = 11%5;                  // b = 1
c = -11%3;                 // c = -2
```

算术操作符在寄存器数据类型中所产生的结果，与在整数数据类型中所产生的结果不尽相同。对寄存器来说，Verilog HDL 将其视为不带符号的数值；对整数数据类型来说，则为带符号数值。例如，若将一个形式为<位宽><基底><数字>的负数赋值给一个寄存器，则此负数将以其 2'S 补码存入寄存器：

```
integer a;
reg[7:0] b;
a = -8'd9;                 // a = -9(11110111)
b = a/3;                   // b = -3(11111101)，因为 a 为整数
a = b/3;                   // a = 84，因为 253/3
```

2. 关系操作符

关系操作符为双目操作符，它们将两个操作数进行比较：若结果为“真”，则设为逻辑值 1；若结果为“假”，则设为逻辑值 0。若两个操作数中有未知值 x，则其关系结果亦为未知值 x。关系表达式中的操作数长度不同时，要在较短的操作数的左方补“0”，然后再进行比较。

例如，利用大于等于(>=)操作符求两个数值的最大值的程序如下：

```
module max(max_v, a, b)
    output [7:0] max_v;
    input [7:0] a, b;
if (a >= b)
    max_v = a;          // a 是最大值
else
    max_v = b;          // b 是最大值
endmodule
```

3. 相等操作符

对于相等操作符，如果两个操作数所有的位值均相等，那么相等关系式成立，结果返回逻辑 1，否则返回逻辑 0。但若任何一个操作数中的某一位为未知数 x 或处于高阻态，则结果为未知的。若两个操作数的对应位可取 4 个逻辑值，则相等运算符的运算规则可用表 4.8 来描述。

表 4.8　相等操作符的运算规则

==	0	1	x	z
0	1	0	x	x
1	0	1	x	x
x	x	x	x	x
z	x	x	x	x

如果两个操作数的所有位取 0 或 1，那么不等运算符与相等运算符的运算规则正好相反。如果任一个操作数中含有未知数 x 或高阻态，则不等运算符与相等运算符的运算规则相同，如表 4.9 所示。

表 4.9　不等操作符的运算规则

!=	0	1	x	z
0	0	1	x	x
1	1	0	x	x
x	x	x	x	x
z	x	x	x	x

对于全等操作符，其比较过程与相等操作符相同，但其返回结果只有逻辑 1 或逻辑 0 两种状态，不存在未知数，即全等操作符将未知数 x 与高阻态看做是逻辑状态的一种参与比较，如果两个操作数的相应位均为 x 或 z，那么全等关系成立，结果返回逻辑 1。非全等操作符与全等操作符正好相反。表 4.10 给出了全等操作符的运算规则。

表 4.10　全等操作符的运算规则

===	0	1	x	z
0	1	0	0	0
1	0	1	0	0
x	0	0	1	0
z	0	0	0	1

例 4.3　用等于操作符编写一个 4 位比较器。代码如下：

```
module compare1(a, b, comout);
```

```
input [3:0] a, b;
output [2:0] comout;
reg [2:0] temp;
always @(a or b)
begin
  if (a > b)
  temp <= 3'b100;
else if (a == b)
  temp <= 3'b010;
else
  temp <= 3'b001;
end
assign comout = temp;
endmodule
```

在对该程序进行仿真时，当 a = 4'b0101，b = 4'1000 时，输出 comout = 3'b001，表示 a < b；当 a = 4'b1010，b = 4'0101 时，输出 comout = 3'b100，表示 a > b；当 a = 4'b1100，b = 4'1100 时，输出 comout = 3'b010，表示 a = b。

4. 逻辑操作符

Verilog HDL 中存在三种逻辑运算符：&&：逻辑与；||：逻辑或；!：逻辑非。其中“&&”和“||”是双目操作符，它要求有两个操作数，如(a>b)&&(b>c)，(a<b)||(b<c)。“!”是单目操作符，只要求一个操作数，如 !(a>b)。表 4.11 为逻辑运算的真值表，它表示当 a 和 b 的值为不同的组合时，各种逻辑运算所得到的值。

表 4.11　各种逻辑运算的真值表

a	b	!a	!b	a&&b	a||b
真	真	假	假	真	真
真	假	假	真	假	真
假	真	真	假	假	真
假	假	真	真	假	假

逻辑运算符中“&&”和“||”的优先级别低于关系运算符，“!”的优先级别高于算术运算符。如：

(a > b) && (x > y)可写成：a > b && x > y;

(a == b) || (x == y)可写成：a == b || x == y;

(!a) || (a > b)可写成：!a || a > b。

当然，为了提高程序的可读性，明确表达各运算符间的优先关系，建议使用括号。

5. 按位操作符

按位操作符对输入操作数进行按位操作，并且产生向量结果。若操作数的长度不相等，

则在较短的操作数的左方添“0”。Verilog 中位操作符共有 5 个操作符：取反(~)、按位与(&)、按位或(|)、按位异或(^)、按位同或(^~)。各位操作的结果按表 4.12 给出。

表 4.12　位操作逻辑运算

&	0	1	x	z	|	0	1	x	z	^	0	1	x	z	^	0	1	x	z	~	~
0	0	0	0	0	0	0	1	x	x	0	0	1	x	x	0	1	0	x	x	0	1
1	0	1	x	x	1	1	1	1	1	1	1	0	x	x	1	0	1	x	x	1	0
x	0	x	x	x	x	x	1	x	x	x	x	x	x	x	x	x	x	x	x	x	x
z	0	x	x	x	z	x	1	x	x	z	x	x	x	x	z	x	x	x	x	z	x

例如，若 a = 4'b0011，b = 4'b1101，c = 4'b1010，则

```
$display (~a);                    // display 4'b1100 = 12
$display (a & b);                 // display 4'b0001 = 1
$display (a | c);                 // display 4'b1011 = 11
$display (b ^ c);                 // display 4'b0111 = 7
$display (a^ ~ c);                // display 4'b0110 = 6
```

6. 归约操作符

归约操作符是单目操作符，其运算规则类似于按位操作符的运算规则，但其运算过程不同。按位运算是对操作数的相应位进行与、或等运算，操作数是几位数，则运算结果也是几位数。而归约运算则不同，归约运算是对单个操作数进行归约的递推运算，最后的运算结果是 1 位二进制数。若操作数中含有未知值 x 或者 z，则表达式的结果为 x。

归约运算的运算过程为：先将操作数的第 1 位与第 2 位进行归约运算，然后将运算结果与第 3 位进行归约运算，依次类推，直到最后一位。

例如，a = 4'b1111，b = 4'1010，则&a 的结果为 1，| b 的结果为 1。

7. 移位操作符

移位操作符是一种逻辑操作，操作符右侧的操作数表示将操作符左侧的操作数移位的次数，不够则添 0。若操作数中含有 x 或者 z，则移位表达式的结果为 x。移位操作符还可完成 Verilog HDL 中的指数操作。

例如，assign qout = div >> sh_bit;语句表示将 div 右移 sh_bit 位后的结果连续赋值给 qout，它实际上是一个除法运算。

8. 条件操作符

条件操作符为“?:”，其使用格式为

```
cond_expression ? expression_1: expression_2;
```

若 cond_expression 为 1(即为真)，则表达式的值为 expression_1；若 cond_expression 为 0(即为假)，则表达式的值为 expression_2。

若 cond_expression 为 x 或 z，则表达式的值将是 expression_1 与 expression_2 按以下逻辑规则进行按位操作后的结果：0 与 0 得 0，1 与 1 得 1，其余为 x。例如：

assign y = (sel)？ a: b;　//若条件 sel = 1，则 y = a，否则 y = b

9. 连接操作符

连接操作符可将多个小的表达式合并形成一个大的表达式。Verilog HDL 中，用符号“{}”实现多个表达式的连接运算，各个表达式之间用“,”隔开，其使用格式为

{expression_1, expression_2, …, expression_n}

除了非定长的常量外，任何表达式都可进行连接运算。同时，连接运算也可以对信号的某些位进行。

例如，若 a = 1'b1，b = 2'b01，c = 5'b10111，则{a，b}将产生一个 3 位数 3'b101，{c[4:2], b}将产生一个 5 位数 5'b10101。

10. 复制操作符

复制操作符“{{}}”是将一个表达式放入双重大括号中，而复制因子放在第一层括号中，用来指定复制的次数，通过重复相同的操作符来实现表达式的变大，其使用格式为

{repeat_number{ expression_1, expression_2, …, expression_n}}

复制操作符为复制一个常量或变量提供了简便方法。不过在多操作符的表达式中，需要考虑的问题是操作符的优先级。例如，若 a = 1'b1，则{3{a}}的结果为 3'b111。

4.1.4　过程语句

1. Initial 过程区块

Initial 区块中可包含一个语句或以 begin…end 为句式的句块内所包括的多个语句。在仿真过程中，起始时间为 0 时，这个区块内部的语句仅执行一次。若有多个 initial 区块出现于模块中，那么这些区块各自独立地并行执行。initial 区块的目的是，在仿真时起始设定组件内部的信号值，监视信号动作过程及显示相关信号的波形或数值。

2. always 过程区块

always 区块类似 initial 区块，二者不同之处是 always 区块中的语句将重复地被执行，形成一个无穷循环，仿真时遇到 $finish 或 $stop 指令时才会停止。always 区块通常配合事件的表达式使用。所谓事件，就是某一信号发生状态变化。例如，信号出现上升沿、下降沿或是数值改变时等，这些事件就是触发条件。触发条件写在敏感信号表达式中，只有当触发条件满足时，其后的“begin…end”块语句才能被执行。敏感信号表达式中应列出影响块内取值的所有信号。若有两个或两个以上信号时，它们之间用“or”连接，其格式为

```
always@(事件表示式 1 or 事件表示式 2 or … or 事件表示式 n)
  begin
  <语句区>
end
```

以下各形式的事件表示式均是合法的 always 区块。

(1) 事件表示式中特定值改变时：

```
always @(clk)
```

```
  q = d;                    //当 clk 的值改变时，执行 q = d，电平触发
```

(2) 时钟信号上升沿触发时：

```
always @(posedge clk)
  q = d;                    //当 clk 上升沿触发时，执行 q = d，边沿触发
```

(3) 时钟信号下降沿触发时：

```
always @(negedge clk)
  q = d                     //当 clk 下降沿触发时，执行 q = d，边沿触发
```

(4) 时钟信号或一个异步事件：

```
always@(posedge clk or negedge clk)
  begin
    if(!clr)
      q = 1'b0;         //清除 q
    else
  q = d                 //加载  d
end
```

(5) 时钟信号或多个异步事件：

```
always @(posedge clk or negedge set or negedge clr)
  begin
  if(set)
    q = 1'b1            //设定 q
  else  if  (! clr)
    q = 1'b0;           //清除 q
  else
    q = d;              //加载 d
end
```

4.1.5 赋值语句

1. 持续赋值语句(Continuous Assignments)

assign 为持续赋值语句，主要用于对 wire 型变量的赋值。比如：

```
assign  c = a&b;
```

在上面的赋值中，a、b、c 三个变量皆为 wire 型变量，a 和 b 信号的任何变化，都将随时反映到 c 上来。

2. 过程赋值语句(Procedural Assignments)

过程赋值语句多用于对 reg 型变量进行赋值。过程赋值语句只能出现在过程语句后面的过程块中。过程赋值有阻塞(blocking)赋值和非阻塞(non_blocking)赋值两种方式。

(1) 非阻塞(non_blocking)赋值方式。其赋值符号为“<=”，如：

```
b <= a;
```

非阻塞赋值在整个过程块结束时才完成赋值操作，即 b 的值并不是立刻就改变的。

(2) 阻塞(blocking)赋值方式。其赋值符号为“=”，如：

b = a;

阻塞赋值在该语句结束时立即完成赋值操作，即 b 的值在该条语句结束后立刻改变。如果在一个块语句中有多条阻塞赋值语句，那么在前面的赋值语句没有完成之前，后面的语句就不能被执行，仿佛被阻塞了(blocking)一样，因此称为阻塞赋值方式。

(3) 应用举例。

例 4.4　非阻塞赋值实例。

```
module   non_block(c, b, a, clk);
output   c, b;
input   clk, a;
reg   c, b;
always @(posedge clk)
    begin
        b <= a;
        c <= b;
    end
endmodule
```

图 4.1 为例 4.4 的功能仿真图，从图上可以看出，在时钟第 1 次上跳变前 a = 0，b = 0，这些值被赋值给该上升沿之后的 b 和 c，所以紧随该上升沿之后 b = 0，c = 0；在时钟第二次上跳变前 a = 1，b = 0，这些值被赋值给该上升沿之后的 b 和 c，所以紧随该上升沿之后 b = 1，c = 0，其他同理。

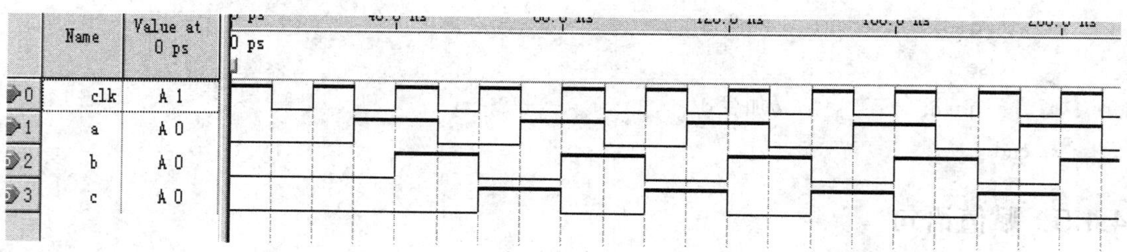

图 4.1　非阻塞赋值仿真波形图

例 4.5　阻塞赋值实例。

```
module   block(c, b, a, clk);
output   c, b;
input   clk, a;
reg   c, b;
always @(posedge clk)
    begin
        b = a;
        c = b;
    end
```

endmodule

图 4.2 为例 4.5 的功能仿真图，从图上可以看出，始终有 c = b，是因为在阻塞赋值语句中，首先将 a 的值赋给 b，执行完成后，再将 b 得到的结果赋值给 c，这样一来，b 和 c 的最终取值就一样了。

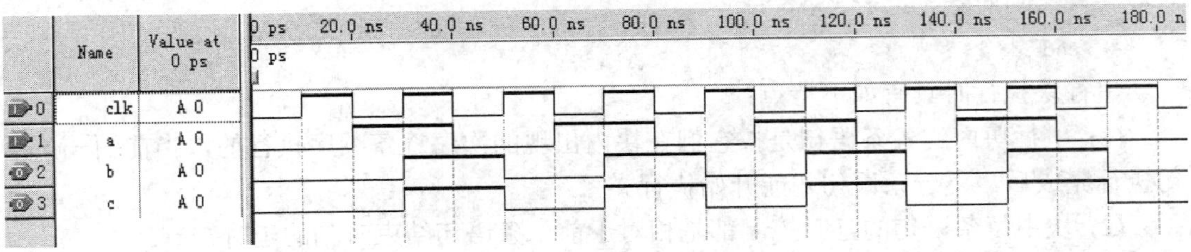

图 4.2　阻塞赋值仿真波形图

图 4.3 和图 4.4 分别为非阻塞赋值综合结果和阻塞赋值综合结果。比较二者可以发现，实现阻塞赋值语句的电路中，b 和 c 的输出随时都是一样的，而非阻塞赋值中，b 的现态为 c 的次态。图 4.1～图 4.4 均为在 Quartus Ⅱ 8.1 (32 bit)下得到的结果。

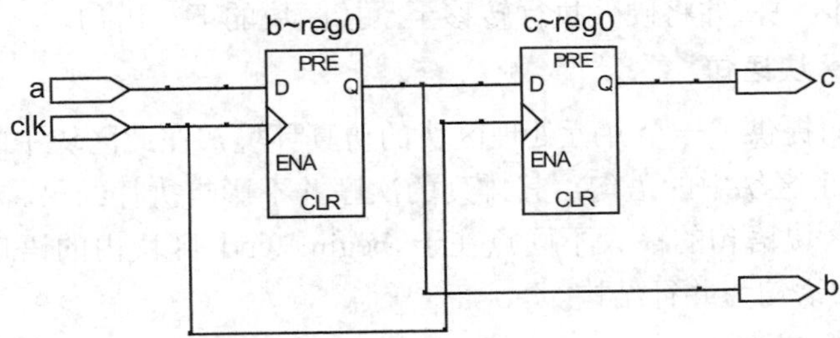

图 4.3　非阻塞赋值综合结果

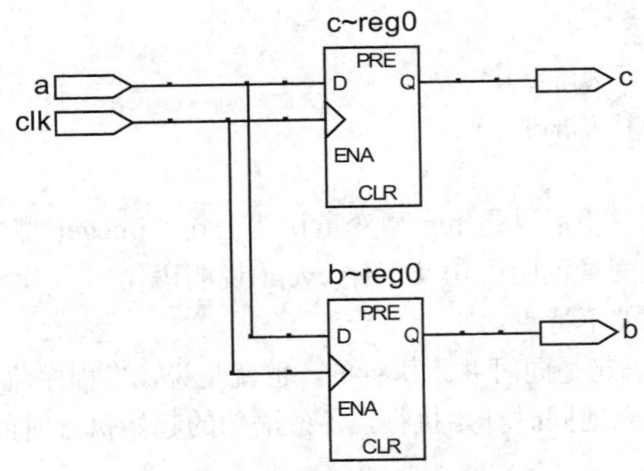

图 4.4　阻塞赋值综合结果

4.1.6　块语句

1. begin…end 区块语句

begin…end 区块用于将若干语句集合在一起，并且是顺序(串行)执行的，因此又称为

串行块。串行块的使用格式为

```
begin：[块名]
    [块内部局部变量说明; ]
    时间控制 1   行为语句 1;
    时间控制 n   行为语句 n;
end
```

串行块执行时具有如下特点：

(1) 串行块内的各条语句是按它们在块内出现的次序逐条顺序执行的，当前面一条语句执行完成后，下一条语句才能开始执行。

(2) 块中每条语句的延时控制都是相对于前一条语句结束时刻的延时控制。

(3) 在进行仿真时，当遇到串行块时，块中第一条语句就开始执行；当串行块中最后一条语句执行完毕时，程序流程控制就跳出串行块，串行块执行结束；整个串行块的执行时间等于其内部各条语句执行时间的总和。

串行块通常使用在 if、case 语句及 for 循环中。在区块语句中可与 disable 语句配合使用，用于中途跳离区块，并将硬件执行转移至紧接区块的下一语句。

2. fork…join 区块语句

fork…join 语句提供了一个并行处理区块的仿真环境，在此区块中的所有语句并行地被执行，因此在这个区块中的语句，其排列的次序并不影响执行结果。fork…join 区块语句与 begin…end 区块语句的最大不同点在于 begin…end 区块内的语句为顺序结构，而 fork…join 区块内的语句为并行结构。

并行块的书写格式为

```
fork：[块名]
    [块内部局部变量说明; ]
    时间控制 1   行为语句 1;
    时间控制 n   行为语句 n;
join
```

其中，块内部局部变量说明可以是 reg 型变量说明语句、integer 型变量说明语句、real 型变量说明语句、time 型变量说明语句及事件(event)说明语句。

并行块执行时具有如下特点：

(1) 并行块内各条语句是同时并行执行的，也就是说，当程序流程控制进入并行块后，块内各条语句都各自独立地同时开始执行，各条语句的起始执行时间都等于程序流程控制进入该并行块的时间。

(2) 块内各条语句中指定的延时控制都是相对于程序流程控制进入并行块时刻的延时，即相对于并行块开始执行时刻的延时。

(3) 当并行块内所有的语句都已经执行完后，也就是当执行时间最长的那一条语句块内的语句执行完后，程序流程控制才跳出并行块，结束并行块的执行。整个并行块的执行时间等于执行时间最长的那条语句所需的执行时间。

3. 应用举例

例 4.6　表 4.13 是 begin…end 和 fork…join 区块语句的比较实例。

表 4.13　begin…end 和 fork…join 区块语句的比较实例

begin…end 区块语句	fork…join 区块语句
begin #10 dout = 2'b00; #20 dout = 2'b01; #30 dout = 2'b10; #40 dout = 2'b11;　　//在第 100 个时间单位执行 end	fork #10 dout = 2'b00; #20 dout = 2'b01; #30 dout = 2'b10; #40 dout = 2'b11;　//在第 40 个时间单位执行 join

在并行区块中，两个或更多个“always”过程块、“assign”持续赋值语句、实例元件调用等操作都是同时执行的。

在“always”模块内部，其语句如果是非阻塞式赋值，则语句是并发执行的；而如果是阻塞式赋值，则语句是按照指定的顺序执行的，语句的书写顺序对程序的执行结果有着直接的影响。

顺序执行模块 1：

```
module   serial1(q, a, clk);
output   q, a;
input   clk;
reg   q, a;
always @(posedge clk)
     begin
         q = ~q;
         a = ~q;
     end
endmodule
```

顺序执行模块 2：

```
module   serial2(q, a, clk);
output   q, a;
input   clk;
reg   q, a;
always@(posedge clk)
     begin
        a = ~q;
        q = ~q;
     end
```

```
endmodule
```

顺序执行模块 1 的仿真波形图如图 4.5 所示，顺序执行模块 2 的仿真波形图如图 4.6 所示。

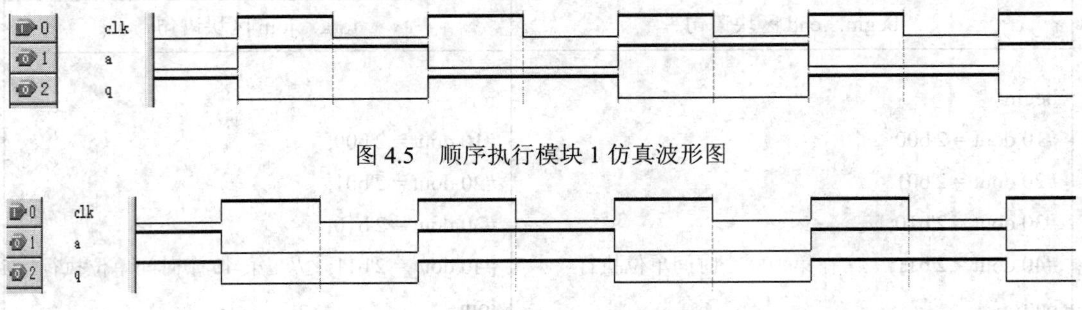

图 4.5　顺序执行模块 1 仿真波形图

图 4.6　顺序执行模块 2 仿真波形图

顺序执行模块 1 的综合结果及顺序执行模块 2 的综合结果分别如图 4.7 和图 4.8 所示。

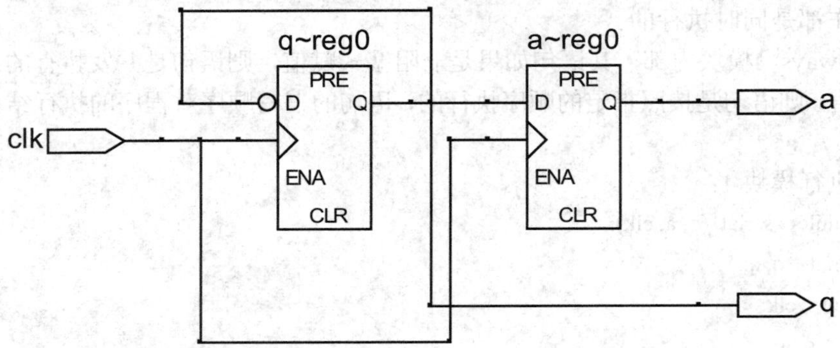

图 4.7　顺序执行模块 1 的综合结果

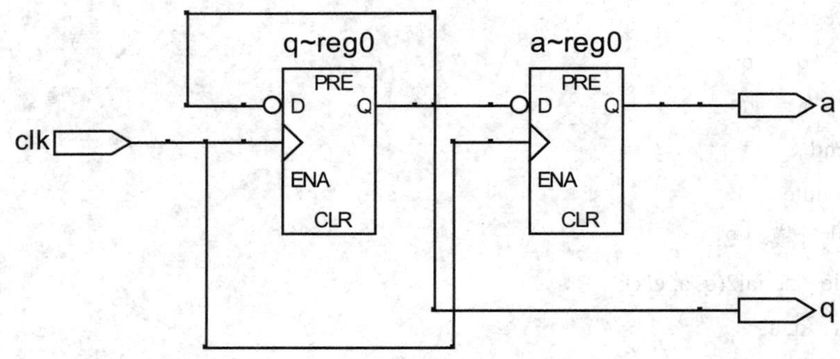

图 4.8　顺序执行模块 2 的综合结果

4.1.7　条件语句

1. 语句格式

If…else 条件语句的作用是根据判断所给出的条件是否满足来确定下一步要执行的操作。通常可根据条件的多少采用如表 4.14 所示的四种不同的形式进行判断。

表 4.14　四种不同形式的语句格式

<table>
<tr><th>语句格式 1</th><th>语句格式 2</th></tr>
<tr><td>if(<条件表示式>)
begin
<语句区块 1>;
end
else
begin
<语句区块 2>;
end</td><td>if(<条件表示式 1>)
begin
<语句区块 1>;
end
else if(<条件表示式 2>)
begin
<语句区块 2>;
end
else
<语句区块 3>;</td></tr>
<tr><td colspan="2">在 if…else 语句中，else if 亦可出现多次，即多重 if…else if…else 的结构，其语法格式如下：</td></tr>
<tr><th>语句格式 3</th><th>语句格式 4</th></tr>
<tr><td>if(<条件表示式 1>)
begin
<语句区块 1>;
end
else if(<条件表示式 2>)
begin
<语句区块 2>;
end
…
else if(<条件表示式 n>)
begin
<语句区块 n>;
end
else
<语句区块 n+1>;</td><td>if(<条件表示式 1>)
begin
if(<条件表示式 1>)
begin
<语句区块 1>;
end
else
begin
<语句区块 2>;
end
end
else
begin
if(<条件表示式 1>)
begin
<语句区块 1>;
end
else
begin
<语句区块 2>;
end
end
end</td></tr>
</table>

2. 应用举例

例 4.7　计数器的设计。程序如下：

```
module ifelse(clock, reset, data, load, count);
input clock, reset, data, load;
output count;
reg count;
always @(posedge clock or negedge reset)
begin
   if (!reset)        //异步复位
      count <= 0;
else
      if (!load)   //同步置位
      count <= data;
      else
      count <= count + 1;
end
endmodule
```

4.1.8　选择语句

1. case 语句

case 语句类似于 if…else 条件语句，其语法格式如下：

```
case(状况表示式)
   状况 1：
      begin
         <语句区块 1>;
      end
   状况 2：
      begin
         <语句区块 2>;
      end
default：
begin
      <语句区块 n>;
end
endcase
```

其语法由 case…endcase 所包括，依不同的状况决定执行哪一语句区，每一个 case 状况的表达式的值必须互不相同，否则就会出现矛盾。每一状况中<语句区块>包含了一个或多个语句。若只存在一个语句，则 begin…end 可以省略。根据状况表示式，逐一对比所列状况，当找到适合的状况后，随即执行对应的<语句区块>，执行完后跳离 case…endcase 语句区。因此各状况的优先次序由上而下，依序递减，若所有的状况都不符合，则执行 default 中的

“语句区 n”。

2. casez 语句

casez 语句与 case 语句的语法结构和执行过程完全一样，唯一不同的地方在于其状况表示，当出现 z 及 ? 时，其状况判定可当成 don’t care，亦即出现 z 或?位时不作比较。以下为正确的 casez 的语法结构：

```
//优先级选择器
case(sel)
    3'b??1: y = a;              //第一优先级
    3'b?10: y = b;              //第二优先级
    3'b100: y = c;              //最低优先级
default:y = 4'bzzzz;
endcase
```

在上例中，输入为 a、b、c，输出为 y。根据 3 位的选择信号 sel 决定输出，当 sel[0] = 1 时，不管 sel[1] 与 sel[2] 为何，其输出 y = a；若 sel[0] = 0 且 sel[1] = 1，则不管 sel[2] 为何，其输出 y = b；最后，只有在 sel[2] = 1、sel[1] = 0 且 sel[0] = 0 时，输出 y 才为 c，亦即 sel[0] 有最高决定权，sel[1] 次之，而 sel[2] 的决定权最低。

3. casex 语句

与 case 及 casez 语法相同，当状况表示式出现 z、? 及 x 时，其状况判定可当成 don’t care 状态而不作比较。

需要注意的是，在 casez 和 casex 语句中都是用 endcase 结束，而不是 endcasex 或 endcasez 结束。casez 和 casex 声明语句的表达式中 x(不确定值)和 z(高阻值)可以和任何值相等，这可能给仿真结果带来混乱。

4. 应用举例

例 4.8　普通的四选一选择器。程序如下：

```
module   mux4_1(out, in0, in1, in2, in3, sel);
output   out;
input    in0, in1, in2, in3;
input[1:0]   sel;
reg   out;
always @(in0 or in1 or in2 or in3 or sel)            //敏感信号列表
case(sel)
   2'b00:       out = in0;
   2'b01:       out = in1;
   2'b10:       out = in2;
   2'b11:       out = in3;
   default: out = 2'bx;
endcase
endmodule
```

例 4.9　具有优先权的四选一选择器。程序如下：

```
//具有优先权的四选一选择器 mux4_1.v
module mux4_1(y, sel, a, b, c, d);
output [4:0] y;                    //选择输出
input [3:0] sel;                   //选择信号
input [4:0] a, b, c, d;            //多路输入，a～d 的优先级从低到高
reg [4:0] y;
always@(sel or a or b or c or d)
begin
   casez (sel)
      4'bzzz1 : y = a;
      4'bzz10 : y = b;
      4'bz100 : y = c;
      4'b1000 : y = d;
      default : y = 4'bzzzzz;
   endcase
end
endmodule
```

case 语句与 if…else…if 语句的区别主要有两点：

(1) 与 case 语句中的控制表达式和分支表达式这种比较结构相比，if-else-if 结构中的条件表达式更为直观。

(2) 对于那些分支表达式中存在不定值 x 和高阻值 z 的情况，case 语句提供了处理这种情况的手段，即采用 casex 和 casez 语句实现。

需要指出的是，case 语句的 default 分支虽然可以缺省，但是一般不要缺省，否则会和 if 语句中缺少 else 分支一样，产生锁存器。例如：

```
always@(a[1:0] or b)
begin
     case(a)
     2'b00:q <= b;
     2'b01:q <= b+1;
end
```

这样就会生成锁存器，一般为了使 case 语句可控，都需要加上 default 选项。如：

```
always@(a[1:0] or b)
begin
     case(a)
     2'b00:q <= b;
     2'b01:q <= b+1;
     default:q <= b+2;
end
```

所以在实际开发中，要避免生成锁存器的错误发生。如果用 if 语句，最好写上 else 选项；如果用 case 语句，最好写上 default 选项。遵循上面两条原则，就可以避免发生这种错误，使设计目标明确，结果可控，同时也增加 Verilog 程序的可读性。

为此，在实际中如果有分支情况，则尽量选择 case 语句，因为 case 语句的分支是并行执行的，各个分支没有优先级的区别。而 if 语句的选择分支是串行执行的，是按照书写顺序逐次判断的。如在设计中本没有优先级考虑，选用 if 语句会比选用 case 语句占用更多的硬件资源。

4.1.9　循环语句

1. for 语句

for 循环的语法结构为

```
for(循环变量 = 低值; 循环变量 < 高值; 循环变量 = 循环变量 + 常量)
  begin
      <语句区块>
  end
```

for 语句的语法与计算机程序 C 语言中的 for 循环相似，其中高值必须大于或等于低值，每执行完一次循环，循环变量即加一次常数，直到循环变量大于高值为止。在语句中，<语句区块>可为一行以上的语句，若语句仅存在一行，则关键词 begin…end 可以省略。

2. while 循环

while 循环结构的语法如下：

```
while(条件判断表示式)
  begin
  <语句区块>;
end
```

若条件判断表示式为真，则执行<语句区块>，直到条件判断为假，才停止执行。与 C 语句一样，当<语句区块>仅存在一行语句时，关键词 begin…end 即可取消。

3. forever 循环

forever 循环以无条件方式执行语句区块，直到遇到 disable 语句为止，其语句格式为

```
forever
  begin
     <语句区块>
  end
```

当<语句区块>为一行语句时，关键词 begin…end 可取消。在仿真测试程序中，用来描述时序波形时，forever 循环是一个相当好用的循环。

4. repeat 循环

repeat 的循环语法为

```
repeat(表示式)
```

```
begin
    <语句区块>;
end
```

与前面的循环语句一样，<语句区块>可为一行或多行语句。若为一行语句，则关键词 begin…end 可取消。<表示式>必须为一已知正数值或一常数，不可为变量。若<表示式>中出现 x 或 z，将被当成 0，则<语句区块>将不被执行。当<语句区块>出现 disable 指令时，不论循环次数是否执行完毕，它都将自动离开循环。

5. 应用举例

例 4.10　用 for 语句描述七人投票表决器，程序代码如下：

```
module   voter7(pass, vote);
output   pass;
input[6:0]   vote;
reg[2:0]   sum;
integer   i;
reg   pass;
always @(vote)
  begin
  sum = 0;
  for(i = 0; i <= 6; I = i+1)                    // for 语句
  if(vote[i]) sum = sum+1;
  if(sum[2])   pass = 1;                         //若超过 4 人赞成，则 pass = 1
  else              pass = 0;
  end
endmodule
```

例 4.11　用 repeat 循环设计一个计算字节中出现 1 的个数的电路。程序如下：

```
//用 repeat 循环计算字节中出现 1 的个数的电路 repeat_1s.v
module repeat_1s(ones, din);
  output [3:0] ones;                     // 1 的个数输出
  parameter length = 8;                  //数据长度
  input [length-1:0] din;                // 8 位数据输入
  reg [length-1:0] temp;
  reg [3:0] ones;
  reg [3:0] cout;
  always @ (din)
  begin
    cout = 4'b0000;
    temp = din;
    repeat (length)
```

```
        begin
          if (temp[0]) cout = cout + 4'b0001;
          temp = temp >> 1;                          //右移一位
        end
        ones = cout;
      end
    endmodule
```

例 4.12 用 while 语句实现 4 位乘法器。代码如下：

```
module multiply_4(a, b, result);
parameter s = 4;
input[s:1] a, b;
output[2*s:1] result;
reg[2*s:1] result, a_temp;
reg[s:1] b_temp, c_temp;
always@(a or b)
    begin
        result = 0;
        a_temp = {4'b0, a};
        b_temp = b;
        c_temp = s;
        while(c_temp > 0)
        begin
            if(b_temp[1]) result = result + a_temp;
            else result = result;
            begin
              c_temp = c_temp-1; a_temp = a_temp<<1; b_temp = b_temp >> 1;
            end
        end
    end
endmodule
```

4.2 Verilog HDL 的描述风格

Verilog HDL 的描述风格(或者说描述方式)可分为三类：结构型(Structural)描述、数据流型(Data Flow)描述、行为型(Behavioural)描述。

4.2.1 结构型描述

结构型描述指描述实体连接的结构方式，它通常通过实例进行描述，将 Verilog 已定义的基元实例嵌入到语言中。在 Verilog 程序中可通过调用 Verilog 内置门元件(门级结构描述)、开关级元件(晶体管级结构描述)、用户自定义元件 UDP(也在门级)、模块化实例等方式描述电路的结构。结构化描述可以用不同类型的结构来完成多层次的工程，即从简单的门到非常复杂的元件(包括各种已完成的设计模块)来描述整个系统。

1. 门级结构描述

门级结构描述是指调用 Verilog HDL 内部的基本门级元件来对硬件电路的结构进行描述，这种情况下模块将由基本门级元件的实例组成。

由于一个数字电路系统最终是由一个个逻辑门和开关所组成的，因此用逻辑门单元和开关单元来对硬件电路的组成结构进行描述是最直观的。考虑到这一点，Verilog HDL 把一些常用的基本逻辑门单元和开关单元的模型包含到语句内部，这些模型被称为基本门级元件(Basic Gate-Level Primitives)和基本开关级元件(Basic Switch-Level Primitives)。

在 Verilog 中的内置基本门级元件如表 4.15 所示。

表 4.15　Verilog 中的内置门级元件

类别	关键字	符号示意图	门 名 称
多输入门	and	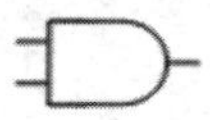	与门
	nand	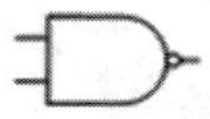	与非门
	or		或门
	nor		或非门
	xor		异或门
	xnor		异或非门
单输出门	buf		缓冲器
	not	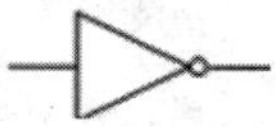	非门
三态门	bufif1	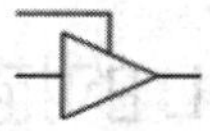	高电平使能三态缓冲器
	bufif0	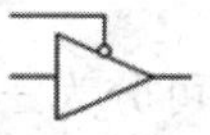	低电平使能三态缓冲器
	notif1	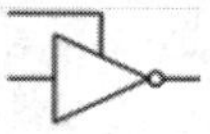	高电平使能三态非门
	notif0	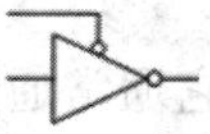	低电平使能三态非门

调用门元件的格式为

门元件名字 <例化的门名字>(<端口列表>)

其中普通门的端口列表按下面的顺序列出：

(输出，输入 1，输入 2，输入 3…);

比如：

```
and a1(out, in1, in2, in3);             //三输入与门
```

对于三态门，则按如下顺序列出输入输出端口：

(输出，输入，使能控制端);

比如：

```
bufif1 mytri1(out, in, enable);         //高电平使能的三态门
```

例 4.13　采用门级结构描述实现一位全加器。代码如下：

```
module full_add1(a, b, cin, sum, cout);
input a, b, cin;
output sum, cout;
wire s1, m1, m2, m3;
and     (m1, a, b),
        (m2, b, cin),
        (m3, a, cin);
xor     (s1, a, b),
        (sum, s1, cin);
or      (cout, m1, m2, m3);
endmodule
```

图 4.9 是该一位全加器综合结果图，图中将两个异或门综合成一个 3 输入的异或门。图 4.10 是该一位全加器的功能仿真图，从仿真结果看该程序设计正确。

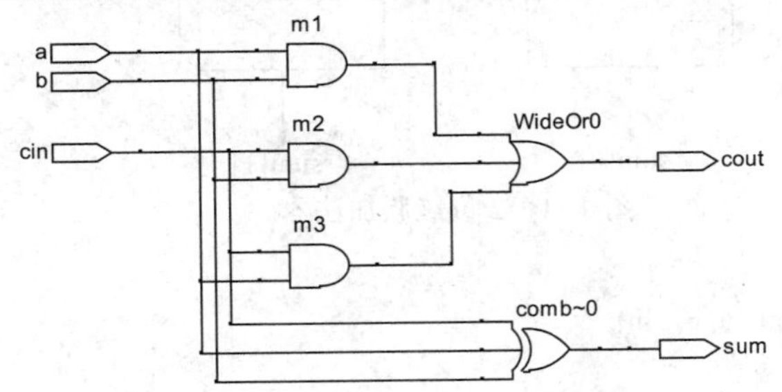

图 4.9　一位全加器

	Name	Value at 120.0 ns
0	a	A 0
1	b	A 0
2	cin	A 0
3	sum	A 0
4	cout	A 0

图 4.10　一位全加器的功能仿真图

2. 元件实例化

元件实例化语句就是将预先设计好的模块定义为一个元件，然后利用特定的语句将此元件与当前设计中的指定端口相连接，从而为当前设计模块引入一个新的、低一级的设计层次。在这里，当前设计模块相当于一个较大的电路系统，所定义的实例化元件相当于一个要插在这个电路系统板上的芯片，而当前设计模块中指定的端口则相当于这块电路板上准备接受此芯片的一个插座。元件实例化语句是使 Verilog HDL 设计模块构成自上而下层次化设计的一种重要途径。

元件实例化语句的使用格式有两种：

(1) 名字关联方式：将实例化元件的端口名与关联端口名通过“. 实例化元件端口名(连接端口名)”的形式一一对应地联系起来的方式。其使用格式如下：

```
实例化元件名　元件实例化标号（ . 实例化元件端口名(连接端口名)，…);
```

(2) 位置关联方式：按实例化元件端口的定义顺序将实例化元件的对应连接模块端口名一一列出的一种关联方式。其使用格式如下：

```
实例化元件名　元件实例化标号(连接端口名，…);
```

在位置关联方式下，实例化元件名和元件实例化标号的含义及使用要求同名字关联方式；对于端口的映射关系，只要按实例化元件的端口定义顺序列出当前系统中的连接模块端口名就行了。

例 4.14　采用元件实例化语句设计一个 2 位级联加法器。

设计思路：2 位加法器可以采用 2 个一位全加器级联实现，低位的进位输出作为高位的进位输入，其级联结构如图 4.11 所示。

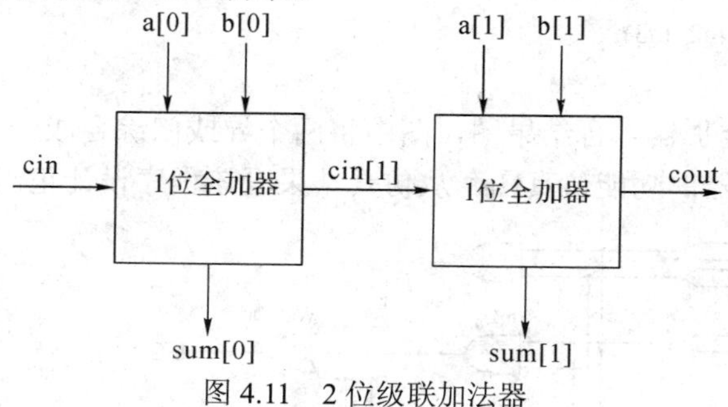

图 4.11　2 位级联加法器

程序如下：

```
module add_jl(sum, cout, a, b, cin);
input[1:0] a, b;
input cin;
output[1:0] sum;
output cout;
full_add1 f0(a[0], b[0], cin, sum[0], cin1);
full_add1 f1(a[1], b[1], cin1, sum[1], cout);
endmodule
```

图 4.12 是该加法器在 Quartus Ⅱ 8.1 开发软件中的 RTL 视图。从图中可以看出，元件实例化语句综合后的电路结构与设计预期一致，同时，一个实例化语句对应一个硬件。

图 4.13 是其功能仿真结果图，从图中可以看出，该程序设计正确。

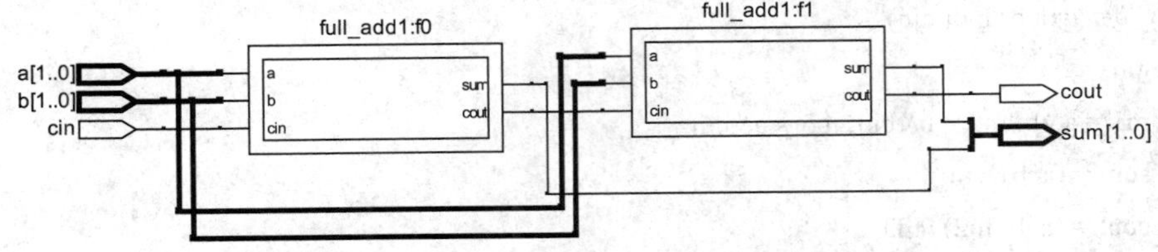

图 4.12　2 位级联加法器 RTL 视图

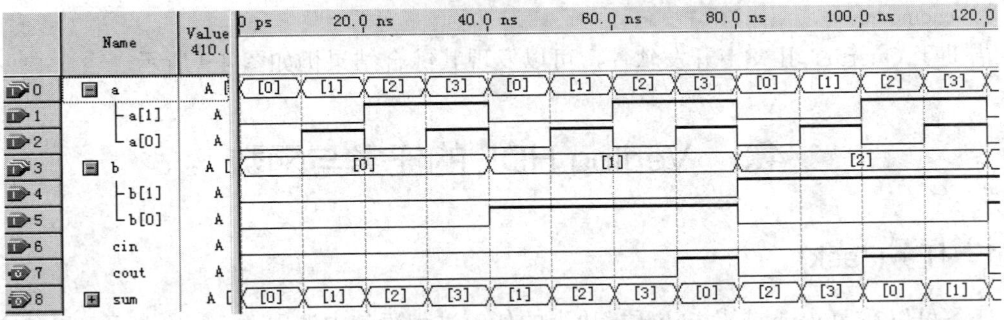

图 4.13　2 位级联加法器功能仿真结果图

4.2.2　数据流型描述

数据流型描述方式主要使用持续赋值语句，多用于描述组合逻辑电路，其格式为

```
assign   LHS_net = RHS_expression;
```

表达式右边的操作数无论何时发生变化，都会引起表达式值的重新计算，并将重新计算后的值赋予表达式左边的 net 型变量。

例 4.15　采用数据流型描述一位全加器。代码如下：

```
module full_add2(a, b, cin, sum, cout);
   input a, b, cin;
   output sum, cout;
   assign   sum = a ^ b ^ cin;
   assign   cout = (a & b ) | (b & cin ) | (cin & a );
endmodule
```

借助于 Quartus Ⅱ 8.1 开发软件，可以发现其综合结果仍如图 4.9 所示。

4.2.3　行为型描述

行为型描述指对行为与功能进行描述，其抽象程度远高于结构描述方式。行为型描述只需要描述清楚输入与输出信号的行为，而不需要花费更多的精力关注设计功能的门级实现，因此是一种使用高级语言的方法，具有很强的通用性和有效性。

例 4.16　设计一个采用行为型描述的一位全加器。代码如下：

```
module full_add3(a, b, cin, sum, cout);
   input a, b, cin;
   output sum, cout;
```

```
    reg sum, cout, m1, m2, m3;
    always @(a or b or cin)
    begin
       m1 = a&b; m2 = b&cin; m3 = a&cin;
       sum = (a^b)^cin;
       cout = (m1 | m2) | m3;
    end
  endmodule
```

借助于 Quartus Ⅱ 8.1 开发软件，可以发现其综合结果仍如图 4.9 所示。

4.3　Verilog HDL 的任务与函数

4.3.1　任务(Task)

任务可以在 always 或者 initial 模块中的任何过程语句中调用。任务的调用可以包含一个参数列表，参数列表中的各个参数将按照其在任务中的定义顺序，依次传递给任务中相对应的端口变量。其传递规则类似于用顺序端口连接方式来实例化子模块。任务调用时，仿真的运行控制转移到任务模块中。当任务结束后，仿真控制权才回归到任务调用之后的下一条语句。在一个任务中，可以启动另外一个任务，而新启动的任务又可以再次启动新的任务。当所有的任务在该仿真时刻运行完毕时，仿真运行控制权才转移回来。

定义任务的语法如下：

```
task 任务名;
    端口声明和变量定义;
    一个或多个过程语句;
endtask
```

任务的调用语法如下：

```
任务名 (参数 1， 参数 2，参数 3，…);
```

例 4.17　设计一个进行延迟的任务，该任务延迟指定 50 个时钟周期后返回。代码如下：

```
module delay_task ();
    //定义时钟，时钟周期为 10
    reg clk;
    initial clk = 1'b1;
    always #5 clk = ~clk;
    //记录延迟周期数
    reg [31:0] cnt_num;
    initial
      begin
```

```
        #0   $display("Time1 = %0d", $time);
        //调用 delay 任务延迟指定的时钟周期数
        delay(10);
        $display("Time2 = %0d", $time);
        //调用 delay_5x10 任务，延迟 50 个时钟周期。该任务返回实际的延迟周期数。
         delay_5x10(cnt_num);
         $display("Time3 = %0d; count_number = %0d", $time, cnt_num);
        #10 $finish;
      end
      //定义任务 delay，该任务执行指定周期数的延迟
      task delay;
        input [31:0] cnt;
        begin
            repeat (cnt) @ (posedge clk);
        end
      endtask
    //定义任务 delay_5x10，该任务执行 50 个时钟周期的延迟
     task delay_5x10;
output [31:0] cnt_num;
        begin
          cnt_num = 0;
          //连续 5 次调用任务 delay_10，因此总共延迟 5*10 = 50 个时钟周期
          repeat (5)
            begin
              delay_10(cnt_num, cnt_num);
            end
          end
     endtask
 //定义任务 delay_10，该任务执行 10 个时钟周期的延迟
     task delay_10;
         input   [31:0] cnt_init;
         output [31:0] cnt_num;
         begin
             cnt_num = cnt_init;
             repeat (10)
             begin
             //在任务里可直接引用模块中定义的变量 clk
                 @ (posedge clk)
                     cnt_num = cnt_num + 1;
```

```
            end
        end
    endtask
endmodule
```

4.3.2　函数(Function)

函数和任务一样，也用来定义一个可重复调用的模块。不同的是，函数可以返回一个值，因此可以出现在等号右边的表达式中，而任务的返回值只能通过将变量连接到任务的输出端口来实现。对任务的调用是一个完整的语句，而函数的调用通常出现在赋值语句的右边，函数的返回值可能用于表达式的进一步计算。

定义函数的语法如下：

```
function [返回值类型或宽度] <函数名>;
    <输入端口声明和变量定义>;
    <一个或多个过程语句>;
endfunction
```

函数的调用语法和任务的调用相同，即包含函数名和参数列表。只是函数通常在表达式中调用，其返回的结果可以用于表达式的进一步计算或者赋值给语句的左边变量，如：

```
<变量名> = <函数名>(函数参数，…);
```

例 4.18　利用函数定义本书第 6 章例 6.3 所示的 2-4 译码器。代码如下：

```
module binary_decoder_2_4_func();
    // 以各种参数调用函数 dec_2_4，并且用 $display 打印解码结果
    initial  begin
        $display("dec = %b", dec_2_4(1'b1, 2'b00));
        $display("dec = %b", dec_2_4(1'b1, 2'b01));
        $display("dec = %b", dec_2_4(1'b1, 2'b10));
        $display("dec = %b", dec_2_4(1'b1, 2'b11));
        $display("dec = %b", dec_2_4(1'b0, 2'b11));
        $finish;
    end
    //定义函数，该函数实现 2-4 二进制译码的功能
    function [3:0] dec_2_4;
        input       i_en;
        input [1:0] i_dec;
        begin
          if (i_en)
             case (i_dec)
                 2'b00: dec_2_4 = 4'b0001;
                 2'b01: dec_2_4 = 4'b0010;
```

```
                2'b10: dec_2_4 = 4'b0100;
                2'b11: dec_2_4 = 4'b1000;
                default:
                    dec_2_4 = 4'bxxxx;
            endcase
        else
              dec_2_4 = 4'b0000;
    end
endfunction
```

4.3.3　任务和函数的联系与区别

函数和任务在定义和调用上有很多区别，主要可以归纳为如下四点：

(1) 函数中不能包含时序控制语句，如@()、#10 等。对函数的调用，必须在同一仿真时刻返回；而任务可以包含时序控制语句，任务的返回时间和调用时间可以不同。

(2) 在函数中不能调用任务，而在任务中可以调用其他任务和函数；但在函数中可以调用其他函数或函数自身(递归调用)。

(3) 函数必须包含至少一个端口，且在函数中只能定义 input 端口；任务可以包含 0 个或任何多个端口，且可以定义 input、output 和 inout 端口。

(4) 函数必须返回一个值，而任务不能返回值，只能通过 output 端口来传递执行结果。

例 4.19　分别利用任务和函数设计一个进行高低位字节交换的功能模块。该模块有一个 16 位宽的输入信号，任务或函数的功能是将输入信号的高 8 位和低 8 位交换，并且返回交换后的值。本例用于展示任务和函数如何返回值，以及它们分别如何调用。

```
//高低位字节交换的功能模块
module switch_bytes_tb ();
    //利用任务实现字节交换
    task switch_bytes_task;
        input   [15:0] i_word;
        output [15:0] o_word;
        o_word = {i_word[7:0], i_word[15:8]};
    endtask
    //利用函数进行字节交换
    function [15:0] switch_bytes_func;
        input [15:0] i_word;
        switch_bytes_func = {i_word[7:0], i_word[15:8]};
    endfunction
    reg [15:0] old_word;
    reg [15:0] new_word;
    initial begin
```

```
            old_word = 8'h14;
            //利用任务进行字节交换，new_word 连接到任务的 output 端口
            switch_bytes_task(old_word, new_word);
            $display ("Switch %h to %h", old_word, new_word);
            //利用函数进行字节交换，函数作为表达式调用，结果值通过赋值语句赋给 new_word
            new_word = switch_bytes_func(old_word);
            $display ("Switch %h to %h", old_word, new_word);
            $finish(2);
        end
    endmodule
```

4.3.4 系统自定义任务和函数

1. $display 和 $write 任务

使用 $display 和 $write 任务的格式为

```
$display (格式控制参数，参数 1，参数 2，…);
$write (格式控制参数，参数 1，参数 2，…);
```

表 4.16 和表 4.17 分别给出了常见输出格式字符及其意义和转义字符及其意义。

表 4.16　常见输出格式字符及其意义

格式控制字符	功 能 描 述
%h 或 %H	以十六进制形式输出
%d 或 %D	以十进制形式输出
%o 或 %O	以八进制形式输出
%b 或 %B	以二进制形式输出
%c 或 %C	以 ASCII 字符形式输出
%v 或 %V	输出信号的驱动强度
%m 或 %M	输出当前模块的层次化名
%s 或 %S	以字符串形式输出
%t 或 %T	以当前时间格式输出
%u 或 %U	以原格式输出，并且只包含 0、1 两种值
%z 或 %Z	以原格式输出，包含 0、1、x、z 四种值
%e 或 %E	将 real 类型变量以指数形式输出
%f 或 %F	将 real 类型变量以十进制输出
%g 或 %G	将 real 类型变量以指数或者十进制形式输出，仿真器将选择最短的显示格式来输出

表 4.17　转义字符及其意义

转义字符	描　述
\n	输出换行符
\t	输出 tab 符号
\\	输出 \ 符号
\"	输出 " 符号
\ddd	输出 1～3 位八进制所指定的字符
%%	输出 % 符号

2. $monitor 任务

$monitor 任务可以用来监控并打印任何指定的变量或者表达式。$monitor 任务的参数和$display 任务完全相同。

使用$monitor 任务时，在同一时刻仿真工具只能监控一组变量，即当第二次调用$monitor 任务时，前一次调用该任务所监控的变量将失效，仿真工具只监控本次调用时参数列表中指定的变量。

例 4.20　列举一个简单的$monitor 任务实例。代码如下：

```
module monitor_tb ();
    reg   [7:0] opa, opb;
    wire [7:0] sum, sub;
    assign sum = opa + opb;
    assign sub = opa - opb;
initial begin
        #0   opa = 0; opb = 0;                              // Time = 0
        //监控加法运算
        #10 $monitor("%0d - opa = %d, opb = %d; sum = %d",
                     $time, opa, opb, sum);                 // Time = 10
        #10 opa = 10; opb = 3;                              // Time = 20
        //监控减法运算
        #10 $monitor("%0d - opa = %d, opb = %d; sub = %d",
                     $time, opa, opb, sub);                 // Time = 30
        #10 opa = 15; opb = 4;                              // Time = 40
        //关闭 $monitor 功能
        #10 $monitoroff;                                    // Time = 50
        #10 opa = 20; opb = 5;                              // Time = 60
        //开启$monitor 功能，继续监控减法运算。此时应立刻输出当前变量值，
        //即 20 - 5 = 15  这组运算值
        #10 $monitoron;                                     // Time = 70
        #10 opa = 25; opb = 6;                              // Time = 80
        #10 $finish;                                        // Time = 90
```

```
    end
endmodule
```

3. 文件操作任务

在对任务文件进行读写操作时，都必须先将文件打开，并且获取一个文件描述符，这与 C 语言编程时的情况相同。$fopen 和 $fclose 任务分别用来打开和关闭某个文件，其语法格式如下：

```
[多通道描述符] = $fopen(<文件名>);
[文件描述符] = $fopen(<文件名>，　<打开方式>);
$fclose([多通道描述符]);
$fclose([文件描述符]);
```

$fopen 文件打开方式如表 4.18 所述。

表 4.18　$fopen 文件打开方式

打开方式	描　　述
"r" 或 "rb"	为输入打开一个文件
"w" 或 "wb"	为输出打开一个文件
"a" 或 "ab"	在文件尾追加数据
"r+"，"r+b" 或 "rb+"	为读/写打开一个文件
"w+"，"w+b" 或 "wb+"	为读/写建立一个新文件
"a+"，"a+b" 或 "ab+"	为读/写打开一个文件，并在文件尾追加数据

例 4.21　分别利用文件描述符和多通道描述符输出信息到文件中。代码如下:

```
// $fopen 文件打开示例
module file_operation ();
    integer mcd1, mcd2;
    integer broadcast;
    integer fd1, fd2;
    reg a;
    initial begin
        #0   a = 1'b0;
             //以多通道描述符方式打开文件
             mcd1 = $fopen("mcd1.txt");
             mcd2 = $fopen("mcd2.txt");
             //以文件描述符方式打开文件
             fd1   = $fopen("fd1.txt", "w");
             fd2   = $fopen("fd2.txt", "w");
             broadcast = mcd1 | mcd2;
             $display("mcd1 = %b", mcd1);
             $display("mcd2 = %b", mcd2);
```

```
            $display("fd1    = %b", fd1);
            $display("fd2    = %b", fd2);
            //同时打印信息到文件 mcd1.txt 和 mcd2.txt
            $fdisplay(broadcast, "Message to mcd1 & mcd2");
            $fwrite(fd1, "Message to fd1\n");
            //对变量 a 进行监控，信息输出到文件 fd2.txt
            $fmonitor(fd2, "Monitor message to fd2: a = %b", a);
        #10 a = 1'b1;
        #10 $finish;
    end
endmodule
```

4. $readmemh 和 $readmemb 任务

$readmemh 和 $readmemb 任务都是用来从文件中读取数值，然后直接存储到指定的数组变量中的。$readmemh 和 $readmemb 任务的语法格式如下：

```
$readmemb("文件名", 数组变量);
$readmemb("文件名", 数组变量, 起始地址);
$readmemb("文件名", 数组变量, 起始地址, 结束地址);
$readmemh("文件名", 数组变量);
$readmemh("文件名", 数组变量, 起始地址);
$readmemh("文件名", 数组变量, 起始地址, 结束地址);
```

例 4.22　利用 $readmemh 任务的各种形式读取文件数据到数组变量。代码如下：

```
module file_read_memory ();
    reg [7:0] hmem1 [3:0];
    reg [7:0] hmem2 [3:0];
    reg [7:0] hmem3 [3:0];
    integer i;
    initial begin
        //从文件读取数据并且存储到 hmem 数组变量，文件中有
        // 2 行数据，因此会存储到数组变量的前 2 行
        $readmemh("hmem.txt", hmem1);
        for (i = 0; i < 4; i = i + 1)
            $display("hmem1[%1d] = %h", i, hmem1[i]);
        $display;    //不带参数的$display，打印一个空行
        //读取时指定起始和结束行地址
        $readmemh("hmem.txt", hmem2, 1, 2);
        for (i = 0; i < 4; i = i + 1)
            $display("hmem2[%1d] = %h", i, hmem2[i]);
        $display;
        //在数据文件中指定行号
```

```
        $readmemh("hmem_with_addr.txt", hmem3);
        for (i = 0; i < 4; i = i + 1)
            $display("hmem3[%1d] = %h", i, hmem3[i]);
        #10 $finish;
    end
endmodule
```

5. $time 函数和 $timeformat 任务

调用$time 函数将返回当前仿真时间，其返回的数据类型为一个 64 位的 time 类型变量。$timeformat 任务用于设定当前的时间格式。$time 函数可以在过程赋值语句中调用，并且将返回值赋给表达式左边的变量。表达式左边变量的类型可以是 reg、integer 或 time。如果变量不是 time 类型，仿真工具将自动进行类型转换。$time 函数也可以在 $display、$monitor 等函数中调用，如：

```
$display("Current time: %d", $time);
$monitor("Time: %t; opa = %h", $time, opa);
```

例 4.23　$time 函数和$timeformat 任务调用实例。代码如下：

```
'timescale 1 ms / 1 ns
module timeformat_ctrl ();
    initial
        $timeformat(-9, 5, " ns", 10);
            a1_dat dat1();
            a2_dat dat2();
endmodule
'timescale 1 fs / 1 fs
module a1_dat;
    reg in1;
    integer file;
    buf #10000000 (o1, in1);
    initial begin
        file = $fopen("a1.dat");
        #00000000 $fmonitor(file, "%m: %t in1 = %d o1 = %h", $realtime, in1, o1);
        #10000000 in1 = 0;
        #10000000 in1 = 1;
    end
endmodule
'timescale 1 ps / 1 ps
module a2_dat;
    reg in2;
    integer file2;
    buf #10000 (o2, in2);
```

```
    initial begin
        file2 = $fopen("a2.dat");
        #00000 $fmonitor(file2, "%m: %t in2 = %d o2 = %h", $realtime, in2, o2);
        #10000 in2 = 0;
        #10000 in2 = 1;
    end
endmodule
```

6. $finish 和$stop 任务

调用 $finish 任务可以用来结束当前仿真。$finish 可以有一个参数，且该参数的值为 0、1 或者 2。这个参数用来控制当 $finish 任务调用时，控制台上打印出什么样的诊断信息。若该任务调用时没有参数，则默认按参数值为 1 来处理。$finish 任务的诊断信息参数如表 4.19 所示。

表 4.19　$finish 任务的诊断信息参数

参数值	打印的诊断信息
0	不打印任务信息
1	打印仿真结束时的时间及调用$finish 任务的位置
2	打印仿真结束时的时间及调用 $finish 任务的位置、仿真对内存的使用情况以及 CPU 时间

7. 随机数生成函数

$random 函数可以用来生成一个随机数，其语法格式如下：

$random[(种子变量)]

例 4.24　本例列举一个利用$random 函数产生随机数的常用调用方法，代码如下：

```
module random_gen ();
    //将结果变量声明为有符号数，这样可以打印出负数
    reg signed [31:0] rand;
    initial begin
        rand = $random;
        $display("rand1 = %d", rand);
        //生成范围为 -49～49 的随机数
        rand = $random % 50;
        $display("rand2 = %d", rand);
        //利用连接符{}生成范围为 0～49 的随机数
        rand = {$random} % 50;
        $display("rand3 = %d", rand);
        $finish;
    end
endmodule
```

第 5 章　VHDL 硬件描述语言

5.1　VHDL 程序结构

一个完整的 VHDL 程序基本结构通常应包含：库(LIBRARY)、程序包(PACKAGE)、实体(ENTITY)、结构体(ARCHITECTURE)、进程或其他并行结构、配置(CONFIGURATION)等。

在 VHDL 程序中，实体(ENTITY)和结构体(ARCHITECTURE)这两个基本结构是必需的，它们可以构成最简单的 VHDL 程序。实体是设计实体的组成部分，它包含了对设计实体输入和输出的定义与说明，而设计实体则包含了实体和结构体这两个在 VHDL 程序中的最基本的部分。

VHDL 程序结构的一个显著特点就是，任何一个完整的设计实体都可以分成内外两个部分，外面的部分称为可视部分，它由实体名和端口组成；里面的部分称为不可视部分，由实际的功能描述组成。一旦对已完成的设计实体定义了可视界面后，其他的设计实体就可以将其作为已开发好的成果直接调用，这正是一种基于自顶向下的多层次的系统设计概念的实现途径。

5.1.1　库(LIBRARY)

为了提高设计效率以及使设计遵循统一的语言标准或数据格式，有必要将一些有用的信息汇集在一个或几个库中以供调用。这些信息可以是预先定义好的数据类型、子程序等设计单元的集合体(程序包)，也可以是预先设计好的各种设计实体(元件库程序包)。如果要在一项 VHDL 设计中用到某一程序包，就必须在这项设计中预先打开这个程序包，使此设计能随时使用这一程序包中的内容。为此，必须在这一设计实体前使用库语句和 USE 语句。一般地，在 VHDL 程序中被声明打开的库和程序包，对于本项设计是可视的，这些库中的内容可以在设计中调用。通常，库中放置不同数量的程序包，而程序包中又可放置不同数量的子程序，子程序中又含有函数、过程、设计实体(元件)等基础设计单元。

VHDL 库分为两类：一类是设计库，如在具体设计项目中设定的目录所对应的 WORK 库；另一类是资源库，资源库是常规元件和标准模块存放的库，如 IEEE 库。设计库对当前项目是默认可视的，无需用 LIBRARY 和 USE 等语句以显式声明。

声明库(LIBRARY)的语句格式如下：

```
LIBRARY 库名;
```

这一语句即相当于为其后的设计实体打开指定的库，以便设计实体可以利用其中的程序包。如语句“LIBRARY IEEE;”表示打开 IEEE 库。

1. 库的种类

VHDL 程序设计中常用的库有以下几种：

1) IEEE 库

IEEE 库是 VHDL 设计中最为常见的库。IEEE 库中的标准程序包主要包括：STD_LOGIC_1164、NUMERIC_BIT、NUMERIC_STD 等。其中的 STD_LOGIC_1164 是最重要和最常用的程序包。此外，还有一些程序包虽非 IEEE 标准，但由于其已成事实上的工业标准，也都并入了 IEEE 库。最常用的是 Synopsys 公司的 STD_LOGIC_ARITH、STD_LOGIC_SIGNED 和 STD_LOGIC_UNSIGNED 程序包。

2) STD 库

VHDL 语言标准定义了两个标准程序包，即 STANDARD 和 TEXTIO 程序包(文件输入/输出程序包)，它们都被收入在 STD 库中，只要在 VHDL 应用环境中，即可随时调用这两个程序包中的所有内容，即在编译和综合过程中 VHDL 的每一项设计都自动地将其包含进去了。由于 STD 库符合 VHDL 语言标准，在应用中不必如 IEEE 库那样一定要显式声明之，如在程序中，以下的库语句是不必要的：

```
LIBRARY STD;
USE STD.STANDARD.ALL;
```

3) WORK 库

WORK 库是用户的 VHDL 设计的现行工作库，用于存放用户设计和定义的一些设计单元和程序包，用户设计项目的成品、半成品模块以及先期已设计好的元件都放在其中。WORK 库自动满足 VHDL 语言标准，在实际调用中，也不以显式方式预先说明。基于 VHDL 所要求的 WORK 库的基本概念，在 PC 或工作站上利用 VHDL 进行项目设计，不允许在根目录下进行，必须设定一个专门的目录，用于保存项目的所有设计文件，VHDL 综合器将此目录默认为 WORK 库。但必须注意，工作库并不是这个目录的目录名，而是一个逻辑名。综合器将指示器指向该目录的路径。VHDL 标准规定工作库总是可见的，因此，不必在 VHDL 程序中明确指定。

4) VITAL 库

VITAL 库因而只在 VHDL 仿真器中使用，可以用于提高 VHDL 门级时序模拟的精度。库中包含时序程序包 VITAL_TIMING 和 VITAL_PRIMITIVES。VITAL 库已经成为 IEEE 标准，在当前的 VHDL 仿真器的库中，VITAL 库中的程序包都已经并到了 IEEE 库中。

在 VHDL 设计中，有的 EDA 工具将一些程序包和设计单元放在一个目录下，而将此目录名(如“WORK”)作为库名，如 Synplicity 公司的 Synplify。有的 EDA 工具是通过配置语句结构来指定库和库中的程序包，这时的配置即成为一个设计实体中最顶层的设计单元。

此外，用户还可以自己定义一些库，将自己的设计内容或通过交流获得的程序包设计实体并入这些库中。

2. 库的用法

在 VHDL 语言中，库的说明语句总是放在实体单元前面。这样，在设计实体内的语句时就可以使用库中的数据和文件。由此可见，库的用处在于使设计者可以共享已经编译过的设计成果。VHDL 允许在一个设计实体中同时打开多个不同的库，但库之间必须是相互独立的。例如：

```
LIBRARY IEEE;
```

```
USE IEEE.STD_LOGIC_1164.ALL;
USE IEEE.STD_LOGIC_UNSIGNED.ALL;
```

表示打开 IEEE 库，再打开此库中的 STD_LOGIC_1164 和 STD_LOGIC_UNSIGNED 程序包的所有内容。由此可见，在实际使用中，库是以程序包集合的方式存在的，具体调用的是程序包中的内容。因此对于任一 VHDL 设计，所需从库中调用的程序包在设计中应是可见的，可调出的，即以明确的语句表达方式加以定义，库语句指明库中的程序包以及包中的待调用文件。

对于必须以显式表达的库及其程序包的语言表达式，应放在每一项设计实体最前面，成为这项设计的最高层次的设计单元。库语句一般必须与 USE 语句同时使用。

库语句关键词 LIBRARY 指明所使用的库名，USE 语句指明库中的程序包。一旦说明了库和程序包，整个设计实体都可进入访问或调用，但其作用范围仅限于所说明的设计实体。VHDL 要求一项含有多个设计实体的更大的系统中，每一个设计实体都必须有自己完整的库说明语句和 USE 语句。

USE 语句的使用将使所说明的程序包对本设计实体部分或全部开放。可视的 USE 语句的使用有两种常用格式：

```
USE 库名.程序包名.项目名;
USE 库名.程序包名.ALL;
```

第一语句格式的作用是向本设计实体开放指定库中的特定程序包内所选定的项目。

第二语句格式的作用是向本设计实体开放指定库中的特定程序包内所有的内容。

合法的 USE 语句的使用方法是，将 USE 语句说明中所要开放的设计实体对象紧跟在 USE 语句之后。例如，语句

```
USE IEEE.STD_LOGIC_1164.ALL;
```

表明打开 IEEE 库中的 STD_LOGIC_1164 程序包，并使程序包中所有的公共资源对于本语句后面的 VHDL 设计实体程序全部开放，即该语句后的程序可任意使用程序包中的公共资源，这里用到了关键词“ALL”，代表程序包中所有的资源。

5.1.2　程序包(PACKAGE)

已在设计实体中定义的数据类型、子程序或数据对象对于其他设计实体是不可用的，或者说是不可见的，为了使已定义的常数、数据类型、元件调用说明以及子程序能被更多的 VHDL 设计实体方便地访问和共享，可以将它们收集在一个 VHDL 程序包中。多个程序包可以并入一个 VHDL 库中，使之适用于更一般的访问和调用范围。这一点对于大系统开发，多个或多组开发人员同步并行工作显得尤为重要。

程序包的内容主要由如下四种基本结构组成，因此一个程序包至少应包含以下结构中的一种。

(1) 常数说明：在程序包中的常数说明结构用于预定义系统的宽度，如数据总线通道的宽度。

(2) VHDL 数据类型说明：这是在整个设计中通用的数据类型，例如通用的地址总线数据类型定义等。

(3) 元件定义：规定在 VHDL 设计中参与文件例化的文件对外的接口界面。

(4) 子程序：并入程序包的子程序有利于在设计中任一处被方便地调用。

通常程序包中的内容应具有更大的适用面和良好的独立性，以供各种不同设计需求的调用，一旦定义了一个程序包，各种独立的设计就能方便地调用。

定义程序包的一般语句结构如下：

```
PACKAGE 程序包名 IS                              --程序包首
程序包首说明部分
END 程序包名;
PACKAGE BODY  程序包名 IS                        --程序包体
程序包体说明部分以及包体内容
END 程序包名;
```

程序包的结构由程序包的说明部分(即程序包首)和程序包的内容部分(即程序包体)两部分组成。一个完整的程序包中，程序包首的程序包名与程序包体的程序包名是同一个名字。

1. 程序包首

程序包首的说明部分可收集多个不同的 VHDL 设计所需的公共信息，其中包括数据类型说明、信号说明、子程序说明及元件说明等。所有这些信息虽然也可以在每一个设计实体中进行逐一单独的定义和说明，但如果将这些经常用到的并具有一般性的说明定义放在程序包中供随时调用，显然可以提高设计的效率和程序的可读性。

2. 程序包体

程序包体将包括在程序包首中已定义的子程序的子程序体。程序包体说明部分的组成内容可以包括 USE 语句(允许对其他程序包的调用)、子程序定义、子程序体、数据类型说明、子类型说明和常数说明等。对于没有具体子程序说明的程序包体，则可以省去。

程序包常用来封装属于多个设计单元共同分享的信息。

常用的预定义的程序包有以下几种：

1) STD_LOGIC_1164 程序包

STD_LOGIC_1164 程序包是 IEEE 库中最常用的程序包，是 IEEE 的标准程序包，其中包含了一些数据类型、子类型和函数的定义，这些定义将 VHDL 扩展为一个能描述多值逻辑 (0、1、高阻态“Z”、不定态“X”等)的硬件描述语言，很好地满足了实际数字系统的设计需求。STD_LOGIC_1164 程序包中用得最多和最广的是定义了满足工业标准的两个数据类型 STD_LOGIC 和 STD_LOGIC_VECTOR，它们非常适合于 FPGA/CPLD 器件中多值逻辑设计结构。

2) STD_LOGIC_ARITH 程序包

STD_LOGIC_ARITH 预先编译在 IEEE 库中，是 Synopsys 公司的程序包。此程序包在 STD_LOGIC_1164 程序包的基础上，扩展了三个数据类型，分别是 UNSIGNED、SIGNED 和 SMALL_INT，并为其定义了相关的算术运算符和转换函数。

3) STD_LOGIC_UNSIGNED 和 STD_LOGIC_SIGNED 程序包

STD_LOGIC_UNSIGNED 和 STD_LOGIC_SIGNED 程序包都是 Synopsys 公司的程

序包，都预先编译在 IEEE 库中。这些程序包重载了可用于 INTEGER 型及 STD_LOGIC 和 STD_LOGIC_VECTOR 型混合运算的运算符，并定义了一个由 STD_LOGIC_VECTOR 型到 INTEGER 型的转换函数。这两个程序包的区别是 STD_LOGIC_SIGNED 中定义的运算符考虑到了符号，是有符号数的运算。

程序包 STD_LOGIC_ARITH、STD_LOGIC_UNSIGNED 和 STD_LOGIC_SIGNED 虽然未成为 IEEE 标准，但已经成为事实上的工业标准，绝大多数的 VHDL 综合器和 VHDL 仿真器都支持它们。

4) STANDARD 和 TEXTIO 程序包

以上已经提到了 STANDARD 和 TEXTIO 程序包，它们都是 STD 库中的预编译程序包。STANDARD 程序包中定义了许多基本的数据类型、子类型和函数。由于 STANDARD 程序包是 VHDL 标准程序包，实际应用中已隐性地打开了，所以不必再用 USE 语句另作声明。TEXTIO 程序包定义了支持文本文件操作的许多类型和子程序，在使用本程序包之前，需加语句 USE STD.TEXTIO.ALL。

TEXTIO 程序包主要仅供仿真器使用，可以用文本编辑器建立一个数据文件，文件中包含仿真时需要的数据，然后仿真时用 TEXTIO 程序包中的子程序存取这些数据。

5.1.3　实体(ENTITY)

实体作为一个设计实体的组成部分，其功能是对这个设计实体与外部电路进行接口描述。实体是设计实体的表层设计单元，实体说明部分规定了设计单元的输入输出接口信号或引脚，它是设计实体对外的一个通信界面。就一个设计实体而言，外界所看到的仅仅是它的界面上的各种接口。设计实体可以拥有一个或多个结构体，用于描述此设计实体的逻辑结构和逻辑功能。对于外界来说，这一部分是不可见的。

不同逻辑功能的设计实体可以拥有相同的实体描述，这是因为实体类似于原理图中的一个部件符号，而其具体的逻辑功能是由设计实体中结构体的描述确定的。实体是 VHDL 的基本设计单元，它可以对一个门电路、一个芯片、一块电路板乃至整个系统进行接口描述。

1. 实体语句结构

实体说明单元的常用语句结构为

```
ENTITY 实体名 IS
  [GENERIC (类属表)
  PORT (端口表) ]
END  ENTITY 实体名
```

实体说明单元必须按照这一结构来编写，实体应以语句“ENTITY 实体名 IS”开始，以语句“END ENTITY 实体名;”结束，其中的实体名可以由设计者自己添加。方括号中间的语句描述，在特定的情况下并非是必需的，程序文字的大小写是不加区分的。

2. 实体名

在实体中定义的实体名即为这个设计实体的名称。MAX+plus Ⅱ 软件对 VHDL 文件的取名有特殊要求，要求文件名必须与实体名一致。

3. GENERIC 类属说明语句

类属 GENERIC 参量是一种端口界面常数，常以一种说明的形式放在实体或块结构体前的说明部分。类属为所说明的环境提供了一种静态信息通道。类属与常数不同，常数只能从设计实体的内部得到赋值，且不能再改变，而类属的值可以由设计实体外部提供。因此，设计者可以从外面通过类属参量的重新设定而容易地改变一个设计实体或一个元件的内部电路结构和规模。

类属说明的一般书写格式如下：

```
GENERIC (常数名：数据类型: 设定值;
         常数名：数据类型: 设定值);
```

类属参量以关键词 GENERIC 引导一个类属参量表，在表中提供时间参数或总线宽度等静态信息。类属表说明用于设计实体和其外部环境通信的参数，传递静态的信息。类属在所定义的环境中的地位与常数十分接近，但却能从环境(如设计实体)外部动态地接受赋值，其行为又有点类似于端口 PORT。因此，常如以上的实体定义语句那样，将类属说明放在其中，且放在端口说明语句的前面。

例 5.1　2 输入与门的实体描述如下：

```
ENTITY  PGAND2  IS
  GENERIC ( trise：TIME := 1 ns;
            tfall : TIME := 1 ns );
    PORT ( a1：IN STD_LOGIC;
           a0：IN STD_LOGIC;
           z0：OUT STD_LOGIC );
END ENTITY PGAND2;
```

这是一个准备作为 2 输入与门的设计实体的实体描述，在类属说明中定义参数 trise 为上沿宽度，tfall 为下沿宽度，它们分别为 1 ns，这两个参数用于仿真模块的设计。

4. PORT 端口说明

由 PORT 引导的端口说明语句是对一个设计实体界面的说明。其端口表部分对设计实体与外部电路的接口通道进行了说明，其中包括对每一接口的输入输出模式(MODE 或称端口模式)和数据类型(TYPE)进行了定义。在实体说明的前面，可以有库的说明，即由关键词“LIBRARY”和“USE”引导一些对库和程序包使用的说明语句，其中的一些内容可以为实体端口数据类型的定义所用。实体端口说明的一般书写格式如下：

```
PORT (端口名 : 端口模式 数据类型;
      端口名 : 端口模式 数据类型);
```

其中的端口名是设计者为实体的每一个对外通道所取的名字，端口模式是指这些通道上的数据流动方式，如输入或输出等。数据类型是指端口上流动的数据的表达格式或取值类型，这是由于 VHDL 是一种强类型语言，即对语句中的所有的端口信号、内部信号和操作数的数据类型有严格的规定，只有相同数据类型的端口信号和操作数才能相互作用。

例 5.2　2 输入与非门的实体描述如下：

```
LIBRARY IEEE;
```

```
USE IEEE.STD_LOGIC_1164.ALL;
ENTITY nand2 IS
    PORT(a : IN   STD_LOGIC;
         b : IN   STD_LOGIC;
         c : OUT STD_LOGIC );
END nand2;
...
```

IEEE1076 标准程序包中定义了以下的常用端口模式(见表 5.1)：

(1) IN 模式。IN 定义的通道确定为输入端口，并规定为单向只读模式，可以通过此端口将变量(Variable)信息或信号(Signal)信息读入设计实体中。

(2) OUT 模式。OUT 定义的通道确定为输出端口，并规定为单向输出模式，可以通过此端口将信号输出设计实体，或者说可以将设计实体中的信号向此端口赋值。

(3) INOUT 模式。INOUT 定义的通道确定为输入输出双向端口，即从端口的内部看，可以对此端口进行赋值，也可以通过此端口读入外部的数据信息；而从端口的外部看，信号既可以从此端口流出，也可以向此端口输入信号。INOUT 模式包含了 IN、OUT 和 BUFFER 三种模式，因此可用 INOUT 模式替代其中任何一种模式，但为了明确程序中各端口的实际任务，一般不作这种替代。

(4) BUFFER 模式。BUFFER 定义的通道确定为具有数据读入功能的输出端口，它与双向端口的区别在于只能接受一个驱动源。BUFFER 模式从本质上看仍是 OUT 模式，只是在内部结构中具有将输出至外端口的信号回读的功能，即允许内部回读输出的信号，亦即允许反馈。如计数器的设计，可将计数器输出的计数信号回读，以作下一计数值的初值。与 INOUT 模式相比，显然，BUFFER 的区别在于回读(输入)的信号不是由外部输入的，而是由内部产生，向外输出的信号，有时往往在时序上有所差异。

表 5.1　端口模式说明

端口模式	端口模式说明(以设计实体为主体)
IN	输入端口，只读模式
OUT	输出端口，单向赋值模式
BUFFER	具有读功能的输出模式，(从内部看)可以读或写，只能有一个驱动源
INOUT	双向端口，(从内部或外部看)都可以读或写

在实用中，端口描述中的数据类型主要有两类：位(BIT)和位矢量(BIT_VECTOR)。若端口的数据类型定义为 BIT，则其信号值是一个 1 位的二进制数，取值只能是 0 或 1；若端口的数据类型定义为 BIT_VECTOR，则其信号值是一组二进制数。

5.1.4　结构体(ARCHITECTURE)

结构体是设计实体中的一个组成部分，主要描述设计实体的内部结构和/或外部设计实体端口间的逻辑关系。结构体由以下部分组成：

(1) 对数据类型、常数、信号、子程序和元件等元素的说明部分。

(2) 描述实体逻辑行为，并以各种不同的描述风格表达的功能描述语句，包括各种形式的顺序描述语句和并行描述语句。

(3) 以元件例化语句为特征的外部元件(设计实体)端口间的连接方式。

(4) 结构体将具体实现一个实体，每个实体可以有多个结构体，其中每个结构体对应着实体不同的结构和算法实现方案，这些结构体的地位是同等的，它们完整地实现了实体的行为。但同一结构体不能为不同的实体所拥有。结构体不能单独存在，必须有一个界面说明。对于具有多个结构体的实体，必须用 CONFIGURATION 配置语句指明用于综合的结构体和用于仿真的结构体，即在综合后的可映射于硬件电路的设计实体中，一个实体只能对应一个结构体。在电路中，如果实体代表一个器件符号，则结构体描述了这个符号的内部行为。当把这个符号例化成一个实际的器件安装到电路上时，则需配置语句为这个例化的器件指定一个结构体(即指定一种实现方案)，或由编译器自动选择一个结构体。

1. 结构体的一般语言格式

结构体的语句格式如下：

```
ARCHITECTURE 结构体名 OF 实体名 IS
    [说明语句]
BEGIN
    [功能描述语句]
END ARCHITECTURE 结构体名;
```

在书写格式上，实体名必须是所在设计实体的名字，而结构体名可以由设计者自己选择，但当一个实体具有多个结构体时，结构体的取名不可相重。结构体的说明语句部分必须放在关键词“ARCHITECTURE”和“BEGIN”之间，结构体必须以“END ARCHITECTURE 结构体名；”作为结束句。

2. 结构体说明语句

结构体中的说明语句用于对结构体的功能描述语句中用到的信号(SIGNAL)、数据类型(TYPE)、常数(CONSTANT)、元件(COMPONENT)、函数(FUNCTION)和过程 (PROCEDURE)等加以说明。在一个结构体中说明和定义的数据类型、常数、元件、函数和过程只能用于这个结构体中。如果希望这些定义也能用于其他的实体或结构体中，则需要将其作为程序包来处理。

3. 功能描述语句结构

功能描述语句结构可以含有五种不同类型的以并行方式工作的语句结构。这可以看成是结构体的五个子结构。在每一语句结构的内部可含有并行运行的逻辑描述语句或顺序运行的逻辑描述语句。这就是说，这五种语句结构本身是并行语句，但它们内部所包含的语句并不一定是并行语句，如进程语句内所包含的是顺序语句。

五种语句结构的基本组成和功能分别介绍如下：

(1) 块语句是由一系列并行执行语句构成的组合体，它的功能是将结构体中的并行语句组成一个或多个子模块。

(2) 进程语句定义顺序语句模块，用以将外部获得的信号值或内部的运算数据向其他的信号进行赋值。

(3) 信号赋值语句将设计实体内的处理结果向定义的信号或界面端口进行赋值。

(4) 子程序调用语句用以调用过程或函数，并将获得的结果赋值于信号。

(5) 元件例化语句对其他的设计实体作元件调用说明，并将此元件的端口与其他的元件、信号或高层次实体的界面端口进行连接。

5.1.5 块语句结构(BLOCK)

块(BLOCK)的应用类似于画一个大的电路原理图时，可以将一个总的原理图分成多个子模块，则这个总的原理图成为一个由多个子模块原理图连接而成的顶层模块图，其中每一个子模块可以是一个具体的电路原理图。但是，如果子模块的原理图仍然太大，还可将它变成更低层次的连接图(BLOCK 嵌套)。显然，按照这种方式划分结构体仅是形式上的，而非功能上的改变。事实上，将结构体以模块方式划分的方法有多种，例如使用元件例化语句就是一种将结构体的并行描述分成多个层次的方法，区别只是后者涉及到多个实体和结构体，且综合后硬件结构的逻辑层次有所增加。

BLOCK 是 VHDL 中具有的一种划分机制，这种机制允许设计者合理地将一个模块分为数个区域，在每个区域中都能对其局部信号、数据类型和常量加以描述和定义。任何能在结构体的说明部分进行说明的对象都能在 BLOCK 说明部分中进行说明。

BLOCK 语句应用只是一种将结构体中的并行描述语句进行组合的方法，它的主要目的是改善并行语句及其结构的可读性，或是利用 BLOCK 的保护表达式关闭某些信号。

1. BLOCK 语句的格式

BLOCK 语句的表达格式如下：

```
块标号：BLOCK [(块保护表达式)]
        接口说明
            类属说明
            BEGIN
        并行语句
        END BLOCK  块标号;
```

一个 BLOCK 语句结构，在关键词“BLOCK”的前面必须设置一个块标号，并在结尾语句“END BLOCK”右侧也写上此标号(但此处的块标号不是必需的)。

接口说明部分类似于实体的定义部分，可包含由关键词 PORT、GENERIC、PORT MAP 和 GENERIC MAP 引导的接口说明等语句，用于对 BLOCK 的接口设置以及与外界信号的连接状况加以说明。这类似于原理图间的图示接口说明。

类属说明部分和接口说明部分的适用范围仅限于当前 BLOCK，所有这些在 BLOCK 内部的说明对于这个块的外部来说是完全不透明的，即不能适用于外部环境，或由外部环境所调用，但对于嵌套于更内层的块却是透明的，即可将信息向内部传递。块的说明部分可以定义的项目主要有：USE 语句、子程序、数据类型、子类型、常数、信号和元件。

块中的并行语句部分可包含结构体中允许的任何并行语句结构。BLOCK 语句本身属并行语句，BLOCK 语句中所包含的语句也是并行语句。

2. BLOCK 的应用

BLOCK 的应用可使结构体层次鲜明，结构明确。利用 BLOCK 语句可以将结构体中的并行语句划分成多个并列的 BLOCK，每一个 BLOCK 都像一个独立的设计实体，具有自己的类属参数说明和界面端口，以及与外部环境的衔接描述。在较大的 VHDL 程序的编程中，恰当应用块语句对于技术交流、程序移植、排错和仿真都是有益的。

3. BLOCK 语句在综合中的地位

与大部分的 VHDL 语句不同，BLOCK 语句的应用，包括其中的类属说明和端口定义，都不会影响对原结构体的逻辑功能的仿真结果。

5.1.6　进程(PROCESS)

PROCESS 语句结构包含用独立的顺序语句描述的进程，该进程描述了设计实体中的部分逻辑行为。与并行语句的同时执行方式不同，顺序语句运行的顺序是同程序语句书写的顺序相一致的。一个结构体中可以有多个并行运行的进程结构，而每一个进程的内部结构却是由一系列顺序语句来构成的。

需要注意的是，在 VHDL 中，所谓顺序，仅仅是指语句按序执行上的顺序性，但这并不意味着 PROCESS 语句结构所对应的硬件逻辑行为也具有相同的顺序性。PROCESS 结构中的顺序语句，及其所谓的顺序执行过程只是相对于计算机中的软件行为仿真的模拟过程而言的，这个过程与硬件结构中实现的对应的逻辑行为可能是不相同的。PROCESS 结构中既可以有时序逻辑的描述，也可以有组合逻辑的描述，它们都可以用顺序语句来表达。然而，硬件中的组合逻辑具有典型的并行逻辑功能，而硬件中的时序逻辑也并非都是以顺序方式工作的。

1. PROCESS 语句格式

PROCESS 语句的表达格式如下：

```
[进程标号:] PROCESS [ (敏感信号参数表) ] [IS]
[进程说明部分]
   BEGIN
   顺序描述语句
END PROCESS [进程标号];
```

每一个 PROCESS 语句结构可以赋予一个进程标号，但这个标号不是必需的。进程说明部分定义该进程所需的局部数据环境。

顺序描述语句部分是一段顺序执行的语句，描述该进程的行为。PROCESS 中规定了每个进程语句在当它的某个敏感信号(由敏感信号参量表列出)的值改变时都必须立即完成某一功能行为，这个行为由进程语句中的顺序语句定义，行为的结果可以赋给信号，并通过信号被其他的 PROCESS 或 BLOCK 读取或赋值。当进程中定义的任一敏感信号发生更新时，由顺序语句定义的行为就要重复执行一次，当进程中最后一个语句执行完成后，执行过程将返回到进程的第一个语句，以等待下一次敏感信号变化。如此循环往复以至无限。但当遇到 WAIT 语句时，执行过程将被有条件地终止，即所谓的挂起(Suspention)。

一个结构体中可以含有多个 PROCESS 结构，每一 PROCESS 结构对应于其敏感信号参数表中定义的任一敏感参量的变化，每个进程可以在任何时刻被激活或者称为启动。而在一个结构体中，所有被激活的进程都是并行运行的，这就是为什么PROCESS结构本身是并行语句的道理。

PROCESS语句必须以语句“END PROCESS [进程标号];”结尾，对于目前常用的综合器来说，其中进程标号不是必须的，敏感表旁的[IS]也不是必须的。

2. PROCESS组成

如上所述，PROCESS语句结构是由三个部分组成的，即进程说明部分、顺序描述语句部分和敏感信号参数表。

(1) 进程说明部分主要定义一些局部量，可包括数据类型、常数、变量、属性、子程序等。但需注意，在进程说明部分中不允许定义信号和共享变量。

(2) 顺序描述语句部分可分为赋值语句、进程启动语句、子程序调用语句、顺序描述语句和进程跳出语句等，它们包括：

- 信号赋值语句：即在进程中将计算或处理的结果向信号(SIGNAL)赋值。
- 变量赋值语句：即在进程中以变量(VARIABLE)的形式存储计算的中间值。
- 进程启动语句：当PROCESS的敏感信号参数表中没有列出任何敏感量时，进程的启动只能通过进程启动语句WAIT语句实现。这时可以利用WAIT语句监视信号的变化情况，以便决定是否启动进程。WAIT语句可以看成是一种隐式的敏感信号表。
- 子程序调用语句：对已定义的过程和函数进行调用，并参与计算。
- 顺序描述语句：包括IF语句、CASE语句、LOOP语句、NULL语句等。
- 进程跳出语句：包括NEXT语句、EXIT语句，用于控制进程的运行方向。

(3) 敏感信号参数表需列出用于启动本进程可读入的信号名(当有WAIT语句时例外)。

例5.3中所给程序是一个含有进程的结构体，进程标号是p1(进程标号不是必须的)，进程的敏感信号参数表中未列出敏感信号，所以进程的启动需靠WAIT语句。在此，信号clock即为该进程的敏感信号。每当出现一个时钟脉冲clock时，即进入WAIT语句以下的顺序语句执行进程中，且当driver为高电平时进入CASE语句结构。

例5.3　含有进程的结构体示例。代码如下：

```
ARCHITECURE   s_mode   OF   stat   IS
  BEGIN
    p1    PROCESS
      BEGIN
      WAIT UNTIL clock;                --等待 clock 激活进程
      IF     (driver = '1' ) THEN
        CASE    output    IS
          WHEN    s1 =>    output <=    s2;
          WHEN    s2 =>    output <=    s3;
          WHEN    s3 =>    output <=    s4;
          WHEN    s4 =>    output <=    s1;
        END CASE
```

```
        END IF
      END PROCESS   p1
    END   ARCHITECURE   s_mode;
```

5.1.7　子程序(SUBPROGRAM)

子程序是一个 VHDL 程序模块，这个模块中只能利用顺序语句来定义和完成算法，这一点与进程十分相似。所不同的是，子程序不能像进程那样可以从本结构体的其他块或进程结构中直接读取信号值或者向信号赋值。子程序只能通过调用方式使用，与子程序的界面端口进行通信。子程序的应用与元件例化(元件调用)是不同的，如在一个设计实体或另一个子程序中调用子程序后，并不像元件例化那样会产生一个新的设计层次。

子程序可以在 VHDL 程序的三个不同位置进行定义，即在程序包、结构体和进程中定义。但由于只有在程序包中定义的子程序可被几个不同的设计所调用，所以一般应该将子程序放在程序包中。

VHDL 子程序具有可重载性的特点，即允许同时有许多重名的子程序，但这些子程序的参数类型及返回值数据类型是不同的。子程序的可重载性是一个非常有用的特性。

子程序有两种类型，即过程(PROCEDURE)和函数(FUNCTION)。

过程可通过其界面提供多个返回值，或不提供任何值，而函数只能返回一个值。在函数入口中，所有参数都是输入参数，而过程则有输入参数、输出参数和双向参数之分。过程一般被看作一种语句结构，常在结构体或进程中以独立语句的形式存在，而函数通常是表达式的一部分，常在赋值语句或表达式中使用。过程可以单独存在，其行为类似于进程，而函数通常作为语句的一部分被调用。

在实用中必须注意，综合后的子程序将映射为目标芯片中的一个相应的电路模块，且每一次调用都将在硬件结构中产生具有相同结构的不同的模块，这一点与在普通的软件中调用子程序有很大的不同。在 PC 机或单片机软件程序执行中(包括 VHDL 的行为仿真)，无论对程序中的子程序调用多少次，都不会发生计算机资源如存储资源不够用的情况，但在面向 VHDL 的综合中，每调用一次子程序都意味着增加了一个硬件电路模块。因此，在实用中，要密切关注和严格控制子程序的调用次数。

1. 函数 FUNCTION

在 VHDL 中有多种函数形式，如用于不同目的的用户自定义函数和在库中现成的预定义函数。例如转换函数和决断函数。转换函数用于从一种数据类型到另一种数据类型的转换，如在元件例化语句中利用转换函数可允许不同数据类型的信号和端口间进行映射；决断函数用于在多驱动信号时解决信号竞争问题。

函数的语言表达格式如下：

```
FUNCTION 函数名(参数表) RETURN  数据类型                    --函数首
FUNCTION 函数名 (参数表) RETURN   数据类型 IS               --函数体
    [说明部分]
    BEGIN
    顺序语句;
```

```
END FUNCTION   函数名;
```

一般地，函数定义应由两部分组成，即函数首和函数体，在进程或结构体中不必定义函数首，而在程序包中必须定义函数首。

1) 函数首

函数首由函数名、参数表和返回值的数据类型三部分组成。如果要将所定义的函数组织成程序包放入库中的话，定义函数首是必需的，这时的函数首就相当于一个入库货物名称与货物位置表，实际入库的是函数体。函数首的名称即为函数的名称，需放在关键词 FUNCTION 之后，此名称可以是普通的标识符，也可以是运算符，运算符必须加上双引号，这就是所谓的运算符重载。运算符重载就是对 VHDL 中现存的运算符进行重新定义，以获得新的功能。新功能的定义是靠函数体来完成的。函数的参数表用来定义输出值，所以不必以显式表示参数的方向，函数参数表中可以是信号或常数，参数名需放在关键词 CONSTANT 或 SIGNAL 之后。如果没有特别说明，则参数被默认为常数。如果要将一个已编制好的函数并入程序包，函数首必须放在程序包的说明部分，而函数体需放在程序包的包体内。如果只是在一个结构体中定义并调用函数，则仅需函数体即可。由此可见，函数首的作用只是作为程序包的有关此函数的一个接口界面。

2) 函数体

函数体包含一个对数据类型、常数、变量等的局部说明，以及用以完成规定算法或转换的顺序语句部分。一旦函数被调用，就将执行这部分语句。

在函数体中，需以关键词 END FUNCTION 及函数名结尾。

2. 过程(PROCEDURE)

VHDL 中，子程序的另外一种形式是过程 PROCEDURE，过程的语句格式是：

```
PROCEDURE 过程名(参数表)                              --过程首
PROCEDURE 过程名 (参数表)  IS
   [说明部分]
   BIGIN                                              --过程体
     顺序语句
     END PROC EDURE 过程名
```

与函数一样，过程也由两部分构成，即过程首和过程体，其中过程首也不是必需的，过程体可以独立存在和使用，即在进程或结构体中不必定义过程首。但与函数一样，要将过程并入程序包中时，必须定义过程首。

1) 过程首

过程首由过程名和参数表组成。参数表用于对过程的参数进行说明，指明其类型和工作模式。常数、变量和信号三类数据对象可用作过程的参数，关键词 IN、OUT 和 INOUT 定义了这些参数的工作模式，即信息的流向。如果没有指定模式，则默认为 IN。以下是三个过程首的定义示例。

例 5.4　过程首定义示例。代码如下：

```
PROCEDURE   pro1     (VARIABLE a, b : INOUT REAL);
PROCEDURE   pro2     (CONSTANT   a1 : IN INTEGER
```

```
                    VARIABLE    b1 :    OUT INTEGER );
    PROCEDURE    pro3    (SIGNAL sig :    INOUT BIT);
```

在例 5.4 中，过程 pro1 定义了两个实数双向变量 a 和 b；过程 pro2 定义了两个参量，第一个是常数，它的数据类型为整数，流向模式是 IN，第二个参量是变量，工作模式和数据类型分别是 OUT 和整数；过程 pro3 中只定义了一个信号参量，即 sig，它的工作模式是双向 INOUT，数据类型是 BIT。一般地，可在参量表中定义三种流向模式，即 IN、OUT 和 INOUT。如果只定义了 IN 模式而未定义目标参量类型，则默认为常量；若只定义了 INOUT 或 OUT，则默认目标参量类型是变量。

2) 过程体

过程体是由顺序语句组成的，过程的调用即启动了对过程体的顺序语句的执行。与函数一样，过程体中的说明部分只是局部的，其中的各种定义只能适用于过程体内部。过程体的顺序语句部分可以包含任何顺序执行的语句，包括 WAIT 语句。但需注意，如果一个过程是在进程中调用的，且这个进程已列出了敏感参量表，则不能在此过程中使用 WAIT 语句。

在不同的调用环境中，可以有两种不同的语句方式对过程进行调用，即顺序语句方式或并行语句方式。在一般的顺序语句自然执行过程中，一个过程被调用执行，则属于顺序语句方式，因为这时它只相当于一条顺序语句的执行；当过程处于并行语句环境中时，其过程体中定义的任一 IN 或 INOUT 的目标参量(即数据对象：变量、信号、常数)发生改变时，将启动过程的调用，这时的调用是属于并行语句方式的。过程与函数一样可以重复调用或嵌套式调用。综合器一般不支持含有 Wait 语句的过程。

例 5.5　过程体使用示例。程序如下：

```
PROCEDURE    prg1(VARIABLE value:INOUT BIT_VECTOR(0 TO 7)) IS
  BEGIN
    CASE value IS
    WHEN "0000" => value: "0101";
    WHEN "0101" => value: "0000";
    WHEN OTHERS => value: "1111";
    END CASE;
    END PROCEDURE    prg1;
```

这个过程对具有双向模式变量的值 value 作了一个数据转换运算。

5.1.8　配置(CONFIGURATION)

配置语句是用来为较大的系统设计提供管理和工程组织的，可以把特定的结构体关联到(指定给)一个确定的实体。通常在大而复杂的 VHDL 工程设计中，配置语句可以为实体指定或配属一个结构体。如可以利用配置使仿真器为同一实体配置不同的结构体以使设计者比较不同结构体的仿真差别，或者为实例化的各元件实体配置指定的结构体，从而形成一个所希望的实例化元件层次构成的设计实体。

配置也是 VHDL 设计实体中的一个基本单元。在综合或仿真中，可以利用配置语句为确定整个设计提供许多有用信息。例如对以元件的层次方式构成的 VHDL 设计实体，就可以把配置语句的设置看成是一个元件表，以配置语句指定在顶层设计中的每一元件与一特定结构体相衔接，或赋予特定属性。配置语句还能用于对元件的端口连接进行重新安排等。VHDL 综合器允许将配置规定为针对一个设计实体中的最高层设计单元，但只支持对最顶层的实体进行配置，通常情况下，配置主要用在 VHDL 的行为仿真中。

配置语句的一般格式如下：

```
CONFIGURATION 配置名 OF 实体名 IS
    配置说明
END 配置名;
```

配置主要为顶层设计实体指定结构体，或为参与例化的元件实体指定所希望的结构体，以层次方式来对元件例化作结构配置。如前所述，每个实体可以拥有多个不同的结构体，而每个结构体的地位是相同的，在这种情况下，可以利用配置说明为这个实体指定一个结构体。

5.2 VHDL 语言要素

VHDL 的语言要素主要有数据对象(Data Objects，Objects)，其中包括变量(Variables)、信号(Signals)和常数(Constants)，数据类型(Data Types，Types)和各类操作数(Operands)及运算操作符(Operators)。准确无误地理解和掌握 VHDL 语言要素的基本含义和用法，对于正确地完成 VHDL 程序设计十分重要。

5.2.1 VHDL 文字规则

VHDL 文字(Literal)主要包括数值和标识符。数值型文字所描述的值主要有数字型、字符串型、位串型。

1. 数字型文字

数字型文字的值有多种表达方式，现列举如下：

(1) 整数文字。整数文字都是十进制的数，如：4,512,0,248E2(= 24800)，57_141_352 (= 57141352)。

(2) 实数文字。实数文字也都是十进制的数，但必须带有小数点，如：188.993，88_670_551.453_909(= 88670551.453909)，1.0，44.99E－2(= 0.4499)，1.335。

(3) 以数制基数表示的文字。用这种方式表示的数由五个部分组成。第一部分，用十进制数标明数制进位的基数；第二部分，数制隔离符号“#”；第三部分，表达的数；第四部分，指数隔离符号“#”；第五部分，用十进制表示的指数部分，这一部分的数如果为 0，则可以省去不写。如：

```
SIGNAL d1, d2, d3, d4, : INTEGER RANGE 0 TO 255;
d1 <= 10#170#;          -- (十进制表示  等于  170)
d2 <= 16#FE#;           -- (十六进制表示  等于  254)
d3 <= 2#1111_1110#;     -- (二进制表示  等于  254)
```

```
d4 <= 8#376#;                --(八进制表示 等于 254)
```

(4) 物理量文字(VHDL 综合器不接受此类文字)。如：20 s (20 秒)，50 m (50 米)，kΩ(千欧姆)，100A (100 安培)。

2. 字符串型文字

字符是用单引号引起来的 ASCII 字符，可以是数值，也可以是符号或字母，如：'R'，'a'，'*'，'Z'，'U'，'0'，'11'。

(1) 文字字符串。文字字符串是用双引号引起来的一串文字，如："ERROR"，"Both S and Q equal to 1"，"X"，"BB$CC"。

(2) 数位字符串。数位字符串也称位矢量，是预定义数据类型为 bit 的数组。数位字符串与文字字符串相似，但所代表的是二进制、八进制或十六进制的数组。数位字符串所代表的位矢量的长度即为等值的二进制数的位数。数字字符串数值的数据类型是一维的枚举型数组。与文字字符串的表示不同，数位字符串的表示首先要有计算基数，然后将该基数表示的值放在双引号中，基数符以"B"、"O"和"X"表示，并放在字符串的前面。它们的含义分别是：

B：二进制基数符号，表示二进制位 0 或 1，在字符串中的每一个位表示一个 bit。

O：八进制基数符号，在字符串中的每一个数代表一个八进制数，即代表一个 3 位(bit)的二进制数。

X：十六进制基数符号(0～F)，代表一个十六进制数，即代表一个 4 位的二进制数。

例如：

```
data1 <= B"1_1101_1110"          --二进制数数组 位矢数组长度是 9
data2 <= O"15"                   --八进制数数组 位矢数组长度是 6
```

3. 标识符

标识符是最常用的操作符，标识符可以是常数、变量、信号、端口、子程序或参数的名字。VHDL 基本标识符的书写遵守如下规则：

(1) 有效的字符：英文字母，包括大小写字母 a～z，A～Z；数字，包括 0～9 以及下划线"_"。

(2) 任何标识符必须以英文字母开头，标识符中的英语字母不区分大小写。

(3) 下划线"_"前后都必须有英文字母或数字，同时，一个标识符中只能使用一个下划线。

(4) VHDL'93 标准支持扩展标识符，扩展标识符以反斜杠来界定，可以以数字打头，如\74LS373\、\Hello World\ 都是合法的标识符。在扩展标识符中，允许包含图形符号(如回车符 换行符等)，也允许包含空格符，如 \IRDY#\、\C/BE\、\A or B\ 等都是合法的标识符。两个反斜杠之前允许有多个下划线相邻，扩展标识符要分大小写，扩展标识符与短标识符不同，扩展标识符如果含有一个反斜杠，则用两个反斜杠来代替它。

支持扩展标识符的目的是免受 1987 标准中的短标识符的限制，描述起来更为直观和方便。但是目前仍有许多 VHDL 工具不支持扩展标识符。

4. 下标名

下标名用于指示数组型变量或信号的某一元素。下标段名则用于指示数组型变量或信号的某一段元素。下标名的语句格式如下：

标识符(表达式)

标识符必须是数组型的变量或信号的名字，表达式所代表的值必须是数组下标范围中的一个值，这个值对应数组中的一个元素。

如果下标名中的表达式是一个可计算的值，则此下标名可很容易地进行综合。如果是不可计算的，则只能在特定的情况下综合，且耗费资源较大。

5. 段名

段名即多个下标名的组合，段名对应数组中某一段的元素。段名的表达形式是：

标识符(表达式 方向 表达式)

这里的标识符必须是数组类型的信号名或变量名，每一个表达式的数值必须在数组元素下标号范围以内，并且必须是可计算的(立即数)。数据下标的变化方向用TO或者DOWNTO来表示。TO表示数组下标序列由低到高，如(2 TO 8)；DOWNTO表示数组下标序列由高到低，如(8 DOWNTO 2)。所以段中两表达式值的方向必须与原数组一致。

5.2.2 VHDL数据对象

在VHDL中，数据对象(Data Objects)类似于一种容器，可接受不同数据类型的赋值。数据对象有三类，即变量(VARIABLE)、常量(CONSTANT)和信号(SIGNAL)。前两种可以从传统的计算机高级语言中找到对应的数据类型，其语言行为与高级语言中的变量和常量十分相似。但信号这一数据对象比较特殊，它具有更多的硬件特征，是VHDL中最有特色的语言要素之一。

从硬件电路系统来看，变量和信号相当于组合电路系统中门与门间的连线及其连线上的信号值；常量相当于电路中的恒定电平，如GND或VCC接口的电平。从行为仿真和VHD语句功能上看，信号与变量具有比较明显的区别，其差异主要表现在接受和保持信号的方式及信息保持与转递的区域大小上。例如信号可以设置传输延迟量，而变量则不能；变量只能作为局部的信息载体，如只能在所定义的进程中有效，而信号则可作为模块间的信息载体，如在结构体中各进程间传递信息。变量的设置有时只是一种过渡，最后的信息传输和界面间的通信都靠信号来完成。综合后的VHDL文件中信号将对应更多的硬件结构。但需注意的是，对于信号和变量的认识单从行为仿真和语法要求的角度去认识是不完整的。事实上，在许多情况下，综合后所对应的硬件电路结构中信号和变量并没有什么区别，例如在满足一定条件的进程中，综合后它们都能引入寄存器。其关键在于，它们都具有能够 接受赋值这一重要的共性，而VHDL综合器并不理会它们在接受赋值时存在的延时特性(只有VHDL行为仿真器才会考虑这一特性差异)。

1. 变量(VARIABLE)

在VHDL语法规则中，变量是一个局部量，只能在进程和子程序中使用。变量不能将信息带出定义它的当前设计单元。变量的赋值是一种理想化的数据传输，是立即发生，不存在任何延时的行为。VHDL语言规则不支持变量附加延时语句。

变量常用在实现某种算法的赋值语句中。定义变量的语法格式如下：

VARIABLE 变量名 数据类型 := 初始值

例如下列变量定义语句分别定义 a 为整数型变量；b 和 c 也为整数型变量，初始值为 2；d 为标准位变量：

```
VARIABLE   a : INTEGER;
VARIABLE   b, c : INTEGER := 2;
VARIABLE   d : STD_LOGIC;
```

如前所述，变量作为局部量，其适用范围仅限于定义了变量的进程或子程序中。但仿真过程中唯一的例外是共享变量。共享变量的值将随变量赋值语句的运算结果而改变。

变量定义语句中的初始值可以是一个与变量具有相同数据类型的常数值，也可以是一个全局静态表达式，这个表达式的数据类型必须与所赋值的变量一致。此初始值不是必需的，综合过程中综合器将略去所有的初始值。

变量赋值语句的语法格式如下：

目标变量名 := 表达式

变量赋值符号是“:=”，变量数值的改变是通过变量赋值来实现的。赋值语句右方的表达式必须是一个与目标变量具有相同数据类型的数值，这个表达式可以是一个运算表达式，也可以是一个数值。通过赋值操作，新的变量值的获得是立刻发生的。变量赋值语句左边的目标变量可以是单值变量，也可以是一个变量的集合，即数组型变量。

2. 信号(SIGNAL)

信号是描述硬件系统的基本数据对象，它类似于连接线。信号可以作为设计实体中并行语句模块间的信息交流通道(交流来自顺序语句结构中的信息)。在 VHDL 中，信号及其相关的信号赋值语句、决断函数、延时语句等很好地描述了硬件系统的许多基本特征，如硬件系统运行的并行性、信号传输过程中的延迟特性、多驱动源的总线行为等。

信号作为一种数值容器，不但可以容纳当前值，也可以保持历史值。这一属性与触发器的记忆功能有很好的对应关系。信号定义的语句格式与变量非常相似，信号定义也可以设置初始值，它的定义格式如下：

SIGNAL 信号名：数据类型 := 初始值;

同样，信号初始值的设置不是必需的，而且初始值仅在 VHDL 的行为仿真中有效。与变量相比，信号的硬件特征更为明显，它具有全局性特征。例如，在程序包中定义的信号，对于所有调用此程序包的设计实体都是可见(可直接调用)的；在实体中定义的信号，在其对应的结构体中都是可见的。

事实上。除了没有方向说明以外，信号与实体的端口(Port)概念是一致的。对于端口来说，其区别只是输出端口不能读入数据，输入端口不能被赋值。信号可以看成是实体内部的端口。反之，实体的端口只是一种隐形的信号，端口的定义实质上是作了隐式的信号定义，并附加了数据流动的方向。信号本身的定义是一种显式的定义。因此，在实体中定义的端口，在其结构体中都可以看成是一个信号并加以使用，而不必另作定义。以下是信号的定义示例：

```
SIGNAL   temp : STD_LOGIC := 0;
SIGNAL   flaga   flagb : BIT;
SIGNAL   data : STD_LOGIC_VECTOR(15 DOWNTO 0 );
```

```
SIGNAL    a : INTEGER RANGE 0 TO 15;
```

此外，需要注意，信号的使用和定义范围是实体、结构体和程序包。在进程和子程序中，不允许定义信号。信号可以有多个驱动源，或者说是赋值信号源，但必须将此信号的数据类型定义为决断性数据类型。

需要特别注意的是，在进程中，只能将信号列入敏感表，而不能将变量列入敏感表。可见进程只对信号敏感，而对变量不敏感，这是因为，只有信号才能把进程外的信息带入进程内部。

当信号定义了数据类型和表达方式后，在 VHDL 设计中就能对信号进行赋值了。信号的赋值语句表达式如下：

```
目标信号名<= 表达式;
```

其中，这里的表达式可以是一个运算表达式，也可以是数据对象(变量、信号或常量)。符号“<=”表示赋值操作，即将数据信息传入。数据信息的传入可以设置延时量。因此目标信号获得传入的数据并不是即时的。即使是零延时(不作任何显式的延时设置)，也要经历一个特定的延时过程。因此，符号“<=”两边的数值并不总是一致的，这与实际器件的传播延迟特性十分接近，显然这与变量的赋值过程有很大差别。所以，赋值符号用“<=”而非“:=”。但须注意，信号的初始赋值符号仍是“:=”，这是因为仿真的时间坐标是从初始赋值开始的，在此之前无所谓延时时间。以下是三个赋值语句示例：

```
x <= 9;
y <= x;
z <= x AFTER 5ns;
```

第三句信号的赋值是在 5ns 后将 x 赋予 z 的，关键词 AFTER 后是延迟时间值，在这一点上，与变量的赋值很不相同，尽管如前所述，综合器在综合过程中将略去所设的延时值，但是即使没有利用 AFTER 关键词设置信号的赋值延时值，任何信号赋值都是存在延时的。在综合后的功能仿真中，信号或变量间的延时是被看成零延时的，但为了给信息传输的先后作出符合逻辑的排序，将自动设置一个小的延时量，即所谓的延时量。延时量在仿真中即为一个 VHDL 模拟器的最小分辨时间。

信号的赋值可以出现在一个进程中，也可以直接出现在结构体中的并行语句结构中，但它们运行的含义是不一样的。前者属顺序信号赋值，这时的信号赋值操作要视进程是否已被启动而定，后者属并行信号赋值，其赋值操作是各自独立并行地发生的。

3. 常数(CONSTANT)

常数的定义和设置主要是为了使设计实体中的常数更容易阅读和修改。例如，将位矢的宽度定义为一个常量，只要修改这个常量就能很容易地改变宽度，从而改变硬件结构。在程序中，常量是一个恒定不变的值，一旦作了数据类型和赋值定义后，在程序中不能再改变，因而具有全局性意义。常量的定义形式与变量十分相似，其形式如下：

```
CONSTANT   常数名 数据类型 := 表达式;
```

例如：

```
CONSTANT    fbus : BIT_VECTOR := "010115";   --位矢数据类型
CONSTANT    Vcc : REAL := 5.0;               --实数数据类型
```

```
CONSTANT    dely : TIME := 25ns;                  --时间数据类型
```

VHDL 要求所定义的常量数据类型必须与表达式的数据类型一致。常量的数据类型可以是标量类型或复合类型，但不能是文件类型(file)或存取类型(Access)。常量定义语句所允许的设计单元有实体、结构体、程序包、块、进程和子程序。

5.2.3　VHDL 数据类型

在数据对象的定义中，必不可少的就是设定所定义的数据对象的数据类型(TYPES)，并且要求此对象的赋值源也必须是相同的数据类型。这是因为 VHDL 是一种强类型语言，对运算关系与赋值关系中各量(操作数)的数据类型有严格要求。VHDL 要求设计实体中的每一个常数、信号、变量、函数以及设定的各种参量都必须具有确定的数据类型，并且相同数据类型的量才能互相传递和作用。VHDL 作为强类型语言的好处是使 VHDL 编译或综合工具很容易地找出设计中的各种常见错误。VHDL 中的各种预定义数据类型大多数体现了硬件电路的不同特性，因此也为其他大多数硬件描述语言所采纳。例如 BIT，可以描述电路中的开关信号。

VHDL 中的数据类型可以分成四大类。

(1) 标量型(Scalar Type)，属单元素的最基本的数据类，即不可能再有更小、更基本的数据类型。它们通常用于描述一个单值数据对象。标量类型包括：实数类型、整数类型、枚举类型、时间类型。

(2) 复合类型(Composite Type)，可以由更细小的数据类型复合而成，如可由标量型复合而成。复合类型主要有数组型(Array)和记录型(Record)。

(3) 存取类型(Access Type)，为给定的数据类型的数据对象提供存取方式。

(4) 文件类型(Files Type)，用于提供多值存取类型。

这四大数据类型又可分成在现成程序包中可以随时获得的预定义数据类型和用户自定义数据类型两大类别。预定义的 VHDL 数据类型是 VHDL 最常用、最基本的数据类型。这些数据类型都已在 VHDL 的标准程序包 STANDARD 和 STD_LOGIC_1164 及其他的标准程序包中作了定义，并可在设计中随时调用。

VHDL 允许用户自己定义其他的数据类型以及子类型。通常，新定义的数据类型和子类型的基本元素一般仍属 VHDL 的预定义数据类型，尽管 VHDL 仿真器支持所有的数据类型，但 VHDL 综合器并不支持所有的预定义数据类型和用户定义的数据类型，如不支持 REAL、TIME、FILE 等数据类型。在综合中，它们将被忽略或宣布为不支持，这意味着，不是所有的数据类型都能在目前的数字系统硬件中实现。由于在综合后，所有进入综合的数据类型都转换成二进制类型和高阻态类型(只有部分芯片支持内部高阻态)，即电路网表中的二进制信号，综合器通常会忽略不能综合的数据类型，并给出警告信息。

1. VHDL 的预定义数据类型

VHDL 的预定义数据类型都是在 VHDL 标准程序包 STANDARD 中定义的，在实际使用中，已自动包含进 VHDL 的源文件中，因而不必通过 USE 语句以显式调用。

1) 布尔(BOOLEAN)数据类型

布尔数据类型实际上是一个二值枚举型数据类型。布尔量不属于数值，因此不能用于运算，它只能通过关系运算符获得。

2) 位(BIT)数据类型

位数据类型也属于枚举型，取值只能是 1 或者 0。位数据类型的数据对象，如变量、信号等，可以参与逻辑运算，运算结果仍是位的数据类型。

3) 位矢量(BIT_VECTOR)数据类型

位矢量是基于 BIT 数据类型的数组，使用位矢量必须注明位宽，即数组中的元素个数和排列方式，例如：

```
SIGNAL a : BIT_VECTOR (7 TO 0);
```

其中，信号 a 被定义为一个具有 8 位位宽的矢量，它的最左位是 a(7)，最右位是 a(0)。

4) 字符(CHARACTER)数据类型

字符类型通常用单引号引起来，如'A '。字符类型要区分大小写，如'B'不同于'b '。

请注意，在 VHDL 程序设计中，标识符的大小写一般是不区分的，但用了单引号的字符的大小写是有区分的，如上所示在程序包中定义的每一个数字、符号、大小写字母都是互不相同的。

5) 整数(INTEGER)数据类型

整数类型的数代表正整数、负整数和零。整数类型与算术整数相似，可以使用预定义的运算操作符，如加“+”、减“–”、乘“*”、除“/”等进行算术运算。在 VHDL 中整数的取值范围是 –2 147 483 647～+2 147 483 647，即可用 32 位有符号的二进制数表示。在实际应用中，VHDL 仿真器通常将 INTEGER 类型作为有符号数处理，而 VHD 综合器则将 Integer 作为无符号数处理。在使用整数时，VHDL 综合器要求用 RANGE 子句为所定义的数限定范围，然后根据所限定的范围来决定表示此信号或变量的二进制数的位数，因为 VHDL 综合器无法综合未限定范围的整数类型的信号或变量。

6) 自然数(NATURAL)和正整数(POSITIVE)数据类型

自然数是整数的一个子类型，是非负的整数，即零和正整数。正整数也是整数的一个子类型，它包括整数中非零和非负的数值。

7) 实数(REAL)数据类型

VHDL 的实数类型也类似于数学上的实数，或称浮点数。实数的取值范围为 –1.0E38～+1.0E38。通常情况下，实数类型仅能在 VHDL 仿真器中使用，VHDL 综合器则不支持实数，因为直接的实数类型的表达和实现相当复杂。

8) 字符串(STRING)数据类型

字符串数据类型是字符数据类型的一个非约束型数组，或称为字符串数组。字符串必须用双引号标明。如：

```
VARIABLE string_var : STRING (1 TO 7 );
string_var := "a b c d"
```

9) 时间(TIME)数据类型

VHDL 中唯一的预定义物理类型是时间。完整的时间类型包括整数和物理量单位两部分，整数和单位之间至少留一个空格，如 55 ms、20 ns。

10) 错误等级(SEVERITY LEVEL)

在 VHDL 仿真器中，错误等级用来指示设计系统的工作状态，共有四种可能的状态值，即 NOTE(注意)、WARNING (警告)、ERROR(出错)、FAILURE(失败)。在仿真过程中，可输出这四种值来提示被仿真系统当前的工作情况，其定义如下：

```
TYPE severity_level IS (note   warning   error   failure);
```

2. IEEE 预定义标准逻辑位与矢量

在 IEEE 库的程序包 STD_LOGIC_1164 中，定义了两个非常重要的数据类型，即标准逻辑位 STD_LOGIC 和标准逻辑矢量 STD_LOGIC_VECTOR。

1) 标准逻辑位 STD_LOGIC 数据类型

在 IEEE 库程序包 STD_LOGIC_1164 中，数据类型 STD_LOGIC 的定义如下所示：

```
TYPE STD_LOGIC IS
          'U'          --未初始化的
          'X'          --强未知的
          '0'          --强 0
          '1'          --强 1
          'Z'          --高阻态
          'W'          --弱未知的
          'L'          --弱 0
          'H'          --弱 1
          '-'          --忽略
          );
```

在程序中使用此数据类型前，需加入下面的语句：

```
LIBRARY IEEE;
USE IEEE.STD_LOIGC_1164.ALL;
```

由定义可见，STD_LOGIC 是标准 BIT 数据类型的扩展，共定义了九种值，这意味着对于定义为数据类型是标准逻辑位 STD_LOGIC 的数据对象，其可能的取值已非传统的 BIT 那样只有 0 和 1 两种取值，而是如上定义的那样有九种可能的取值。

程序包 STD_LOGIC_1164 中还定义了 STD_LOGIC 型逻辑运算符 AND、NAND、OR、NOR、XOR、NOT 的重载函数，以及两个转换函数，这两个转换函数用于 BIT 与 STD_LOGIC 的相互转换。

2) 标准逻辑矢量(STD_LOGIC_VECTOR)数据类型

STD_LOGIC_VECTOR 是定义在 STD_LOGIC_1164 程序包中的标准一维数组，数组中每一个元素的数据类型都是标准的逻辑位 STD_LOGIC。

在使用中，向标准逻辑矢量 STD_LOGIC_VECTOR 数据类型的数据对象赋值的方式与普通的一维数组 ARRAY 是一样的，即必须严格考虑位矢的宽度。同位宽、同数据类型量间才能进行赋值。

3) 其他预定义标准数据类型

VHDL 综合工具配带的扩展程序包中，定义了一些有用的类型。如 Synopsys 公司在

IEEE 库中加入的程序包 STD_LOGIC_ARITH 中定义了如下的数据类型：无符号型(UNSIGNED)、有符号型(SIGNED)、小整型(SMALL_INT)。

如果将信号或变量定义为这几个数据类型，就可以使用该程序包中定义的运算符。在使用之前，请注意必须加入下面的语句：

```
LIBRARY IEEE;
USE IEEE.STD_LOIGC_ARITH .ALL;
```

UNSIGNED 类型和 SIGNED 类型是用来设计可综合的数学运算程序的重要类型，UNSIGNED 用于无符号数的运算，SIGNED 用于有符号数的运算。在实际应用中，大多数运算都需要用到它们。

4) 枚举类型

VHDL 中的枚举数据类型是一种特殊的数据类型，它们是用文字符号来表示一组实际的二进制数。例如，状态机的每一状态在实际电路中是以一组触发器的当前二进制数位的组合来表示的，但设计者在状态机的设计中，为了更利于阅读、编译和 VHDL 综合器的优化，往往将表征每一状态的二进制数组用文字符号来代表，即状态符号化。例如：

```
TYPE m_state IS  ( state1，state2，state3，state4，state5 );
SIGNAL present_state，next_state  : m_state;
```

在这里，信号 present_state 和 next_state 的数据类型定义为 m_state，它们的取值范围是可枚举的，即 state1～state5 共五种，而这些状态代表五组唯一的二进制数值。

5) 整数类型和实数类型

整数和实数的数据类型在标准的程序包中已作了定义。在实际应用中，特别在综合中，由于这两种非枚举型的数据类型的取值定义范围太大，综合器无法进行综合，因此，定义为整数或实数的数据对象的具体的数据类型必须由用户根据实际的需要重新定义，并限定其取值范围，以便能为综合器所接受，从而提高芯片资源的利用率。

实用中，VHDL 仿真器通常将整数或实数类型作为有符号数处理，VHDL 综合器对整数或实数的编码方法是：对用户已定义的数据类型和子类型中的负数，编码为二进制补码；对用户已定义的数据类型和子类型中的正数，编码为二进制原码。

编码的位数，即综合后信号线的数目只取决于用户定义的数值的最大值。在综合中以浮点数表示的实数将首先转换成相应数值大小的整数。因此在使用整数时，VHDL 综合器要求使用数值限定关键词 RANGE，对整数的使用范围作明确的限制，如下例所示：

```
TYPE percent IS  RANGE  –100 TO 100;
```

这是一隐含的整数类型，仿真中用 8 位位矢量表示，其中 1 位符号位，7 位数据位。

6) 数组类型

数组类型属复合类型，是将一组具有相同数据类型的元素集合在一起，作为一个数据对象来处理的数据类型。数组可以是一维数组(每个元素只有一个下标)或多维数组(每个元素有多个下标)。

数组的元素可以是任何一种数据类型，用以定义数组元素的下标范围子句决定了数组中元素的个数，以及元素的排序方向，即下标数是由低到高，或是由高到低，如子句“0 TO 7”是由低到高排序的 8 个元素；“15 DOWNTO 0”是由高到低排序的 16 个元素。

VHDL 允许定义两种不同类型的数组，即限定性数组和非限定性数组。它们的区别是限定性数组下标的取值范围在数组定义时就被确定了，而非限定性数组下标的取值范围需留待随后确定。

限定性数组定义语句格式如下：

```
TYPE 数组名 IS ARRAY (数组范围) OF 数据类型
```

其中：数组名是新定义的限定性数组类型的名称，可以是任何标识符，数组的数据类型与数组元素的数据类型相同；数组范围明确指出数组元素的定义数量和排序方式，以整数来表示其数组的下标；数据类型即指数组各元素的数据类型。

数组还可以用另一种方式来定义，就是不说明所定义的数组下标的取值范围，而是在定义某一数据对象为此数组类型时，再确定该数组下标范围取值。这样就可以通过不同的定义取值，使相同的数据对象具有不同下标取值的数组类型，这就是非限制性数组类型。

非限制性数组的定义语句格式如下：

```
TYPE 数组名 IS ARRAY (数组下标名 RANGE <> ) OF 数据类型;
```

其中数组名是定义的非限制性数组类型的取名，数组下标名是以整数类型设定的一个数组下标名称，其中符号“<>”是下标范围待定符号，用到该数组类型时，再填入具体的数值范围。

注意：符号“<>”间不能有空格，数据类型是数组中每一元素的数据类型。

7) 记录类型

记录类型与数组类型都属数组，由相同数据类型的对象元素构成的数组称为数组类型的对象，由不同数据类型的对象元素构成的数组称为记录类型的对象。记录是一种异构复合类型，也就是说，记录中的元素可以是不同的类型。

构成记录类型的各种不同的数据类型可以是任何一种已定义过的数据类型，也包括数组类型和已定义的记录类型。显然，具有记录类型的数据对象的数值是一个复合值，这些复合值是由这个记录类型的元素决定的。定义记录类型的语句格式如下：

```
TYPE  记录类型名 IS  RECORD
          元素名 : 元素数据类型;
          元素名 : 元素数据类型;
          ...
END RECORD [记录类型名];
```

5.2.4 VHDL 操作符

与传统的程序设计语言一样，VHDL 的各种表达式也是由不同类型的基本元素和运算符相连而成的。这里所说的基本元素称为操作数(Operands)，运算符称为操作符(Operators)。操作数和操作符相结合就成了描述 VHDL 算术或逻辑运算的表达式。其中操作数是各种运算的对象，而操作符规定运算的方式。

在 VHDL 中，有四类操作符：逻辑操作符(Logical Operator)、关系操作符(Relational Operator)、算术操作符(Arithmetic Operator)和符号操作符(Sign Operator)。此外还有重载操作符(Overloading Operator)。前三类操作符是完成逻辑和算术运算的最基本的操作符单元，重载操作符是对基本操作符作了重新定义的函数型操作符。

通常，在一个表达式中有两个以上的算符时，需要使用括号将这些运算分组。如果一串运算中的算符相同，且是 AND、OR、XOR 这三个算符中的一种，则不需使用括号；如果一串运算中的算符不同或有除这三种算符之外的算符，则必须使用括号。例如：

```
A and B and C and D
(A or B) xor C
```

对于 VHDL 中的操作符与操作数间的运算，有两点需要特别注意：

(1) 严格遵循在基本操作符间操作数是同数据类型的规则。

(2) 严格遵循操作数的数据类型必须与操作符所要求的数据类型完全一致的规则。

这意味着 VHDL 设计者不仅要了解所用的操作符的操作功能，而且还要了解此操作符所要求的操作数的数据类型。例如参与加减运算的操作数的数据类型必须是整数，而 BIT 或 STD_LOGIC 类型的数是不能直接进行加减操作的。

其次需注意操作符之间是有优先级别的，操作符 **、ABS 和 NOT 运算级别最高，在算式中被最优先执行。除 NOT 以外的逻辑操作符的优先级别最低，所以在编程中应注意括弧的正确应用。

表 5.2 归纳了 VHDL 所有操作符的功能与类型。

表 5.2　VHDL 操作符

类 型	操作符	功 能	操作数数据类型
算术操作符	+	加	整数
	-	减	整数
	&	并	一维数组
	*	乘	整数和实数
	/	除	整数和实数
	MOD	取模	整数
	REM	求余	整数
	SLL	逻辑左移	BIT 型或布尔型一维数组
	SRL	逻辑右移	BIT 型或布尔型一维数组
	SLA	算术左移	BIT 型或布尔型一维数组
	SRA	算术右移	BIT 型或布尔型一维数组
	ROL	逻辑循环左移	BIT 型或布尔型一维数组
	ROR	逻辑循环右移	BIT 型或布尔型一维数组
	**	乘方	整数
	ABS	取绝对值	整数
关系操作符	=	等于	任何数据类型
	/=	不等于	任何数据类型
	<	小于	枚举与整数及对应的一维数组
	>	大于	枚举与整数及对应的一维数组
	<=	小于等于	枚举与整数及对应的一维数组
	>=	大于等于	枚举与整数及对应的一维数组

续表

类型	类型	类型	类型
逻辑操作符	AND	与	BIT、BOOLEAN、STD LOGIC
	OR	或	BIT、BOOLEAN、STD LOGIC
	NAND	与非	BIT、BOOLEAN、STD LOGIC
	NOR	或非	BIT、BOOLEAN、STD LOGIC
	XOR	异或	BIT、BOOLEAN、STD LOGIC
	NXOR	异或非	BIT、BOOLEAN、STD LOGIC
	NOT	非	BIT、BOOLEAN、STD LOGIC
符号操作符	+	正	整数
	–	负	整数

操作符的优先级：( )→(NOT，ABS，**)→(REM，MOD，/，*)→(+，-)→(关系运算符)→(逻辑运算符：XOR，NOR，NAND，OR，AND)。

5.3　VHDL 顺序语句

顺序语句(Sequential Statements)和并行语句(Concurrent Statements)是 VHDL 程序设计中两大基本描述语句系列。在逻辑系统的设计中，这些语句从多侧面完整地描述了数字系统的硬件结构和基本逻辑功能。顺序语句的特点是，每一条顺序语句的执行(指仿真执行)顺序是与它们的书写顺序是基本一致的。顺序语句只能出现在进程(Process)和子程序中，子程序包括函数(Function)和过程(Procedure)。

VHDL 有如下六类基本顺序语句：赋值语句、流程控制语句、等待语句、子程序调用语句、返回语句、空操作语句。

5.3.1　赋值语句

赋值语句的功能就是将一个值或一个表达式的运算结果传递给某一数据对象，如信号或变量，或由此组对象成的数组。VHDL 设计实体内的数据传递以及对端口界面外部数据的读写都必须通过赋值语句的运行来实现。

1. 信号和变量赋值

赋值语句有两种，即信号赋值语句和变量赋值语句。每一种赋值语句都由三个基本部分组成，它们是赋值目标、赋值符号和赋值源。赋值目标是所赋值的受体，它的基本元素只能是信号或变量，但表现形式可以有多种，如文字、标识符、数组等。赋值符号只有两种，信号赋值符号是“<=”；变量赋值符号是“:=”。赋值源是赋值的主体，它可以是一个数值，也可以是一个逻辑或运算表达式。VHDL 规定，赋值目标与赋值源的数据类型必须严格一致。

变量赋值与信号赋值的区别在于，变量具有局部特征，它的有效性只局限于所定义的一个进程中，或一个子程序中，它是一个局部的、暂时性数据对象(在某些情况下)，对于它的赋值是立即发生的(假设进程已启动)，即是一种时间延迟为零的赋值行为。

信号则不同，信号具有全局性特征，它不但可以作为一个设计实体内部各单元之间数据传送的载体，而且可通过信号与其他的实体进行通信(端口本质上也是一种信号)，信号的赋值并不是立即发生的，它发生在一个进程结束时。赋值过程总是有某种延时的，它反映了硬件系统的重要特性，综合后可以找到与信号对应的硬件结构，如一根传输导线、一个输入输出端口或一个 D 触发器等。

但是必须注意，千万不要从以上对信号和变量的描述中得出结论：变量赋值只是一种纯软件效应，不可能产生与之对应的硬件结构。事实上，变量赋值的特性是 VHDL 语法的要求，是行为仿真流程的规定。实际情况是，在某些条件下变量赋值行为与信号赋值行为所产生的硬件结果是相同的。

变量赋值语句和信号赋值语句的语法格式如下：

(1) 变量赋值语句的语法格式：

```
目标变量名 := 赋值源(表达式);
```

例如：

```
x := 5.0;
```

(2) 信号赋值语句的语法格式：

```
目标信号名 <= 赋值源;
```

例如：

```
y <= '1';
```

说明：该语句若出现在进程或子程序中，则是顺序语句；若出现在结构体中，则是并行语句。

在信号赋值中，有一点需要注意，在同一进程中，可以允许同一信号有多个赋值源，即在同一个进程中存在多个同名信号被赋值，其结果是只有最后一个赋值语句被启动，并进行赋值操作，其前面相同的赋值目标不作任何变化。

2. 数组元素赋值

数组元素赋值如以下示例：

```
SIGNAL a, b: STD LOGIC VECTOR(1 TO 4);
a <= "1101";
a(1 TO 2) <= "10"
a(1 TO 2) <= b(2 TO 3);
```

5.3.2　流程控制语句

流程控制语句通过条件控制开关决定是否执行、重复执行或跳过一条或几条语句。流程控制语句共有五种：IF 语句、CASE 语句、LOOP 语句、NEXT 语句、EXIT 语句。

1. IF 语句

IF 语句是一种条件语句，它根据语句中所设置的一种或多种条件，有选择地执行指定的顺序语句。IF 语句的语句结构有以下三种：

第一种 IF 语句结构：

```
IF   条件句  Then
  顺序语句
END IF
```

第二种 IF 语句结构：

```
IF   条件句  Then
  顺序语句
  ELSE
  顺序语句
END IF
```

第三种 IF 语句结构：

```
IF   条件句  Then
  顺序语句
  ELSIF   条件句  Then
  顺序语句
  ...
  ELSE
  顺序语句
END IF;
```

IF 语句中至少应有一个条件句，条件句必须由 BOOLEAN 表达式构成。IF 语句根据条件句产生的判断结果 TRUE 或 FALSE，有条件地选择执行其后的顺序语句。第一种条件语句的执行情况是，当执行到此句时，首先检测关键词 IF 后的条件表达式的布尔值是否为真(TRUE)，如果条件为真，于是(THEN)将顺序执行条件句中列出的各条语句，直到“END IF”，即完成全部 IF 语句的执行。如果条件检测为伪(FALSE)，则跳过以下的顺序语句不予执行，直接结束 IF 语句的执行。这是一种最简化的 IF 语句表达形式。

例 5.6　IF 语句程序示例：

```
LIBRARY IEEE;
USE IEEE.STD_LOGIC_1164.ALL;
ENTITY control_stmts IS
PORT(a, b, c:IN BOOLEAN;
     y:OUT BOOLEAN);
END control_stmts;
ARCHITECTURE example OF control_stmts IS
BEGIN
     PROCESS(a, b, c)
          VARIABLE n:BOOLEAN;
     BEGIN
          IF a THEN n := b;
```

```
            ELSE
            n := c;
          END IF;
      y <= n;
    END PROCESS;
  END example;
```

2. CASE 语句

CASE 语句根据满足的条件直接选择多项顺序语句中的一项执行。CASE 语句的结构如下：

```
CASE 表达式 IS
When 选择值 => 顺序语句;
When 选择值 => 顺序语句;
END CASE;
```

当执行到 CASE 语句时，首先计算表达式的值，然后根据条件句中与之相同的选择值执行对应的顺序语句，最后结束 CASE 语句，表达式可以是一个整数类型或枚举类型的值，也可以是由这些数据类型的值构成的数组(请注意，条件句中的“=>”不是操作符，它只相当于“THEN”的作用)。

多条件选择值的一般表达式为：

选择值 [|选择值]

选择值可以有四种不同的表达方式：

- 单个普通数值，如 4。
- 数值选择范围，如(2 TO 4)，表示取值为 2、3 或 4。
- 并列数值，如 3 | 5，表示取值为 3 或者 5。
- 混合方式，即以上三种方式的混合。

使用 CASE 语句需注意以下几点：

(1) 条件句中的选择值必在表达式的取值范围内。

(2) 除非所有条件句中的选择值能完整覆盖 CASE 语句中表达式的取值，否则最末一个条件句中的选择必须用“OTHERS”表示，它代表已给的所有条件句中未能列出的其他可能的取值。关键词“OTHERS”只能出现一次，且只能作为最后一种条件取值。使用“OTHERS”的目的是为了使条件句中的所有选择值能涵盖表达式的所有取值，以免综合器会插入不必要的锁存器。这一点对于定义为 STD_LOGIC 和 STD_LOGIC_VECTOR 数据类型的值尤为重要，因为这些数据对象的取值除了“1”和“0”以外，还可能有其他的取值，如高阻态“Z”、不定态“X”等。

(3) CASE 语句中每一条件句的选择值只能出现一次，不能有相同选择值的条件语句出现。

(4) CASE 语句执行中必须选中，且只能选中所列条件语句中的一条。这表明 CASE 语句中至少要包含一个条件语句。

例 5.7 CASE 语句描述的 4 选 1 多路选择器，代码如下：

```
LIBRARY IEEE;
USE IEEE.STD_LOGIC_1164.ALL;
ENTITY mux41 IS
PORT(s1, s2:IN STD_LOGIC;
      a, b, c, d:IN STD_LOGIC;
      z:OUT STD_LOGIC);
END mux41;
ARCHITECTURE example OF mux41 IS
SIGNAL s:STD_LOGIC_VECTOR(1 DOWNTO 0);
BEGIN
   s <= s1&s2;
   PROCESS(s1, s2, a, b, c, d)
   BEGIN
      CASE s IS
      WHEN "00" => z <= a;
      WHEN "01" => z <= b;
      WHEN "10" => z <= c;
      WHEN "11" => z <= d;
      WHEN OTHERS => z <= 'X';
      END CASE;
   END PROCESS;
END example;
```

与 IF 语句相比，CASE 语句组的程序可读性比较好，这是因为它把条件中所有可能出现的情况全部列出来了，可执行条件一目了然。而且 CASE 语句的执行过程不像 IF 语句那样有一个逐项条件顺序比较的过程。CASE 语句中条件句的次序是不重要的，它的执行过程更接近于并行方式。一般地，综合后，对相同的逻辑功能，CASE 语句比 IF 语句的描述需耗用更多的硬件资源，不但如此，对于有的逻辑，CASE 语句无法描述，只能用 IF 语句来描述。这是因为“IF-THEN-ELSLF”语句具有条件相与的功能和自动将逻辑值“—”包括进去的功能(逻辑值“—”有利于逻辑的化简)，而 CASE 语句只有条件相或的功能。

3. LOOP 语句

LOOP 语句就是循环语句，它可以使所包含的一组顺序语句被循环执行，其执行次数可由设定的循环参数决定。LOOP 语句的表达方式有如下三种：

(1) 单个 LOOP 语句，其语法格式如下：

```
[ LOOP 标号： ] LOOP
  顺序语句
END LOOP [ LOOP 标号 ];
```

这种循环方式是一种最简单的语句形式，它的循环方式需引入其他控制语句(如 EXIT 语句)后才能确定；“LOOP 标号”可任选。例如：

```
   ⋮
L2 : LOOP
    a := a+1;
EXIT L2 WHEN a >10;                 --当 a 大于 10 时跳出循环
END LOOP L2;
   ⋮
```

此程序的循环方式由 EXIT 语句确定，方式是，a > 10 时结束循环，执行 a := a+1。

(2) FOR_LOOP 语句，其语法格式如下：

```
[LOOP 标号： ] FOR 循环变量, IN 循环次数范围 LOOP
               顺序语句
               END LOOP [LOOP 标号];
```

FOR 后的循环变量是一个临时变量，属 LOOP 语句的局部变量，不必事先定义。这个变量只能作为赋值源，不能被赋值，它由 LOOP 语句自动定义。使用时应当注意，在 LOOP 语句范围内不要再使用其他与此循环变量同名的标识符。

循环次数范围规定 LOOP 语句中的顺序语句被执行的次数。循环变量从循环次数范围的初值开始，每执行完一次顺序语句后递增 1，直至达到循环次数范围指定的最大值。

例 5.8　八位奇偶校验逻辑电路。设计代码如下：

```
LIBRARY IEEE;
USE IEEE.STD_LOGIC_1164.ALL;
ENTITY p_check IS
PORT(a:IN STD_LOGIC_VECTOR(7 DOWNTO 0);
          y:OUT STD_LOGIC);
END p_check;
ARCHITECTURE example OF p_check IS
BEGIN
PROCESS(a)
    VARIABLE temp:STD_LOGIC;
        BEGIN
            temp := '0';
            FOR n IN 7 DOWNTO 0 LOOP
                temp := temp XOR a(n);
            END LOOP;
            y <= temp;
  END PROCESS;
END example;
```

(3) WHILE_LOOP 语句，其语法格式如下：

```
[标号 ] WHILE  循环控制条件 LOOP
           顺序语句
           END LOOP [标号]
```

与 FOR_LOOP 语句不同的是，WHILE_LOOP 语句并没有给出循环次数范围，没有自动递增循环变量的功能，而是只给出了循环执行顺序语句的条件。这里的循环控制条件可以是任何布尔表达式，如 a = 0 或 a > b。当条件为 TRUE 时，继续循环；当条件为 FALSE 时，跳出循环，执行“END LOOP”后的语句。

例 5.9　LOOP 语句程序示例：

```
ENTITY while_stmt IS
        PORT (a: IN BIT_VECTOR (0 TO 3);
              out1 : OUT BIT_VECTOR (0 TO 3));
        END while_stmt;
ARCHITECTURE example OF while_stmt IS
BEGIN
  PROCESS (a)
    VARIABLE b: BIT;
    VARIABLE i: INTEGER;
  BEGIN
      i := 0;
    WHILE i < 4 LOOP
      b := a(3-i) AND b;
      out1 (i) <= b;
    END LOOP;
  END PROCESS;
END example;
```

4. NEXT 语句

NEXT 语句主要用在 LOOP 语句执行中进行有条件的或无条件的转向控制。它的语句格式有以下三种：

```
NEXT;                                   --第一种语句格式
NEXT LOOP 标号;                         --第二种语句格式
NEXT LOOP 标号 WHEN 条件表达式;         --第三种语句格式
```

对于第一种语句格式，当 LOOP 内的顺序语句执行到 NEXT 语句时，即刻无条件终止当前的循环，跳回到本次循环 LOOP 语句处，开始下一次循环。

对于第二种语句格式，即在 NEXT 旁加“LOOP 标号”后的语句功能，与未加 LOOP 标号的功能是基本相同的，只是当有多重 LOOP 语句嵌套时，前者可以转跳到指定标号的 LOOP 语句处，重新开始执行循环操作。

第三种语句格式中，分句“WHEN 条件表达式”是执行 NEXT 语句的条件，如果条件表达式的值为 TRUE，则执行 NEXT 语句，进入转跳操作，否则继续向下执行。但当只有单层 LOOP 循环语句时，关键词 NEXT 与 WHEN 之间的“LOOP 标号”可以省去。

5. EXIT 语句

EXIT 语句与 NEXT 语句具有十分相似的语句格式和转跳功能，它们都是 LOOP 语句的内部循环控制语句。EXIT 的语句格式也有三种：

```
EXIT;                                    --第一种语句格式
EXIT LOOP 标号;                          --第二种语句格式
EXIT LOOP 标号 WHEN 条件表达式;          --第三种语句格式
```

这里，每一种语句格式与NEXT语句的格式和操作功能非常相似，唯一的区别是NEXT语句转跳的方向是LOOP标号指定LOOP语句处，当无LOOP标号时，转跳到当前LOOP语句的循环起始点，而EXIT 语句的转跳方向是LOOP标号指定的LOOP循环语句的结束处，即完全跳出指定的循环，并开始执行此循环外的语句。这就是说，NEXT语句是跳向LOOP语句的起始点，而EXIT语句则是跳向LOOP语句的终点。只要清晰地把握这一点就不会混淆这两种语句的用法。

5.3.3 WAIT 语句

在进程中(包括过程中)，当执行到 WAIT 等待语句时，运行程序将被挂起 (Suspension)，直到满足此语句设置的结束挂起条件后，才重新开始执行进程或过程中的程序。对于不同的结束挂起条件的设置，WAIT 语句有以下四种不同的语句格式。

```
WAIT;                                    --第一种语句格式
WAIT ON 信号表;                          --第二种语句格式
WAIT UNTIL 条件表达式;                   --第三种语句格式
WAIT FOR 时间表达式;                     --第四种语句格式，超时等待语句
```

第一种语句格式中，未设置停止挂起条件的表达式，表示永远挂起。

第二种语句格式称为敏感信号等待语句，在信号表中列出的信号是等待语句的敏感信号，当处于等待状态时，敏感信号的任何变化将结束挂起，再次启动进程。

第三种语句格式称为条件等待语句，相对于第二种语句格式，条件等待语句格式中又多了一种重新启动进程的条件，即被此语句挂起的进程需顺序满足如下两个条件，进程才能脱离挂起状态。

(1) 在条件表达式中所含的信号发生了改变；

(2) 此信号改变后满足 WAIT 语句所设的条件。

这两个条件不但缺一不可，而且必须依照以上顺序来完成。

第四种等待语句格式称为超时等待语句，在此语句中定义了一个时间段，从执行到当前的 WAIT 语句开始，在此时间段内，进程处于挂起状态，当超过这一时间段后，进程自动恢复执行。由于此语句不可综合，在此不拟深入讨论。

5.3.4 子程序调用语句

在进程中允许对子程序进行调用。对子程序的调用语句是顺序语句的一部分。子程序包括过程和函数，可以在 VHDL 的结构体或程序包中的任何位置对子程序进行调用。

从硬件角度讲，一个子程序的调用类似于一个元件模块的例化，也就是说，VHDL 综合器为子程序(函数和过程) 的每一次调用都生成一个电路逻辑块，所不同的是，元件的例化将产生一个新的设计层次，而子程序调用只对应于当前层次的一个部分。

如前所述，子程序的结构像程序包一样，有子程序的说明部分(子程序首)和实际定义部分(子程序体)。子程序分成子程序首和子程序体的好处是，在一个大系统的开发过程中，子程序的界面，即子程序首是在公共程序包中定义的。这样一来，一部分开发者可以开发子程序体，另一部分开发者可以使用对应的公共子程序，即可以对程序包中的子程序作修改，而不会影响对程序包说明部分的使用(当然不是指同时)。这是因为，对子程序体的修改，并不会改变子程序首的各种界面参数和出入口方式的定义，子程序体的修改也不会改变调用子程序的源程序的结构。

1. 过程调用

过程调用就是执行一个给定了名字和参数的过程。调用过程的语句格式如下：

```
过程名[([形参名 => ]实参表达式
     {   [形参名 => ]实参表达式}) ]
```

括号中的实参表达式称为实参，它可以是一个具体的数值，也可以是一个标识符，是当前调用程序中过程形参的接受体。在此调用格式中，形参名即为当前欲调用的过程中已说明的参数名，即与实参表达式相联系的形参名。被调用中的形参名与调用语句中的实参表达式的对应关系有位置关联法和名字关联法两种，位置关联法可以省去形参名。

一个过程的调用将分别完成以下三个步骤：

(1) 首先将 IN 和 INOUT 模式的实参值赋给欲调用的过程中与它们对应的形参；

(2) 然后执行这个过程；

(3) 最后将过程中 IN 和 INOUT 模式的形参值赋还给对应的实参。

实际上，一个过程对应的硬件结构中，其标识形参的输入输出是与其内部逻辑相连的。

例 5.10　过程调用示例程序。代码如下：

```
PACKAGE data_types IS                                          --定义程序包
SUBTYPE data_element IS INTEGER RANGE 0 TO 3                   --定义数据类型
TYPE data_array IS ARRAY (1 TO 3) OF data_element;
END data_types
USE WORK.data_types.ALL;     --打开以上建立在当前工作库的程序包 data_types
ENTITY sort IS
    PORT ( in_array : IN    data_array;
           out_array : OUT data_array);
END sort;
  ARCHITECTURE exmp OF sort IS
  BEGIN
  PROCESS (in_array)              --进程开始，设 data_types 为敏感信号
  PROCEDURE swap(data : INOUT data_array;    --swap 的形参名为 data   low   high
                                  low, high :   IN INTEGER ) IS
  VARIABLE            temp :  data_element;
  BEGIN                           --开始描述本过程的逻辑功能
      IF (data(low) > data(high)) THEN                 --检测数据
```

```
                    temp := data(low);
                 data(low) := data(high);
                 data(high) := temp;
              END IF
           END swap;                              --过程 swap 定义结束
     VARIABLE my_array : data_array;              --在本进程中定义变量 my_array
     BEGIN                                        --进程开始
     my_array := in_array;                        --将输入值读入变量
     swap(my_array, 1, 2);
                               --my_array，1、2 是对应于 data  low  high 的实参
     swap(my_array, 2, 3);     --位置关联法调用，第 2、第 3 元素交换
     swap(my_array, 1, 2);     --位置关联法调用，第 1、第 2 元素再次交换
       out_array <= my_array;
   END Process;
 END exmp;
```

2. 函数调用

函数调用与过程调用是十分相似的，不同之处是，调用函数将返还一个指定数据类型的值，函数的参量只能是输入值。

5.3.5 返回语句(RETURN)

返回语句有两种语句格式：

```
RETURN;                          --第一种语句格式
RETURN  表达式                   --第二种语句格式
```

第一种语句格式只能用于过程，它只是结束过程，并不返回任何值；第二种语句格式只能用于函数，并且必须返回一个值。返回语句只能用于子程序体中。执行返回语句将结束子程序的执行，无条件地转跳至子程序的结束处(END)。用于函数的语句中的表达式提供函数返回值。每一函数必须至少包含一个返回语句，并可以拥有多个返回语句，但是在调用函数时，只有其中一个返回语句可以将值带出。

下面的例 5.11 是一个过程定义程序，它将完成一个 RS 触发器的功能。注意其中的时间延迟语句和 REPORT 语句是不可综合的。

例 5.11 过程定义示例程序。代码如下：

```
PROCEDURE rs (SIGNAL s ,  r :  IN  STD_LOGIC;
              SIGNAL q , nq : INOUT STD_LOGIC) IS
  BEGIN
  IF ( s = '1' AND r = '1') THEN
    REPORT "Forbidden state : s and r are equal to '1'";
    RETURN;
    ELSE
```

```
        q <= s AND nq AFTER 5 ns;
        nq <= s AND   q AFTER 5 ns;
      END IF;
    END PROCEDURE rs;
```

当信号 s 和 r 同时为 1 时，在 IF 语句中的 RETURN 语句将中断过程。

5.3.6　空操作语句(NULL)

空操作语句(NULL)不完成任何操作，它唯一的功能就是使逻辑运行流程跨入下一步语句的执行。NULL 常用于 CASE 语句中，为满足所有可能的条件，利用 NULL 来表示所余的不用条件下的操作行为。空操作语句的语句格式如下：

```
NULL
```

下面例 5.12 的 CASE 语句中 NULL 用于排除一些不用的条件。

例 5.12　空操作语句示例。程序如下：

```
CASE Opcode IS
  WHEN "001" => tmp := rega AND regb;
  WHEN "101" => tmp := rega OR regb;
  WHEN "110" => tmp := NOT rega;
  WHEN OTHERS => NULL;
END CASE;
```

此例类似于一个 CPU 内部的指令译码器功能，“001”，“101”和“110”分别代表指令操作码，对于它们所对应的在寄存器中的操作数的操作算法，CPU 只对这三种指令码作反应，当出现其他码时，不作任何操作。

需要指出的是，与其他的 EDA 工具不同，MAXPLUSⅡ对 NULL 语句的执行会出现擅自加入锁存器的情况，对此应避免使用 NULL 语句，改用确定操作，如可改为：“WHEN OTHERS => tmp := rega; ”。

5.4　VHDL 并行语句

并行语句结构是最具硬件描述语言特色的。在 VHDL 中，并行语句有多种语句格式，各种并行语句在结构体中的执行是同步进行的，或者说是并行运行的，其执行方式与书写的顺序无关。在执行中，并行语句之间可以有信息往来，也可以是互为独立、互不相关、异步运行的(如多时钟情况)。每一并行语句内部的语句运行方式可以有两种不同的形式，即并行执行方式(如块语句)和顺序执行方式(如进程语句)。显然，VHDL 并行语句勾画出了一幅充分表达硬件电路真实运行情况的运行图景。例如，在一个电路系统中，有一个加法器和一个可预置计数器，加法器中的逻辑是并行运行的，而计数器中的逻辑是顺序运行的，它们之间可以独立工作，互不相关。也可以将加法器运行的结果作为计数器的预置值，进行相关工作，或者用引入的控制信号，使它们同步工作等。

结构体中的并行语句主要有七种：并行信号赋值语句(Concurrent Signal Assignment

Statements)、进程语句(Process Statements)、块语句(Block Statements)、条件信号赋值语句(Selected Signal Assignment Statements)、元件例化语句(Component Instantiation Statements)(其中包括类属配置语句(Generic Configuration Statements))、生成语句(Generate Statements)、并行过程调用语句(Concurrent Procedure Call Statements)。

并行语句在结构体中的使用格式如下：

```
ARCHITECTURE  结构体名 OF  实体名 IS
说明语句
BEGIN
    并行语句
    END ARCHITECTURE  结构体名
```

并行语句与顺序语句并不是相互对立的，它们往往相互包含，互为依存，是一个矛盾的统一体。严格地说，VHDL 中不存在纯粹的并行行为和顺序行为的语言。例如，相对于其他的并行语句，进程属于并行语句，而进程内部运行的都是顺序语句，一个单纯的并行赋值语句从表面上看是一条完整的并行语句，但实质上却是一条进程语句的缩影，它完全可以用一个相同功能的进程来替代。所不同的是，进程中必须列出所有的敏感信号，而单纯的并行赋值语句的敏感信号是隐性列出的，而且即使是进程内部的顺序语句，也并非如人们想象的那样，每一条语句的运行都如同软件指令那样按时钟节拍来逐条运行。

5.4.1　进程语句

在前面已对进程语句及其应用作了比较详尽的说明，在此仅从其整体上来考虑进程语句的功能行为。

必须明确认识，进程语句是 VHDL 程序中使用最频繁和最能体现 VHDL 语言特点的一种语句，其原因大概是由于它的并行和顺序行为的双重性，以及其行为描述风格的特殊性。在前面已多次提到，进程语句虽然是由顺序语句组成的，但其本身却是并行语句。进程语句与结构体中的其余部分进行信息交流是靠信号完成的。进程语句中有一个敏感信号表，这是进程赖以启动的敏感表，表中列出的任何信号的改变，都将启动进程，执行进程内相应顺序的语句。事实上，对于某些 VHDL 综合器(许多综合器并非如此)，综合后，对应进程的硬件系统对进程中的所有输入的信号都是敏感的，不论在源程序的进程中是否把所有的信号都列入敏感表中，这是实际与理论的差异性。为了使 VHDL 的软件仿真与综合后的硬件仿真对应起来，以及适应一般的综合器，应当将进程中的所有输入信号都列入敏感表中。

不难发现，在对应的硬件系统中，一个进程和一个并行赋值语句确实有十分相似的对应关系。并行赋值语句就相当于一个将所有输入信号隐性地列入结构体监测范围的(即敏感表的)进程语句。

综合后的进程语句所对应的硬件逻辑模块，其工作方式可以是组合逻辑方式的，也可以是时序逻辑方式的。例如在一个进程中，一般的 IF 语句，若不放时钟检测语句，综合出的多为组合逻辑电路(一定条件下)，若出现 WAIT 语句，在一定条件下，综合器将引入时序元件，如触发器。

下面的例 5.13 有一个产生组合电路的进程，它描述了一个十进制加法器，对于每 4 位输入 in1(3 DOWNTO 0)，此进程对其作加 1 操作，并将结果由 out1(3 DOWNTO 0)输出。由于是加 1 组合电路，故无记忆功能。

例 5.13　进程语句示例。程序代码如下：

```
LIBRARY IEEE;
USE IEEE.STD_LOGIC_1164.ALL;
USE IEEE.STD_LOGIC_UNSIGNED.ALL;
ENTITY cnt10 IS
    PORT        clr: IN STD_LOGIC;
                in1:   IN STD_LOGIC_VECTOR(3 DOWNTO 0);
                out1: OUT STD_LOGIC_VECTOR(3 DOWNTO 0) );
END cnt10
ARCHITECTURE actv OF cnt10 IS
BEGIN
    PROCESS   in1    clr
    BEGIN
        IF (clr = '1' OR in1 = "1001") THEN
        out1 <= "0000";             --有清零信号或计数已达 9，out1 输出 0
        ELSE                        --否则作加 1 操作
        out1 <= in1 + 1;            --注意：使用了重载算符 +
        END IF
    END PROCESS;
END actv;
```

5.4.2　块语句

块语句的并行工作方式更为明显，块语句本身是并行语句结构，而且它的内部也都是由并行语句构成的(包括进程)。与其他的并行语句相比，块语句本身并没有独特的功能，它只是一种并行语句的组合方式，利用它可以将程序编排得更加清晰、更有层次。因此，一组并行语句是否纳入块语句中，都不会影响原来的电路功能。块语句的用法已在前面讲过，在块的使用中需特别注意的是，块中定义的所有的数据类型、数据对象、信号、变量、常量、子程序等都是局部的；对于多层嵌套的块结构，这些局部定义量只适用于当前块，以及嵌套于本层块的所有层次的内部块，而对此块的外部来说是不可见的。这就是说，在多层嵌套的块结构中，内层块的所有定义值对其外层块都是不可见的。而对其内层块都是可见的，因此，如果在内层的块结构中定义了一个与外层块同名的数据对象，那么内层的数据对象将与外层的同名数据对象互不干扰。

5.4.3　并行信号赋值语句

并行信号赋值语句有三种形式：简单信号赋值语句、条件信号赋值语句、选择信号赋值语句。这三种信号赋值语句的共同点是，赋值目标必须都是信号，所有赋值语句与其他并行语句一样，在结构体内的执行是同时发生的，与它们的书写顺序和是否在块语句中没有关系。前面已经提到，每一信号赋值语句都相当于一条缩写的进程语句，而这条语句的所有输入(或读入)信号都被隐性地列入此缩写进程的敏感信号表中。这意味着，在每一条并行信号赋值语句中所有的输入、读出和双向信号量都在所在结构体的严密监测中，任何信号的变化都将启动相关并行语句的赋值操作，而这种启动完全是独立于其他语句的，它们都可以直接出现在结构体中。

1. 简单信号赋值语句

并行简单信号赋值语句是 VHDL 并行语句结构的最基本的单元，它的语句格式如下：

```
赋值目标 = 表达式
```

式中赋值目标的数据对象必须是信号，它的数据类型必须与赋值符号右边表达式的数据类型一致。例 5.14 所示结构体中的 5 条信号赋值语句的执行是并行发生的。

例 5.14　并行信号赋值示例。语句代码如下：

```
ARCHITECTURE curt OF bc1 IS
SIGNAL s1 : STD_LOGIC;
BEGIN
    output1 <= a AND b;
    output2 <= c + d;
B1 : BLOCK
    SIGNAL e, f, g, h : STD_LOGIC;
    BEGIN
    g <= e OR f;
    h <= e XOR f;
    END BLOCK B1
    s1 <= g;
END ARCHITECTURE curt
```

2. 条件信号赋值语句

作为另一种并行赋值语句，条件信号赋值语句的表达方式如下：

```
赋值目标 <= 表达式 WHEN 赋值条件 ELSE
            表达式 WHEN 赋值条件 ELSE
            ...
            表达式;
```

在结构体中的条件信号赋值语句的功能与在进程中的 IF 语句相同，在执行条件信号语句时，每一赋值条件是按书写的先后关系逐项测定的，一旦发现赋值条件 = TRUE，立即将表达式的值赋给赋值目标变量。从这个意义上讲，条件赋值语句与 IF 语句具有十分相似的顺序性(注意，条件赋值语句中的 ELSE 不可省)，这意味着，条件信号赋值语句将第一个满足关键词 WHEN 后的赋值条件所对应的表达式中的值，赋给赋值目标信号的赋值条件的数据类型是布尔量，当它为真时表示满足赋值条件，最后一项表达式可以不跟条件子句，用于表示以上各条件都不满足时，则将此表达式赋予赋值目标信号。由此可知，条件信号语句允许有重叠现象，这与 CASE 语句具有很大的不同，读者应注意辨别。

3. 选择信号赋值语句

选择信号赋值语句的语句格式如下：

```
WITH 选择表达式 SELECT
赋值目标信号 <= 表达式 WHEN 选择值
               表达式 WHEN 选择值
               ...
               表达式 WHEN 选择值
```

选择信号赋值语句本身不能在进程中应用，但其功能却与进程中的 CASE 语句的功能相似。CASE 语句的执行依赖于进程中敏感信号的改变而启动进程，而且要求 CASE 语句中各子句的条件不能有重叠，必须包容所有的条件。

选择信号语句中也有敏感量，即关键词 WITH 旁的选择表达式，每当选择表达式的值发生变化时，就将启动此语句对各子句的选择值进行测试对比，当发现有满足条件的子句时 就将此子句表达式中的值赋给赋值目标信号。与 CASE 语句相类似，选择赋值语句对子句条件选择值的测试具有同期性 不像以上的条件信号赋值语句那样是按照子句的书写顺序从上至下逐条测试的。因此，选择赋值语句不允许有条件重叠的现象，也不允许存在条件涵盖不全的情况。

5.4.4 并行过程调用语句

并行过程调用语句可以作为一个并行语句直接出现在结构体中，或块语句中，并行过程调用语句的功能等效于包含了同一个过程调用语句的进程。并行过程调用语句的语句调用格式与前面讲的顺序过程调用语句是相同的，即其调用格式为

过程名　关联参量名

下面的例 5.15 是个说明性的例子，在这个例子中，首先定义了一个完成半加器功能的过程，此后在一条并行语句中调用了这个过程，而在接下去的一条进程中也调用了同一过程。事实上，这两条语句是并行语句，且完成的功能是一样的。

例 5.15　并行过程调用语句示例。语句代码如下：

```
...
PROCEDURE adder (SIGNAL a, b :IN STD_LOGIC;            --过程名为 adder
                 SIGNAL sum : OUT STD_LOGIC );
...
adder (a1   b1   sum1);                                --并行过程调用
...                           --在此 a1、b1、sum1 即为分别对应于 a、b、sum 的关联参量名
PROCESS ( c1   c2);           --进程语句执行
BEGIN
Adder (c1   c2   s1);         --顺序过程调用，在此 c1   c2   s1 即为分别对
END PROCESS;                  --应于 a、b、sum 的关联参量名
```

并行过程的调用，常用于获得被调用过程的多个并行工作的复制电路。例如，要同时检测出一系列有不同位宽的位矢信号，每一位矢信号中的位只能有一个位是 1，而其余的位都是 0，否则报告出错。完成这一功能的一种办法是先设计一个具有这种对位矢信号检测功能的过程，然后对不同位宽的信号并行调用这一过程。

5.4.5 元件例化语句

元件例化就是引入一种连接关系，将预先设计好的设计实体定义为一个元件，然后利用特定的语句将此元件与当前的设计实体中的指定端口相连接，从而为当前设计实体引入一个新的低一级的设计层次。在这里，当前设计实体相当于一个较大的电路系统，所定义的例化元件相当于一个要插在这个电路系统板上的芯片，而当前设计实体中指定的端口则相当于这块电路板上准备接受此芯片的一个插座。元件例化是使 VHDL 设计实体构成自上而下层次化设计的一种重要途径。

在一个结构体中调用子程序，包括并行过程的调用，非常类似于元件例化，因为通过调用，为当前系统增加了一个类似于元件的功能模块。但这种调用是在同一层次内进行的，并没有因此而增加新的电路层次，这类似于在原电路系统增加了一个电容或一个电阻。

元件例化是可以多层次的，在一个设计实体中被调用安插的元件本身也可以是一个低层次的当前设计实体，因而可以调用其他的元件，以便构成更低层次的电路模块。因此元件例化就意味着在当前结构体内定义了一个新的设计层次，这个设计层次的总称叫元件，但它可以以不同的形式出现。如上所说，这个元件可以是已设计好的一个 VHDL 设计实体，可以是来自 FPGA 元件库中的元件，它们可能是以别的硬件描述语言(如 Verilog 语言)设计的实体；元件还可以是软的 IP 核，或者是 FPGA 中的嵌入式硬 IP 核。

元件例化语句由两部分组成，前一部分是对一个现成的设计实体定义为一个元件，第二部分则是此元件与当前设计实体中的连接说明，它们的语句格式如下：

```
COMPONENT 元件名 IS
GENERIC     类属表                          --元件定义语句
PORT      端口名表
END COMPONENT 文件名
例化名 元件名 PORT MAP                       --元件例化语句
[端口名 =>] 连接端口名 ...
```

以上两部分语句在元件例化中都是必须存在的，第一部分语句是元件定义语句，相当于对一个现成的设计实体进行封装，使其只留出对外的接口界面。就像一个集成芯片只留几个引脚在外一样，它的类属表可列出端口的数据类型和参数，端口名表可列出对外通信的各端口名。元件例化的第二部分语句即为元件例化语句，其中的例化名是必须存在的，它类似于标在当前系统(电路板)中的一个插座名，而元件名则是准备在此插座上插入的、已定义好的元件名。PORT MAP 是端口映射的意思，其中的端口名是在元件定义语句中的端口名表中已定义好的元件端口的名字，连接端口名则是当前系统与准备接入的元件对应端口相连的通信端口的名字，相当于插座上各插针的引脚名。

元件例化语句中所定义的元件的端口名与当前系统的连接端口名的接口表达有两种

方式：一种是名字关联方式。在这种关联方式下，例化元件的端口名和关联(连接)符号"=>"两者都是必须存在的。这时，端口名与连接端口名的对应式，在 PORT MAP 句中的位置可以是任意的。另一种是位置关联方式。若使用这种方式，端口名和关联连接符号都可省去，在 PORTMAP 子句中，只要列出当前系统中的连接端口名就行了，但要求连接端口名的排列方式与所需例化的元件端口定义中的端口名一一对应。

例 5.16　2 输入与非门元件例化示例。语句代码如下：

```
LIBRARY IEEE;
USE IEEE .STD_LOGIC_1164.ALL;
ENTITY nd2 IS
PORT ( a, b: IN STD_LOGIC; c : OUT STD_LOGIC );
END nd2;
ARCHITECTURE nd2behv OF nd2 IS
BEGIN
y <= a NAND b;
END nd2behv;
```

5.4.6　类属映射语句

类属映射语句可用于设计从外部端口改变内部参数或结构规模的元件，或称类属元件，这些元件在例化中特别方便，在改变电路结构或元件升级方面显得尤为便捷。其语句格式如下：

```
GENERIC map  (类属表);
```

类属映射语句与端口映射语句 PORT MAP( )语句具有相似的功能和使用方法，它描述相应元件类属参数间的衔接和传送方式，它的类属参数衔接(连接)方法同样有名字关联方式和位置关联方式。

5.4.7　生成语句

生成语句可以简化为有规则设计结构的逻辑描述。生成语句有一种复制作用，在设计中，只要根据某些条件，设定好某一元件或设计单元电路，就可以利用生成语句复制一组完全相同的并行元件或设计单元电路结构。生成语句的语句格式有如下两种形式：

形式一：

```
[标号] FOR  循环变量  IN  取值范围  GENERATE
                说明
                BEGIN
                并行语句
                    END GENERATE [标号]
```

形式二：

```
[标号] IF  条件 GENERATE
                说明
```

```
        Begin
        并行语句
            END GENERATE [标号];
```

这两种语句格式都是由如下四部分组成的：

(1) 生成方式：有 FOR 语句结构或 IF 语句结构，用于规定并行语句的复制方式。

(2) 说明部分：包括对元件数据类型、子程序、数据对象作一些局部说明。

(3) 并行语句：生成语句结构中的并行语句是用来拷贝的基本单元，主要包括元件、进程语句、块语句、并行过程调用语句、并行信号赋值语句，甚至生成语句，这表示生成语句允许存在嵌套结构，因而可用于生成元件的多维阵列结构。

(4) 标号：生成语句中的标号并不是必需的，但如果在嵌套式生成语句结构中就是十分重要的了。

FOR 语句结构主要用来描述设计中一些有规律的单元结构，其生成参数及其取值范围的含义和运行方式与 LOOP 语句十分相似，但需注意，从软件运行的角度上看 FOR 语句格式中生成参数(循环变量)的递增方式具有顺序的性质，但从最后生成的设计结构却是完全并行的，这就是为什么必须用并行语句来作为生成设计单元的缘故。

生成参数(循环变量)是自动产生的，它是一个局部变量，根据取值范围自动递增或递减。取值范围的语句格式与 LOOP 语句是相同的，有两种形式：

```
    表达式  TO       表达式              --递增方式，如 1 TO 5
    表达式 DOWNTO 表达式                 --递减方式，如 5 DOWNTO 1
```

其中的表达式必须是整数。

5.5　VHDL 描述风格

从前面的叙述可以看出，VHDL 的结构体具体描述整个设计实体的逻辑功能，对于所希望的电路功能行为，可以在结构体中用不同的语句类型和描述方式来表达，对于相同的逻辑行为，可以有不同的语句表达方式。在 VHDL 结构体中，这种不同的描述方式，或者说建模方法，通常可归纳为行为描述、RTL 描述和结构描述。其中，RTL(寄存器传输语言)描述方式也称为数据流描述方式。VHDL 可以通过这三种描述方法或称描述风格，从不同的侧面描述结构体的行为方式。

在实际应用中，为了能兼顾整个设计的功能、资源、性能几方面的因素，通常混合使用这三种描述方式。

5.5.1　行为描述

如果 VHDL 的结构体只描述了所希望电路的功能或者说电路行为，而没有直接指明或涉及实现这些行为的硬件结构，包括硬件特性、连线方式、逻辑行为方式，则称为行为风格的描述或行为描述。行为描述只表示输入与输出间转换的行为，它不包含任何结构信息。行为描述主要指顺序语句描述，即通常是指含有进程的非结构化的逻辑描述。行为描述的设计模型定义了系统的行为，这种描述方式通常由一个或多个进程构成，每一个进程又包含了一系列顺序语句。这里所谓的硬件结构，是指具体硬件电路的连接结构、逻辑门的组成结构、元件或其他各种功能单元的层次结构等。

例 5.17　对有异步复位功能的 8 位二进制加法计数器的 VHDL 描述示例。代码如下：

```
LIBRARY IEEE;
USE IEEE.STD_LOGIC_1164.ALL;
USE IEEE.STD_LOGIC_UNSIGNED.ALL;
ENTITY cunter_up IS
    PORT(
            reset, clock : IN    STD_LOGIC;
                counter : OUT STD_LOGIC_VECTOR (7 DOWNTO 0)
            );
END;
ARCHITECTURE behv of cunter_up IS
    SIGNAL cnt_ff: UNSIGNED (7 DOWNTO 0);
BEGIN
    PROCESS (clock, reset, cnt_ff)
    BEGIN
        IF reset = '1' THEN
        cnt_ff <= X"00";
        ELSIF (clock = '1' AND clock'EVENT) THEN
        cnt_ff <= cnt_ff + 1;
        END IF;
    END PROCESS;
        counter <= STD_LOGIC_VECTOR (cnt_ff);
END ARCHITECTURE behv;
```

例 5.17 中，不存在任何与硬件选择相关的语句，也不存在任何有关硬件内部连线方面的语句。整个程序中，从表面上看不出是否引入寄存器方面的信息，或是使用组合逻辑还是时序逻辑方面的信息，整个程序只是对所设计的电路系统的行为功能作了描述，不涉及任何具体器件方面的内容，这就是所谓的行为描述方式，或行为描述风格。程序中，最典型的行为描述语句就是：

```
ELSIF (clock = '1' AND clock'EVENT) THEN
```

该语句对加法器计数时钟信号的触发要求作了明确而详细的描述，对时钟信号特定的行为方式所能产生的信息后果作了准确的定位。这充分展现了 VHDL 语言最为闪光之处。VHDL 的大系统描述能力正是基于这种强大的行为描述方式。

由此可见，VHDL 的行为描述功能确实具有很独特之处和很大的优越性。在应用 VHDL 进行系统设计时。行为描述方式是最重要的逻辑描述方式。行为描述方式是 VHDL 编程的核心，可以说，没有行为描述就没有 VHDL。正因为这样，有人把 VHDL 称为行为描述语言。因此，只有 VHDL 作为硬件电路的行为描述语言，才能满足自顶向下设计流程的要求，从而成为电子线路系统级仿真和设计的最佳选择。

将 VHDL 的行为描述语句转换成可综合的门级描述是 VHDL 综合器的任务，这是一项十分复杂的工作。不同的 VHDL 综合器，其综合和优化效率是不尽一致的。优秀的 VHDL 综合器对 VHDL 设计的数字系统产品的工作性能和性价比都会有良好的影响。所以，对于产品开发或科研，对应的 VHDL 综合器应作适当的选择。Cadence、Synplicity、Synopsys 和 Viewlogic 等著名 EDA 公司的 VHDL 综合器都具有上佳的表现。

5.5.2 数据流描述

数据流描述风格也称 RTL 描述方式。RTL 是寄存器传输语言的简称。RTL 级描述是以规定设计中的各种寄存器形式为特征，然后在寄存器之间插入组合逻辑。这类寄存器或者显式地通过元件具体装配，或者通过推论作隐含的描述。一般地，VHDL 的 RTL 描述方式类似于布尔方程，可以描述时序电路，也可以描述组合电路，它既含有逻辑单元的结构信息，又隐含表示某种行为，数据流描述主要是指非结构化的并行语句描述。

数据流的描述风格是建立在用并行信号赋值语句描述基础上的，当语句中任一输入信号的值发生改变时，赋值语句就被激活，随着这种语句对电路行为的描述，大量的有关这种结构的信息也从这种逻辑描述中“流出”，这种认为数据是从一个设计中流出，即以从输入到输出流出的观点为基础进行数据流描述的风格称为数据流风格。数据流描述方式能比较直观地表达底层逻辑行为。例 5.18 是这种描述方式的一个示例。

例 5.18 数据流描述示例。程序代码如下：

```
ENTITY   74LS18   IS
PORT(
        I0_A, I0_B, I1_A, I1_B, I2_A : IN STD_LOGIC;
                  I2_B I3_A I3_B : IN STD_LOGIC;
                             O_A : OUT STD_LOGIC;
                             O_B : OUT STD_LOGIC
      );
END   74LS18;
ARCHITECTURE model OF 74LS18 IS
BEGIN
O_A <= NOT ( I0_A AND I1_A AND I2_A AND I3_A ) AFTER 55 ns;
O_B <= NOT ( I0_B AND I1_B AND I2_B AND I3_B ) AFTER 55 ns;
END model;
```

5.5.3 结构描述

VHDL 结构型描述风格是基于元件例化语句或生成语句的，利用这种语句可以用不同类型的结构来完成多层次的工程，即使用从简单的门到非常复杂的元件(包括各种已完成的设计实体子模块)来描述整个系统。元件间的连接是通过定义的端口界面来实现的，其风格最接近实际的硬件结构，即设计中的元件是互连的。

结构描述就是表示元件之间的互连，这种描述允许互连元件的层次式安置，像网表本身的构建一样。结构描述建模步骤如下：

(1) 元件说明：描述局部接口。

(2) 元件例化：相对于其他元件放置元件。

(3) 元件配置：指定元件所用的设计实体，即对一个给定实体，如果有多个可用的结构体，则由配置决定模拟中所用的一个结构。

元件的定义或使用声明以及元件例化是用 VHDL 实现层次化、模块化设计的手段，与传统原理图设计输入方式相仿。在综合时，VHDL 综合器会根据相应的元件声明搜索与元件同名的实体，将此实体合并到生成的门级网表中。例 5.19 是以上述结构描述方式完成的一个结构体的示例。

例 5.19　元件结构描述示例。程序代码如下：

```
ARCHITECTURE STRUCTURE OF COUNTER3 IS
  COMPONENT DFF
    PORT(CLK, DATA: IN BIT; Q: OUT BIT);
  END COMPONENT;
  COMPONENT AND2
    PORT(I1, I2: IN BIT; O: OUT BIT);
  END COMPONENT;
  COMPONENT OR2
    PORT(I1, I2: IN BIT; O: OUT BIT);
    END COMPONENT;
    COMPONENT NAND2
      PORT(I1, I2: IN BIT; O: OUT BIT);
    END COMPONENT;
    COMPONENT XNOR2
      PORT(I1, I2: IN BIT; O: OUT BIT);
    END COMPONENT;
    COMPONENT INV
      PORT(I: IN BIT;            O: OUT BIT);
    END COMPONENT;
    SIGNAL N1, N2, N3, N4, N5, N6, N7, N8, N9: BIT;
  BEGIN
    u1: DFF PORT MAP(CLK, N1, N2);
    u2: DFF PORT MAP(CLK, N5, N3);
    u3: DFF PORT MAP(CLK, N9, N4);
    u4: INV PORT MAP(N2, N1);
    u5: OR2 PORT MAP(N3, N1, N6);
    u6: NAND2 PORT MAP(N1, N3, N7);
    u7: NAND2 PORT MAP(N6, N7, N5);
    u8: XNOR2 PORT MAP(N8, N4, N9);
```

```
    u9: NAND2 PORT MAP(N2, N3, N8);
    COUNT(0) <= N2;     COUNT(1) <= N3;     COUNT(2) <= N4;
END STRUCTURE;
```

利用结构描述方式，可以采用结构化、模块化设计思想，将一个大的设计划分为许多小的模块，逐一设计调试完成，然后利用结构描述方法将它们组装起来，形成更为复杂的设计。

显然，在三种描述风格中，行为描述的抽象程度最高，最能体现 VHDL 描述高层次结构和系统的能力。正是 VHDL 语言的行为描述能力使自顶向下的设计方式成为可能。认为 VHDL 综合器不支持行为描述方式是一种比较早期的认识，因为那时 EDA 工具的综合能力和综合规模都十分有限。由于 EDA 技术应用的不断深入，超大规模可编程逻辑器件的不断推出和 VHDL 系统级设计功能的提高，有力地促进了 EDA 工具的完善。事实上，当今流行的 EDA 综合器，除本书中提到的一些语句不支持外，均可支持任何方式描述风格的 VHDL 语言结构。至于综合器不支持或忽略的那些语句，其原因也并非在综合器本身，而是硬件电路中目前尚无与之对应的结构。

5.6　仿　真

仿真也称模拟(Simulation)，是对电路设计的一种间接的检测方法。对电路设计的逻辑行为和运行功能进行模拟测试，通过仿真可以获得许多对原设计进行排错、改进的信息。对于利用 VHDL 设计的大型系统，进行可靠、快速、全面的仿真测试尤为重要。

对于纯硬件的电路系统，如纯模拟或数字电路系统，并无所谓仿真的问题，设计者对于它们只能进行直接的硬件系统测试。如果发现有问题，特别是当问题比较大或根本无法运行时，就只能全部推翻，从头开始设计。对于具有微处理器的系统，如单片机系统，可以在一定程度上进行仿真测试。如果希望得到可靠的仿真结果，通常必须利用单片机仿真器进行硬件仿真，以便了解软件程序对外围接口的操作情况。这类仿真耗时长，成本高，而且获得的仿真信息不全面。因为单片机仿真主要是对软件程序的检测和排错，对于硬件系统中的问题则难以有所作为，并且这种方法只适用于小系统的设计调试。

利用 VHDL 完成的系统设计的电路规模往往达到数万、数十万乃至数百万个等效逻辑门构成的规模。显然，必须利用先进的仿真工具才能快速、有效地完成所必需的测试工作。

如前所述，基于 EDA 工具和 FPGA 的关于 VHDL 设计的仿真形式有多种形式，如 VHDL 行为仿真，或称 VHDL 仿真，是进行系统级仿真的有效武器。它既可以在早期对系统的设计可行性进行评估和测试，也可以在短时间内以极低的代价对多种方案进行测试比较、系统模拟和方案论证，以获得最佳系统设计方案；而时序仿真则可获得与实际目标器件电气性能最为接近的设计模拟结果。

但由于针对具体器件的逻辑分割和布局布线的适配过程耗时过大，不适合对大系统进行仿真；此外，硬件仿真在 VHDL 设计中也有其重要地位，因为，毕竟最后的设计必须落实在硬件电路上。硬件仿真的工具除必须依赖 EDA 软件外，还有赖于良好的开发模型系统和规模比较大的 SRAM 型 FPGA 器件。

一项较大规模的 VHDL 系统设计的最后完成必须经历多层次的仿真测试过程，其中将包括针对系统的 VHDL 行为仿真、分模块的时序仿真和硬件仿真，直至最后系统级的硬件仿真。

5.6.1　VHDL 仿真

VHDL 源程序可以直接用于仿真，许多 EDA 工具还能将各种不同表述方法(包括图形表述，或 VHDL 表述)的设计文件在综合后输出为以 VHDL 表述的可用于时序仿真的文件，这是 VHDL 的重要特性。完成 VHDL 仿真功能的软件工具称为 VHDL 仿真器。

VHDL 仿真器有不同的实现方法，概括起来大致可归为以下两种方式。

1. 解释型仿真方式

程序经过编译之后，在基本保持原有描述风格的基础上生成仿真数据。解释型仿真方式是指在仿真时，对这些数据进行分析、解释和执行。这种方式基本保持描述中原有的信息，便于做成交互式的、有 DEBUG 功能的模拟系统，这对用户检查、调试和修改其源程序描述提供了最大的便利。ModelSim 及 Active-VHDL 均采用这种方式，它们都可以以断点、单步等方式调试 VHDL 程序。

2. 编译型模拟方式

编译型模拟方式是将源程序结构描述展开成纯行为模型，并编译成目标语言的程序设计语言(如 C 语言)，然后通过语言编译器编译成机器码形式的可执行文件，最后运行此执行文件实现模拟。这种方式以最终验证一个完整电路系统的全部功能为目的，采用详细的、功能齐全的输入激励波形，用较多的模拟周期进行模拟。

为了实现 VHDL 仿真，首先可用文本编辑器完成 VHDL 源程序的设计，也可以利用相应的工具以图形方式完成设计。近年来出现的图形化 VHDL 设计工具，可以接受逻辑结构图、状态转换图、数据流图、控制流程图及真值表等输入形式，通过配置的翻译器将这些图形格式转换成可用于仿真的 VHDL 文本。Mentor Graphics 的 Renoir、Xilinx 的 Foundation Series 以及其他一些 EDA 公司都含有将状态转换图翻译成 VHDL 文本的设计工具。

由图文编辑器产生的或直接由用户编辑输入的 VHDL 文本可以送入 VHDL 编译器进行编译。VHDL 编译器首先对 VHDL 源文件进行语法及语义检查，然后将其转换为中间数据格式。中间数据格式是 VHDL 源程序描述的一种内部表达形式，能够保存完整的语义信息，以及仿真器调试功能所需的各种附加信息。中间数据结果将送给设计数据库保存。设计者可以在 VHDL 源程序中使用 LIBRARY 语句打开相应的设计库，以便使用 USE 语句来引用库中的程序包。

在工程上 VHDL 仿真类型可分为行为仿真、功能仿真和时序仿真。所谓功能仿真，是在不考虑延时的情况下，利用门级仿真器获得仿真结果，即在未经布线和适配之前，使用 VHDL 源程序综合后的文件进行的仿真；时序仿真则是将 VHDL 设计综合之后，再由 FPGA/CPLD 适配器(完成芯片内自动布线等功能)映射于具体芯片后得到的文件进行仿真；行为仿真是对未经综合的文件进行仿真。目前大规模 PLD 器件供应商提供的大多数适配器都配有一个输出选项功能，可以生成 VHDL 网表文件，用户可用 VHDL 仿真器针对网表文件进行仿真。其方式类似于行为仿真，但所获得的却是时序仿真的结果。

VHDL 网表文件实际上也是 VHDL 程序，不过程序中只使用门级元件进行低级结构描述，门级电路网络完全根据适配器布线的结果生成。因此 VHDL 网表文件中包含了精确的仿真延时信息，仿真的结果将非常接近实际。

一般地，在 VHDL 的设计文件中，利用一些 VHDL 中的行为仿真语句，加上一些控制参数，如人为设定的延时量和一些报告语句，如 REPORT 语句和 ASSERT 语句等，将未经综合的文件通过 VHDL 仿真器的仿真，称为行为仿真。而若将 EDA 工具通过综合与适配后输出的仿真用 VHDL 文件输出，在同样的 VHDL 仿真器中仿真，或者将综合与适配后输出的门级仿真文件(如 MAX+plus Ⅱ 的 SNF 文件)经门级仿真器的仿真，都称为时序仿真。目前 PC 机上流行的 VHDL 仿真器有 Model Technology 公司的 ModelSim 和 Aldec 公司的 Active-VHDL 等。ModelSim 的早期版本称为 V-System/Windows，这些软件都可以在 Windows 上运行。

对于大型设计，采用 VHDL 仿真器对源代码进行仿真可以节省大量时间，因为大型设计的综合、布局、布线要花费计算机很长的时间，不可能针对某个具体器件内部的结构特点和参数在有限的时间内进行许多次的综合、适配和时序仿真。而且大型设计一般都是模块化设计，在设计完成之前即可进行分模块的 VHDL 源代码仿真模拟。VHDL 仿真使得在设计的早期阶段即可以检测到设计中的错误，从而进行修正。

5.6.2 VHDL 系统级仿真

VHDL 设计通常要通过各种软件仿真器进行功能和时序模拟，在设计初期一般也采用行为级模拟。目前，由于大多数 VHDL 仿真器支持标准的接口(如 PLI 接口)，以方便制作通用的仿真模块及支持系统级仿真。所谓仿真模块，是指许多公司为某种器件制作的 VHDL 仿真模型，这些模型一般是经过预编译的(也有提供源代码的)。然后在仿真的时候，将各种器件的仿真模型用 VHDL 程序组装起来，成为一个完整的电路系统。设计者的设计文件成为这个电路系统的一部分。这样，在 VHDL 仿真器中可以得到较为真实的系统级的仿真结果。支持系统仿真已经成为目前 VHDL 应用技术发展的一个重要趋势，当然这里所谈的还只是在单一目标器件中实现的一个完整设计。

对于一个可应用于实际环境的完整的电子系统来说，用于实现 VHDL 设计的目标器件常常只是整个系统的一部分。对芯片进行单独仿真，仅得到针对该芯片的仿真结果。但对于整个较复杂的系统来说，仅对某一目标芯片的仿真往往会有许多实际情况不能考虑进去，如果对整个电路系统都能进行仿真，可以使芯片设计风险减少，可以找出一些整个电路系统一起工作才会出现的问题。

由于 VHDL 是一种描述能力强、描述范围广的语言，完全可以将整个数字系统用 VHDL 来描述，然后进行整体仿真，即使没有使用 VHDL 设计的数字集成电路，同样可以设计出 VHDL 仿真模型。现在有许多公司可提供许多流行器件的 VHDL 模型，如 8051 单片机模型、PIC16C5X 模型、 80386 模型等，利用这些模型可以将整个电路系统组装起来。许多公司提供的某些器件的 VHDL 模型甚至可以进行综合，这些模型有双重用途，既可用来仿真，也可作为实际电路的一部分(即 IP 核)。例如，现有的 PCI 总线模型大多是既可仿真又可综合的。

虽然用于描述模拟电路的 VHDL 语言尚未进入实用阶段，但有些软件仍可以完成具有部分模拟电路的，支持 VHDL 的电路系统级仿真器。PSPICE 是一个典型的系统级电路仿真软件，其新版本扩展了 VHDL 仿真功能。PSPICE 本来就可以进行模拟电路、数字电路混合仿真，因此 PSPICE 扩展了 VHDL 仿真功能之后，理所当然也能进行 VHDL 描述的数字电路和模拟电路的混合仿真，即能够仿真几乎所有的电路系统。

所谓的 VHDL 器件模型，实际上是用 VHDL 语言对某种器件设计的实体，一般情况下这些模型提供给用户的时候，大多是经过预编译的，用户需支付一定的费用才能得到源代码。不过有时通过 Internet 也可寻到 FSF 免费的 VHDL 模型及其源码。

5.7　综　　合

在利用 VHDL 设计过程中，综合(Synthesis)是将软件描述与硬件结构相联系的关键步骤，是文字描述与硬件实现间的一座桥梁，是突破软硬件屏障的有利武器。综合就是将电路的高级语言(如行为描述)转换成低级的、可与 FPGA/CPLD 或构成 ASIC 的门阵列基本结构相映射的网表文件或程序。EDA 的实现在很大程度上依赖于性能良好的综合器。因此 VHDL 程序设计必须完全适应 VHDL 综合器的要求，才能使软件设计牢固根植于可行的硬件实现中。当然，另一方面，也应注意到，并非所有可综合的 VHDL 程序都能在硬件中实现，这涉及到两方面的问题，首先要看此程序将对哪一系列的目标器件进行综合。例如，含有内部三态门描述的 VHDL 程序，原则上是可综合的，但对于特定的目标器件系列却不一定支持，即无法在硬件中实现；其次是资源问题，这是推广使用 VHDL 面临的最尖锐的问题。例如在 VHDL 程序中，直接使用乘法运算符尽管综合器和绝大多数目标器件都是支持的，但即使是一个 16 位乘 16 位的组合逻辑乘法器，在普通规模的 PLD 器件(1 万门左右)中也是难以实现的。因此，实用的 VHDL 程序设计中必须注意硬件资源的占用问题。

5.71　VHDL 综合

由设计要求到设计实现的整个过程，如果是靠人工完成，通常简单地称之为设计；如果是依靠 EDA 工具软件自动生成，则通常称之为综合。综合，就是针对给定电路应实现的功能和实现此电路的约束条件，如速度、功耗、成本及电路类型等，通过计算机的优化处理，获得一个满足上述要求的电路设计方案。这就是说，被综合的文件是 VHDL 程序，综合的依据是逻辑设计的描述和上述各种约束条件，综合的结果则是一个硬件电路的实现方案，该方案必须同时满足预期的功能和约束条件的要求。对于综合来说，满足要求的方案可能有多个，综合器将产生一个最优的或接近最优的结果。因此，综合的过程同时也是设计目标的优化过程。最后获得的结果与综合器的工作性能有关。

5.7.2　优化技术

现代的逻辑综合技术主要是基于寄存器传输级的优化技术。VHDL 的行为描述被综合为寄存器/触发器及它们之间的组合逻辑电路的合理连接。优化技术即包括参与逻辑描述的寄存器/触发器设置的优化和相应的组合逻辑的优化。优化的目标主要有两个，即速度优化和资源优化，前者以提高目标器件的工作速度为优化综合目标，而后者以节省目标器件的逻辑资源利用率为优化综合目标。VHDL 综合结果的优化程度取决于程序本身的描述方式和风格，同时也取决于 VHDL 综合器的一些对于综合取向的控制开关，如速度(Speed)优化开关和资源(Area 或 Density)优化开关。VHDL 综合通常包括编译、转换、调度、分配、控制器综合与结果的生成等几个步骤。VHDL 综合的出发点是逻辑级以上级别的各种行为描述程序，因为 VHDL 具有强大的行为描述能力。VHDL 综合，首先是将逻辑的行为特性描述编译到一种有利于综合的中间表示格式，它的编译与计算机高级程序设计语言的编译十分相似，其中间表示格式通常是包含数据流和控制流的语法分析图或分析树。

5.7.3　调试和分配

VHDL 综合过程中，从行为到结构转换的核心部分是调度和分配。调度的目的在于在满足约束条件的情况下，使给定的目标函数最小；分配是将操作和变量(或值)赋给相应的功能单元和寄存器进行运算和存放，分配的目的在于使所占用的硬件资源最少。硬件资源包括目标器件的功能单元、存储单元和数据传输通路。

一旦完成调度、分配和数据通道的设计，就需要综合一个按调度要求驱动的数据通路控制器。可以由一个控制器来控制整个数据通路，对控制功能进行划分，或由多个控制器控制数据通道。最后，将设计转换到硬件结构的物理实现上，利用逻辑综合工具对逻辑进行优化，然后生成电路网表。

如前所述，VHDL 程序中可以具有高级的、抽象的行为描述语句，也有低级的(门级)描述语句，逻辑综合的作用是将这些描述语句全部转换成低级的门级描述，在此是指生成经过各种优化目标的门级网表。逻辑综合是实现设计自动化的核心步骤。通俗的说法是，逻辑综合的主要任务是将设计者的逻辑功能描述导出为满足要求的逻辑电路。

5.7.4　综合器

与 VHDL 程序比较，对于计算机来说，原理图的处理要简单得多，虽然原理图输入可以将设计分成各种模块及多个层次，但通过简单的转换就可以直接生成门级网表。也就是说，原理图描述已经是门级描述或者接近门级的描述，VHDL 描述则必须经过逻辑综合，由综合器自动生成一种门级电路实现方案，而在原理图输入方式中，门级实现方案是由设计者完成的。

简单地说，综合是将 VHDL 描述转换为可用于对目标器件映射适配的门级网表文件，而完成这一过程的 EDA 软件工具称为综合器。

在综合的过程中，综合器通常还要对设计进行优化，高级的综合器可以根据容量、速度等许多约束条件进行优化。VHDL 综合器将根据设定的系列目标器件的特点对综合的 VHDL 程序进行面向目标器件的优化，从而生成利于映射于具体目标芯片的元件模块。

现在许多面向 FPGA/CPLD 的 EDA 工具中，如 MAX+plusⅡ，同时含有 HDL 综合器和用于最终实现的适配器，这时，逻辑的优化是重叠发生的，即 HDL 综合器对硬件描述语言的优化和含有布线与配置功能的适配器中的优化是相互影响、相互制约的。一般地，综合器将更多地面对基于特定硬件实现目标的、语言结构本身的优化，如资源共享、逻辑化简、状态编码、非法状态处理、速度/资源优化等；适配器则主要负责将方案以最优的方式纳入指定的器件中。目前的综合工具都可以设置一些优化选项，以满足不同的需要。

由于 VHDL 是高级设计语言，它的电路描述与具体器件和综合器都无关，不同公司的综合器也不完全兼容，而且，针对不同的目标器件系列，综合后的结果有所不同。因而同一个 VHDL 程序经由不同的综合器综合后生成的电路，其逻辑功能虽然在总体上是相同的，但电路结构却不尽相同。

一段符合语法规范的 VHDL 程序是否能被综合，或者说，哪些 VHDL 语句可综合，哪些不可综合，并没有固定的答案。由于 VHDL 最初的诞生并非是用来作硬件电路设计的，而是作为一种电路模型的描述标准和电路行为仿真的语言格式，因此在 VHDL 中含有大量的用于行为仿真的语句。当 VHDL 用于设计时，其中只有部分语句是可以被综合的，这部分语句称为可综合子集。尽管这个可综合子集已被 IEEE 标准化了，但由于历史的延续和面对不同的硬件实现背景，不同的 EDA 软件或 VHDL 综合工具对这个子集都有自己的解释，即不可能相互间实现全兼容。因此，设计者应根据实际情况来设计自己的 VHDL 程序，了解手头的 EDA 工具的"可综合子集"的范围。

在工程中，支持 FPGA/CPLD 的 VHDL 设计工具综合后最终生成的就是 EDIF 网表文件。EDIF(电子数据交换格式的简称)是一种网表文件格式标准，由一些 EDA 厂商及 PLD 厂商制订，是为了解决当前各种 EDA 工具生成的电路网表文件不兼容的问题而设置的。

与普通的高级计算机语言的应用不同，一项成功的 VHDL 设计，必须兼顾多方面的问题，仅能通过编译和行为仿真是远远不够的，因为还必须考虑这项设计能否被综合器所接受。如果是可综合的，还必须通过仿真了解其逻辑功能是否满足原设计要求，对于逻辑适配，还要了解能否找到在实时时序特性和资源/成本方面都能适合于此项设计的目标器件。最后，还要进行硬件仿真，以便测试该项设计的实际工作情况。

如果是基于目标器件 CPLD 和 FPGA 进行的 VHDL 设计，设计者熟悉目标器件的内部结构，那么能自觉地使设计适应综合的需要是十分重要的。完成一种功能通常有多种电路设计方案、算法，而通常只有一种方案最适合于目标器件的内部结构，因此，可以根据目标器件特定的结构来优化电路设计中的算法，这也是一种优化途径。

此外，设计者应了解所使用的 EDA 软件的综合能力，程序设计中能够大致预知每一条语句所产生的电路结果，这样便可以能动地控制电路的硬件结构和资源规模。

第 6 章　程序设计实例

在掌握了 EDA 技术的基础知识和基本操作后，学习 EDA 技术最有效的方法就是进行基于 EDA 技术的应用电路设计。本章首先设计了一些基本组合逻辑电路和时序逻辑电路，然后逐渐深入，详细阐述了分频器、序列信号发生及检测器、CRC 校验码、FIR 滤波器等应用实例，力图将 EDA 技术与通信信号处理有机结合起来，为读者以后的工程应用打下坚实的基础。

6.1　Verilog 程序实例

6.1.1　常见组合逻辑电路的设计

1. 编码器

在日常生活中常用十进制数、文字和符号等表示各种事物，如可以用 4 位二进制数表示十进制数的 8421BCD 码，用 7 位二进制代码表示常用符号的 ASCII 码。数字电路只能以二进制信号工作，因此需要将十进制数、文字和符号等用一个二进制代码来表示。用文字数字或符号代表特定对象的过程叫编码。电路中的编码就是在一系列事物中将其中的每一个事物用一组二进制代码来表示，编码器就是实现这种功能的电路。编码器的逻辑功能就是把输入的 2^N 个信号转化为 N 位输出。常用的编码器根据工作特点分为普通编码器和优先编码器两种。

普通编码器在任何时刻只允许所有输入中有一个输入为有效，否则将会出现输出混乱的情况，而优先编码器允许在同一时刻有两个或两个以上的输入信号有效。当多个输入信号同时有效时，只对其中优先权最高的一个进行编码，输入信号的优先级别是由设计者根据需要来确定的。

表 6.1 是常见的 8-3 线优先编码器 CT74148 的真值表。表中 $\overline{ST}$ 是选通控制输入端，当 $\overline{ST}=0$ 时，编码器的输出取决于输入信号，当 $\overline{ST}=1$ 时，所有输出均被封锁为 1；Y_s 为选通输出端，当 $\overline{ST}=0$、$Y_s=0$ 时，表示编码电路工作，但所有的输入信号均为无效状态；$\overline{Y_{EX}}$ 是扩展端，当 $\overline{ST}=0$、$\overline{Y_{EX}}=0$ 时，表示编码电路工作，有编码信号输入。Y_s 和 $\overline{Y_{EX}}$ 常用于编码器的扩展连接；8 个编码输入信号中 $\overline{I_7}$ 的优先权最高，$\overline{I_0}$ 的优先权最低。

表 6.1　8-3 线优先编码器真值表

输入									输出				
$\overline{ST}$	$\overline{I_7}$	$\overline{I_6}$	$\overline{I_5}$	$\overline{I_4}$	$\overline{I_3}$	$\overline{I_2}$	$\overline{I_1}$	$\overline{I_0}$	$\overline{Y_2}$	$\overline{Y_1}$	$\overline{Y_0}$	$\overline{Y_{EX}}$	Y_s
1	×	×	×	×	×	×	×	×	1	1	1	1	1
0	1	1	1	1	1	1	1	1	1	1	1	1	0
0	0	×	×	×	×	×	×	×	0	0	0	0	1
0	1	0	×	×	×	×	×	×	0	0	1	0	1
0	1	1	0	×	×	×	×	×	0	1	0	0	1
0	1	1	1	0	×	×	×	×	0	1	1	0	1
0	1	1	1	1	0	×	×	×	1	0	0	0	1
0	1	1	1	1	1	0	×	×	1	0	1	0	1
0	1	1	1	1	1	1	0	×	1	1	0	0	1
0	1	1	1	1	1	1	1	0	1	1	1	0	1

例 6.1　设计一个具有基本功能的 8-3 线优先编码器。代码如下：

```
module encoder8_3(a, the_out, the_input);
output a;                              // a 为高电平时表示无输入信号
output[2:0] the_out;
input[7:0] the_input;
reg[3:0] the_out;
reg a;
always @(the_input)
    begin
        if(the_input[7])            {a, the_out} = 4'b0111;
        else if(the_input[6])       {a, the_out} = 4'b0110;
        else if(the_input[5])       {a, the_out} = 4'b0101;
        else if(the_input[4])       {a, the_out} = 4'b0100;
        else if(the_input[3])       {a, the_out} = 4'b0011;
        else if(the_input[2])       {a, the_out} = 4'b0010;
        else if(the_input[1])       {a, the_out} = 4'b0001;
        else if(the_input[0])       {a, the_out} = 4'b0000;
        else                        {a, the_out} = 4'b1000;
    end
endmodule
```

在 begin-end 块内，程序顺序执行，首先判断输入信号的最高位是否为高电平，如是高电平，则对该位编码，如果不是才对下一位进行判断、编码，直至输入信号的最低位，如果输入信号中没有任何位为高电平，则表示当前无输入信号，输出端 a 输出高电平，指示当前无输入信号。

例 6.2　用 Verilog 语言设计实现 CT74148 优先编码器。

```
//调用 CT74148 编码器的顶层模块
module ct74148(st, in, y, yex, ys);
input st;
input[7:0] in;
output [2:0] y;
output yex, ys;
encoder_74148 u1(.st_n(st), .in_n(in),.y_n(y),.yex_n(yex),.ys_p(ys));
endmodule
// CT74148 编码器模块
module encoder_74148(st_n, in_n, y_n, yex_n, ys_p);
input st_n;
input [7:0]in_n;
output reg[2:0] y_n;
output reg yex_n, ys_p;
always@(st_n, in_n)
if(!st_n)
    begin
    yex_n = 0;
    ys_p = 1;
    if(in_n[7] == 0)
        y_n = 3'h0;
    else if(in_n[6] == 0)
        y_n = 3'h1;
    else if(in_n[5] == 0)
        y_n = 3'h2;
    else if(in_n[4] == 0)
        y_n = 3'h3;
    else if(in_n[3] == 0)
        y_n = 3'h4;
    else if(in_n[2] == 0)
        y_n = 3'h5;
    else if(in_n[1] == 0)
        y_n = 3'h6;
    else if(in_n[0] == 0)
        y_n = 3'h7;
    else
      begin
        y_n = 3'h7;
```

```
                yex_n = 1;
                ys_p = 0;
            end
        end
        else
        begin
            y_n = 3'h7;
            yex_n = 1;
            ys_p = 1;
        end
    endmodule
```

图 6.1 是 CT74148 编码器的仿真结果图，从图中可以看出在 0～80 ns 期间 $\overline{ST}$ = 1(在功能仿真图中用 st 表示 $\overline{ST}$)，无论输入为何值，输出 $\overline{Y} = (111)_2 = 7$(在功能仿真图中用 y 表示 $\overline{Y}$)，$\overline{Y_{EX}}$ = 1(在功能仿真图中用 yex 表示 $\overline{Y_{EX}}$)，Y_s = 1(在功能仿真图中用 ys 表示 Y_s)；在 160～170 ns 期间，虽然 $\overline{ST}$ = 0，但是输入全为 1，所以这时 $\overline{Y} = (111)_2 = 7$，$\overline{Y_{EX}}$ = 1，Y_s = 0；在 80～160 ns 期间，编码器有正常编码信号输入，$\overline{Y_{EX}}$ = 0，$\overline{Y_{EX}}$ = 1，其中 80～90 ns 期间 $\overline{I_7}$ ～ $\overline{I_0}$ (在仿真图中用 in[7]～in[0]表示)均为有效的低电平 0，但此时输入信号中 $\overline{I_7}$ 的优先级别最高，所以编码输出 $\overline{Y} = (000)_2 = 0$，其他时间段内与此类似。总之，功能仿真图表明该电路的设计是正确。

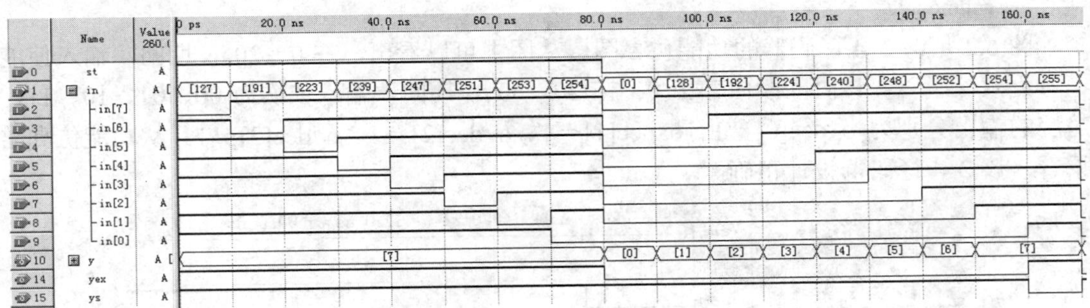

图 6.1　CT74148 优先编码器功能仿真图

2. 译码器

译码器是编码的逆过程，是将编码时赋予代码的特定含义“翻译”成一个对应的状态信号，通常是把输入的 N 个二进制信号转换为 2^N 个代表原意的状态信号。译码器就是实现译码功能的电路。常见的有二进制译码器、二—十进制译码器和显示译码器等。

1) 二进制译码器

二进制译码器的逻辑功能是把输入的二进制代码表示的所有状态翻译成对应的输出信号。若输入的是 3 位二进制代码，则 3 位二进制代码可以表示 8 种状态，因此就有 8 个输出端，每个输出端分别表示一种输出状态。因此又把 3 位二进制译码器称为 3-8 线译码器，与此类似的还有 2-4 译码器，4-16 译码器等。

下面首先看一个最简单的 2-4 译码器。

例 6.3　用 Verilog 语言设计实现 2-4 译码器。代码如下：

```
module binary_decoder_2_4
(
    input               i_en,
    input         [1:0] i_dec,
    output reg [3:0] o_dec
);
always @ (i_en or i_dec)
    if (i_en)
        case (i_dec)
            2'b00: o_dec = 4'b0001;
            2'b01: o_dec = 4'b0010;
            2'b10: o_dec = 4'b0100;
            2'b11: o_dec = 4'b1000;
            default:
                o_dec = 4'bxxxx;
        endcase
    else
        o_dec = 4'b0000;    //使能信号 en 无效时所有输出信号无效
endmodule
```

图 6.2 是该 2-4 译码器的功能仿真图。从图中可以看出，在 0～20 ns 期间，输入使能信号无效，所以，该时间段内输出 0；在 20～60 ns 期间，输入依次为 00、01、10、11，对应的输出分别为 o_dec[0] = 1、o_dec[1] = 1、o_dec[2] = 1、o_dec[3] = 1。从功能仿真结果看，该 2-4 译码器设计正确。

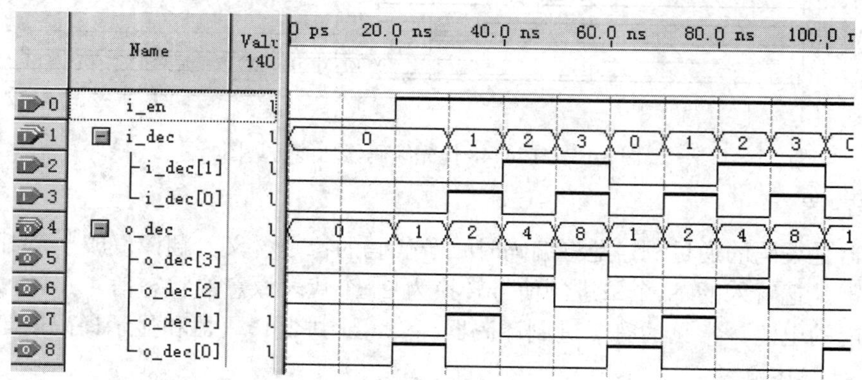

图 6.2　2-4 译码器的功能仿真图

CT74138 是 3-8 线译码器，它有 3 条译码地址输入线 A_2、A_1、A_0，3 个控制输入端(选通输入端) $\overline{ST_A}$ 、$\overline{ST_B}$ 和 $\overline{ST_C}$ ，8 条译码输出线 $\overline{Y_7} \sim \overline{Y_0}$ ，其功能如下：

① A_2、A_1、A_0 是 3 位二进制代码输入(3 位地址)，$\overline{Y_7} \sim \overline{Y_0}$ 是译码器输出，输出低电平有效。

② $\overline{ST_A}$、$\overline{ST_B}$ 和 $\overline{ST_C}$ 是选通输入端 $\overline{ST_A}=0$，当或($\overline{ST_B}+\overline{ST_C}$)=1 时，译码器输出 $\overline{Y_7}$ ～ $\overline{Y_0}$ 全部为 1；只有当 $\overline{ST_A}=1$ 且($\overline{ST_B}+\overline{ST_C}$)=0 时，才允许译码。

③ 在正常输入、译码的情况下，输出与输入的关系如功能表 6.2 所示。

表 6.2　CT74138 是 3-8 线译码器功能表

控制信号输入		译 码 输 入			译　码　输　出							
$\overline{ST_A}$	$\overline{ST_B}+\overline{ST_C}$	A_2	A_1	A_0	$\overline{Y_7}$	$\overline{Y_6}$	$\overline{Y_5}$	$\overline{Y_4}$	$\overline{Y_3}$	$\overline{Y_2}$	$\overline{Y_1}$	$\overline{Y_0}$
×	1	×	×	×	1	1	1	1	1	1	1	1
0	×	×	×	×	1	1	1	1	1	1	1	1
1	0	0	0	0	1	1	1	1	1	1	1	0
1	0	0	0	1	1	1	1	1	1	1	0	1
1	0	0	1	0	1	1	1	1	1	0	1	1
1	0	0	1	1	1	1	1	1	0	1	1	1
1	0	1	0	0	1	1	1	0	1	1	1	1
1	0	1	0	1	1	1	0	1	1	1	1	1
1	0	1	1	0	1	0	1	1	1	1	1	1
1	0	1	1	1	0	1	1	1	1	1	1	1

例 6.4　用 Verilog 语言设计实现 CT74138 译码器。

```
//CT74138 译码器顶层模块
module decoder_38(STA, STB, STC, A, Y);
input STA, STB, STC;
input[2:0]A;
output[7:0]Y;
decoder u1(.SSTA(STA), .SSTB_N(STB),.SSTC_N(STC),.SA(A),.SY_N(Y));
endmodule
//CT74138 译码器基本功能模块
module decoder(SSTA, SSTB_N, SSTC_N, SA, SY_N);
input SSTA, SSTB_N, SSTC_N;
input[2:0]SA;
output[7:0]SY_N;
reg[7:0]m_y;
assign SY_N = m_y;
always@(SSTA, SSTB_N, SSTC_N, SA)
if(SSTA&&!(SSTB_N||SSTC_N))
    case(SA)
    3'b000:m_y = 8'b11111110;
    3'b001:m_y = 8'b11111101;
    3'b010:m_y = 8'b11111011;
    3'b011:m_y = 8'b11110111;
```

```
            3'b100:m_y = 8'b11101111;
            3'b101:m_y = 8'b11011111;
            3'b110:m_y = 8'b10111111;
            3'b111:m_y = 8'b01111111;
            endcase
        else
        m_y = 8'hff;
        endmodule
```

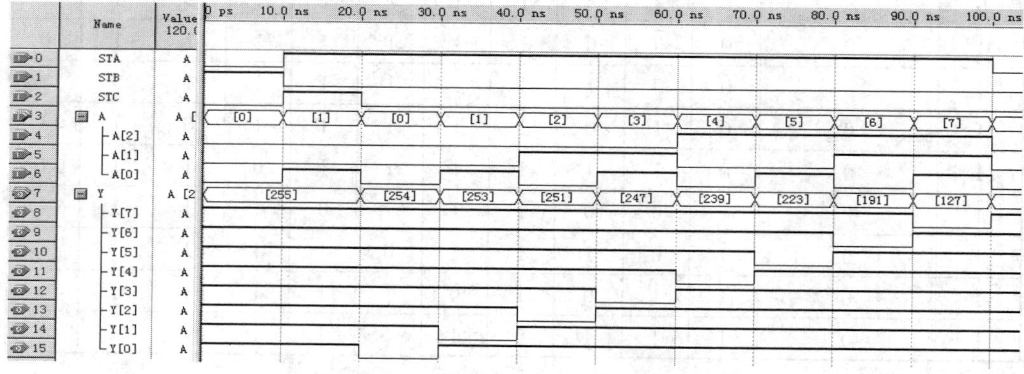

图 6.3　CT74138 译码器功能仿真结果

图 6.3 是 CT74138 译码器功能仿真结果。从功能仿真图中可以看出，在 0～20 ns 期间，由于控制信号 $\overline{ST_B}+\overline{ST_C}=1$(仿真图中分别用 STB、STC 表示 $\overline{ST_B}$、$\overline{ST_C}$)，所以无论 $\overline{ST_A}$ (仿真图中用 STA 表示)为何值，无论输入为何值，各输出均为 1。20～100 ns 期间，$\overline{ST_B}+\overline{ST_C}=0$，$\overline{ST_A}=1$，译码器处于正常译码状态，输出与相应的输入对应。总之，功能仿真图表明该电路的设计是正确。

2) 显示译码器

在数字测量仪表和各种数字系统中，都需要将数字量直观地显示出来，一方面供人们直接阅读，另一方面用于监视数字系统的工作情况，数字显示电路是数字系统不可缺少的部分。最简单常用的是七段数码显示电路，它由多个发光二极管 LED 按分段式封装制成。LED 数码管有共阴极和共阳极两种形式。图 6.4 是共阴极电路连接图和外形图，对于共阴极的数码管，如果要使对应的数码管点亮，应将对应的数码管阳极接高电平。比如：要显示数字“1”，需将 b、c 两段点亮，那么就需要将 b、c 两端接高电平而其余端口接低电平。

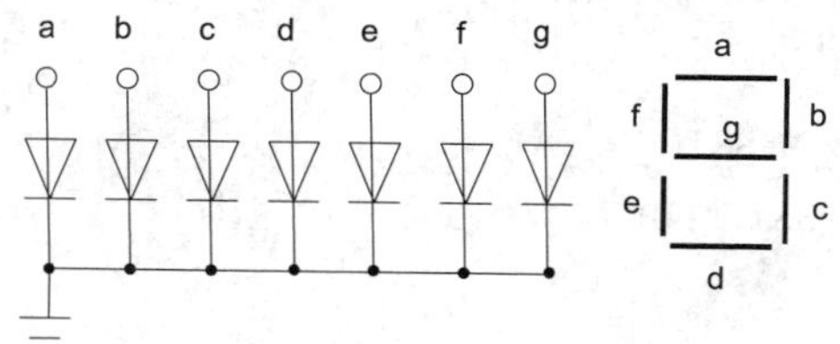

图 6.4　共阴极七段数码显示管

例 6.5　用 Verilog 语言设计一个共阴极七段数码显示管的驱动电路。代码如下：

```
module    led_decoder(binary_out, decimal_in);
```

```
output[6:0]   binary_out;
input[3:0]    decimal_in;
reg[6:0]      binary_out;
always @(decimal_in)
  begin
   case(decimal_in)   //用 case 语句进行译码
     4'd0:binary_out = 7'b1111110;
     4'd1:binary_out = 7'b0110000;
     4'd2:binary_out = 7'b1101101;
     4'd3:binary_out = 7'b1111001;
     4'd4:binary_out = 7'b0110011;
     4'd5:binary_out = 7'b1011011;
     4'd6:binary_out = 7'b1011111;
     4'd7:binary_out = 7'b1110000;
     4'd8:binary_out = 7'b1111111;
     4'd9:binary_out = 7'b1111011;
     default: binary_out = 7'bx;
   endcase
  end
endmodule
```

图 6.5 是该显示译码器驱动电路的功能仿真图，从图中可以看出，当输入为 0 时，输出为 1111110，当输入为 1 时，输出为 0110000，其他类似。总之，从功能仿真图上看，该显示译码器设计正确。

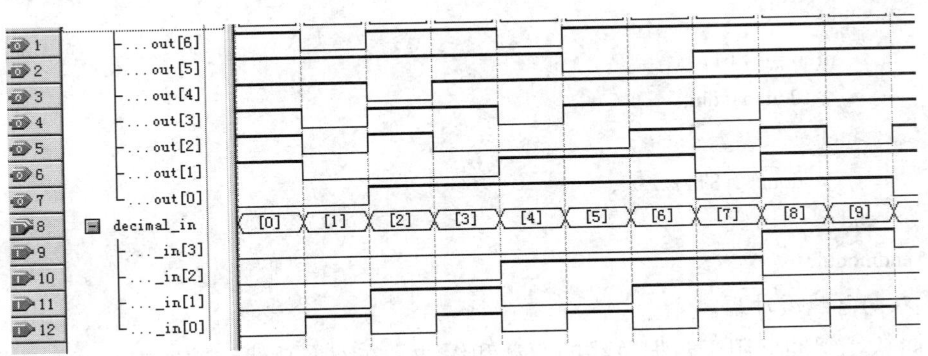

图 6.5　显示译码器驱动电路功能仿真结果

3. 驱动电路

1) 三态门

三态门和总线缓冲器是驱动电路经常用到的器件。

例 6.6　设计一个三态门电路。代码如下：

```
//三态门电路  tristate.v
```

```
module tristate(en, din, dout);
input en, din;
output dout;
reg dout;
always@(en or din)
begin
    if(en == 1'b1)
        dout <= din;
    else
        dout <= 1'bz;
    end
endmodule
```

2) 单向总线驱动器

在微型计算机的总线驱动中经常要用到单向总线缓冲器，它通常由多个三态门组成，用来驱动地址总线和控制总线。下面代码为单向总线驱动器的设计代码。

例 6.7　设计一个单向总线驱动器。代码如下：

```
//单向总线驱动器 thebus.v
module thebus(en, din, dout);
    input en;
    input[7:0]   din;
    output[7:0] dout;
    reg [7:0]    dout;
    always@(en or din)
    begin
        if(en == 1'b1)
            dout <= din;
        else
            dout <= 8'bzzzzzzzz;
    end
endmodule
```

3) 双向总线缓冲器

双向总线缓冲器用于数据总线的驱动和缓冲。在双向总线缓冲器中有两个数据输入/输出端 a 和 b，一个方向控制端 dir 和一个选通端 en。en = 0 时，双向缓冲器选通。若 dir = 0，则 a = b；反之，则 b = a。

例 6.8　设计一个双向缓冲器。代码如下：

```
//双向缓冲器 biodirbus.v
module biodirbus(a, b, en, dir);
inout[7:0]a, b;
```

```
input en, dir;
reg[7:0]sa, sb;
always @(a or en or dir)
begin
    if(en == 1'b0)
        if(dir == 1'b0)
            sb <= a;
    else
            sb <= 8'bzzzzzzzz;
end
assign b = sb;
always @(b or en or dir)
begin
if(en == 1'b0)
    if(dir == 1'b1)
        sa <= b;
    else
        sa <= 8'bzzzzzzzz;
end
assign a = sa;
endmodule
```

4. 奇偶校验电路

数据在计算和传送的过程中，由于电路故障或外部干扰等原因会使数据出现某些位发生翻转的现象。由电路故障产生的错误可以通过更换故障器件加以解决；对于外部干扰产生的错误，由于其不确定性，因此必须采用相应的数据检错或纠错方法。常用的方法是在数据发送端和接收端对数据进行相应的处理。在发送端，发送的信息除了原数据信息外，还要增加若干位的编码，这些新增的编码位称为校验位，有效的数据位和校验位组合成数据校验码；在接收端，根据接收的数据校验码判读数据的正确性。常用的数据校验码有奇偶校验码、汉明校验码和循环冗余校验码等。下面介绍奇偶校验码。

奇(或偶)校验码具有 1 位检错能力，其基本思想是通过在原数据信息后增加 1 位奇校验位(或偶校验位)，使得数据位加校验位后“1”的个数为奇数(或偶数)个。发送端发送奇(或偶)校验码，接收端对收到的奇(偶)校验码中的数据位采用同样的方法产生新的校验位，并将该校验位与收到的校验位进行比较，若一致则判定正确，否则判定数据错误，并请求发送端重发。

例 6.9　用 Verilog HDL 设计一个 4 位二进制奇/偶校验器。

对于 4 位二进制奇/偶校验器，其真值表如表 6.3 所示，由此表容易得到校验位 P 的逻辑表达式为

$$P = D_3 \oplus D_2 \oplus D_1 \oplus D_0$$

表 6.3　4 位奇/偶校验真值表

数　据　位				偶校验位	奇校验位	数　据　位				偶校验位	奇校验位
D_3	D_2	D_1	D_0	P	P_N	D_3	D_2	D_1	D_0	P	P_N
0	0	0	0	0	1	1	0	0	0	1	0
0	0	0	1	1	0	1	0	0	1	0	1
0	0	1	0	1	0	1	0	1	0	0	1
0	0	1	1	0	1	1	0	1	1	1	0
0	1	0	0	1	0	1	1	0	0	0	1
0	1	0	1	0	1	1	1	0	1	1	0
0	1	1	0	0	1	1	1	1	0	1	0
0	1	1	1	1	0	1	1	1	1	0	1

```
// 4 位二进制奇/偶校验器
module odd_even(D, P, ct);        // ct 为功能控制端，当 ct = 1 时为偶校验器，
input [4:1] D;                    //当 ct = 0 时为奇校验器
input ct;
output P;
reg P;
always@(D ,   ct)
begin
    case(ct)
        1'b1:P = ^D;
        1'b0:P = ~(^D);
    default:P = 1'bz;
    endcase
end
endmodule
```

图 6.6 是 4 位二进制奇/偶校验器的功能仿真图。从图中可以看出，在 0～80 ns 期间，ct = 1，意味着此时电路为偶校验器，对应输入分别为 0～7(该处仅做了部分输入仿真)的二进制码，其校验位与表 6-3 所列一致；在 80～160 ns 期间，ct = 0，意味着此时电路为奇校验器，对应输入分别为 8～15(该处仅做了部分输入仿真)的二进制码，其校验位与表 6.3 中所列一致。总之，功能仿真图表明该电路设计正确。

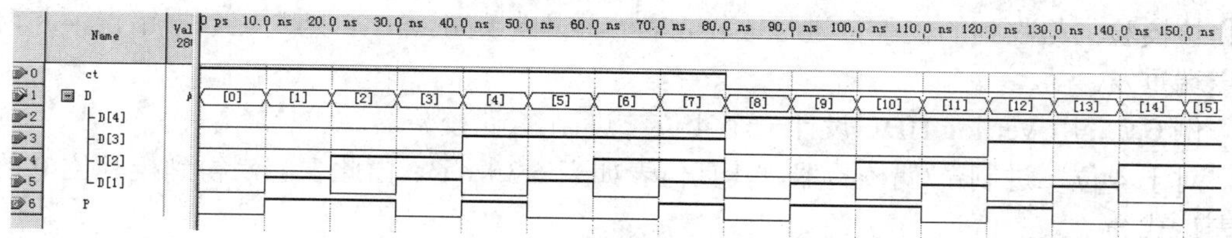

图 6.6　4 位二进制奇/偶校验器的功能仿真图

6.1.2　常见时序逻辑电路的设计

前面讲过，逻辑电路分为组合逻辑电路和时序逻辑电路。时序逻辑电路的特点是：任何时刻的输出信号不仅取决于当时的输入信号，还与电路的历史状态有关。因此，时序逻辑电路必须具有记忆功能。常见的时序逻辑电路主要包括计数器、移位寄存器、序列信号发生器及存储器等。本节主要介绍如何使用 Verilog 语言设计实现常见时序逻辑电路。

1. 触发器

触发器是最基本的时序电路，它包括基本 R-S 触发器、JK 触发器、D 触发器和 T 触发器。例 6.10 为利用 Verilog 语言设计一个基本 D 触发器。

从“数字电路与逻辑设计”课程中了解到，基本 D 触发器的功能是：每次时钟沿来到的时候，将输入端 D 的当前信号送到输出端。D 触发器的 Verilog 设计代码如下：

```
//基本 D 触发器
module DFF(Q, D, CLK);
output Q;
input D, CLK;
reg Q;
always @(posedge CLK)
      begin
      Q <= D;
      end
endmodule
```

例 6.10　利用 Verilog 语言设计一个带异步清 0、异步置 1 的 D 触发器。

带异步清零、异步置 1 功能的 D 触发器是在基本 D 触发器的基础上改进而得到的，其状态转移真值表如表 6.4 所示。清零信号 reset 和置 1 信号 set 均为低电平有效，当 reset 信号为低电平时，不管其他输入信号为什么，触发器清零；当 reset 为高电平，而 set 为低电平时，触发器置 1；当 reset 和 set 信号均为高电平时，触发器的功能跟基本 D 触发器的功能一致。

```
//带异步清 0、异步置 1 的 D 触发器
module DFF1(q, qn, d, clk, set, reset);
input d, clk, set, reset;
output q, qn;
reg q, qn;
always @(posedge clk or negedge set or negedge reset)
    begin
        if (!reset)   //异步清 0，低电平有效
    begin
        q <= 0;
        qn <= 1;
```

```
            end
        else if (!set)              //异步置 1，低电平有效
    begin
            q <= 1;
            qn <= 0;
            end
        else
    begin
            q <= d;
            qn <= ~d;
            end
        end
    endmodule
```

表 6.4　D 触发器状态转移真值表

reset	set	clk	D	Q^{n+1}	功 能
0	×	×	×	0	清零
1	0	×	×	1	置 1
1	1	↑	0	0	输出 0
1	1	↑	1	1	输出 1

图 6.7 是带异步清 0、异步置 1 的 D 触发器的功能仿真图。从图中可以看出，0～40 ns 期间，reset 信号和 set 信号都为低电平，尽管置位信号 reset 与复位信号 set 都是低电平有效，但是 reset 信号优先，所以该段时间内触发器清零，q = 0，qn = 1；在 40～80 ns 期间，尽管在 70 ns 时刻，输入信号 d 由高电平变为低电平，但是在整个 40～80 ns 期间 reset = 1、set = 0，置位信号有效，触发器置位，q = 1、qn = 0；从 80 ns 开始，reset = 1、set = 1，触发器输出由时钟信号和输入信号决定。在 80 ns 时刻，输出没有发生变化，是因为该时刻没有时钟上升沿到来，在 90 ns 时刻，时钟上升沿到来，输出发生跳变。总之，从功能仿真图来看，该触发器设计正确。

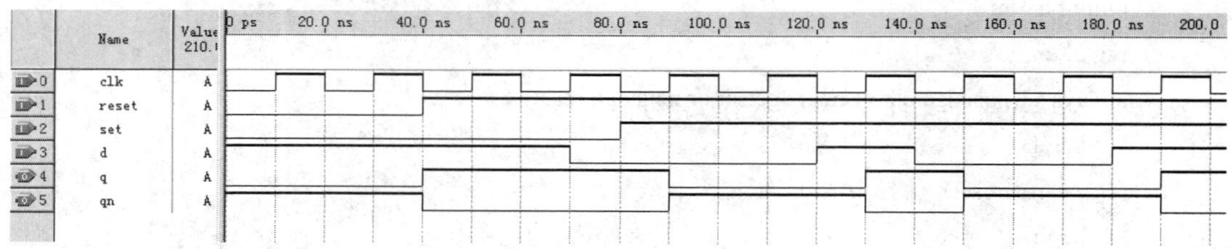

图 6.7　带异步清 0、异步置 1 的 D 触发器的功能仿真

例 6.11　用 Verilog 语言设计一个带异步清 0、异步置 1 的 JK 触发器。

在时序逻辑电路设计中经常使用 JK 触发器。带异步清 0、异步置 1 的 JK 触发器的状态转移真值表如表 6.5 所示。

表 6.5　JK 触发器状态转移真值表

RS	SET	J	K	CLK	Q^{n+1}	功 能
0	×	×	×	×	0	清 零
1	0	×	×	×	1	置 1
1	1	0	0	↓	Q^n	保持
1	1	0	1	↓	0	置 0
1	1	1	0	↓	1	置 1
1	1	1	1	↓	$\overline{Q^n}$	翻转

从 JK 触发器的状态转移真值表容易看出，清零信号 RS 和置 1 信号 SET 均为低电平有效，当 RS 信号为低电平时，不管其他输入信号为什么，触发器清零；当 RS 为高电平，而 SET 为低电平时，触发器置 1；当 RS 和 SET 信号均为高电平时，触发器的功能依据 J、K 信号的不同而不同：当 J = 0、K = 0 时，触发器保持原状态；当 J = 0、K = 1 时，触发器置 0；当 J = 1、K = 0 时，触发器置 1；当 J = 1、K = 1 时，触发器翻转。下面是用 Verilog 语言设计的具有异步清 0、异步置 1 功能的 JK 触发器。

```
//异步清 0、异步置 1 的 JK 触发器
module JK_FF(CLK, J, K, Q, RS, SET);
input CLK, J, K, SET, RS;
output Q;
reg Q;
always @(negedge CLK or negedge RS or negedge SET)
   begin
      if(!RS) Q <= 1'b0;                //异步清零，低电平有效
      else if(!SET) Q <= 1'b1;          //异步置 1，低电平有效
      else case({J, K})
            2'b00 : Q <= Q;
            2'b01 : Q <= 1'b0;
            2'b10 : Q <= 1'b1;
            2'b11 : Q <= ~Q;
            default: Q<= 1'bx;
            endcase
   end
endmodule
```

图 6.8 是带异步清 0、异步置 1 的 JK 触发器的功能仿真结果图。从图上可以看出，在 0～30 ns 期间，RS = 0，触发器清零，所以 Q = 0；在 30～50 ns 期间，RS = 1、SET = 0，触发器置 1；在 50 ns 以后，触发器在时钟信号 CLK 的下降沿到来时刻，根据 J、K 信号

的状态及触发器的现态确定触发器的次态。例如：在 60 ns 时刻，时钟下降沿到来，此时 J = 0、K=1，触发器输出 0；在 80 ns 时刻，J = 1、K = 0，触发器输出 1；在 100 ns 时刻，J = K = 1，触发器翻转；在 120 ns 时刻，J = K = 0，触发器保持原态。总之，从功能仿真图来看，该触发器设计正确。

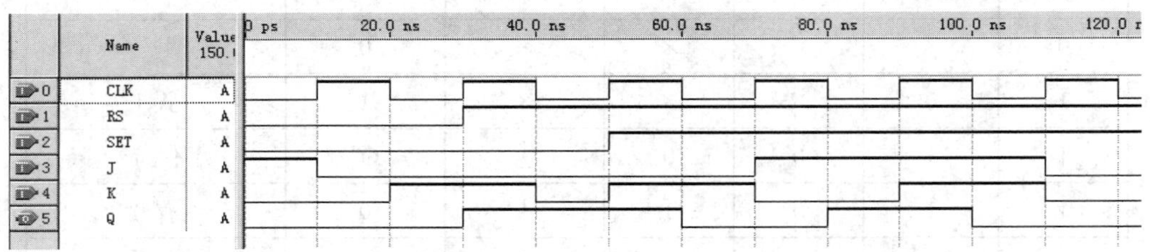

图 6.8 带异步清 0、异步置 1 的 JK 触发器的功能仿真结果

2. 锁存器

寄存(锁存)器是一种重要的数字电路部件，常用来暂时存放指令、参与运算的数据或运算结果等。它是数字测量和数字控制中常用的部件，是计算机的主要部件之一。寄存器的主要组成部分是具有记忆功能的双稳态触发器。一个触发器可以储存 1 位二进制代码，要储存 N 位二进制代码，就要有 N 个触发器。寄存器从功能上说，通常可分为数码寄存器和移位寄存器两种。

1) 普通寄存(锁存)器

寄存器用于寄存一组二值代码，广泛用于各类数字系统。因为一个触发器能储存 1 位二值代码，所以用 N 个触发器组成的寄存器能储存一组 N 位的二值代码。

例 6.12 8 位数据寄存(锁存)器设计举例。代码如下：

```
//8 位数据寄存(锁存)器 reg8.v
module  reg8 (clk, d, q);
input  clk;
input  [7:0] d;
output  [7:0] q;
reg  q;
always  @(posedge clk)
    begin
    q   <= d;
    end
endmodule
```

2) 移位寄存器

移位寄存器除了具有存储代码的功能以外，还具有移位功能。所谓移位功能，是指寄存器里存储的代码能在移位脉冲的作用下依次左移或右移。因此，移位寄存器不但可以用来寄存代码，还可以用来实现数据的串/并转换、数值的运算以及数据处理等。

例 6.13 用 Verilog 语言设计一个具有左移或右移、并行输入和同步复位功能的 4 位移位寄存器。

```
//移位寄存器 sftreg4.v
module   sftreg4 (clk, reset, lsft, rsft, data, mode, qout);
input clk, reset;
input lsft, rsft;                              //左移和右移使能
input [3:0]   data;
input [1:0]   mode;                            //模式控制
output [3:0]   qout;
reg [3:0]   qout;
always   @(posedge clk)
begin
      if(reset)
      qout <= 8'b0000;                         //同步复位功能的实现
      else
      case (mode)
      2'b01:     qout <= {rsft, qout[3:1]};    //右移一位
      2'b10:     qout <= {qout[2:0], left};    //左移一位
      2'b11:     qout <= data;                 //并行输入
      default: qout <= 8'b0000;
      endcase
  end
 endmodule
```

图 6.9 是 4 位移位寄存器功能仿真结果，由于输入信号的各种可能的组合较多，该图只画出了部分仿真结果，读者也可以借用第三方仿真软件进行仿真。

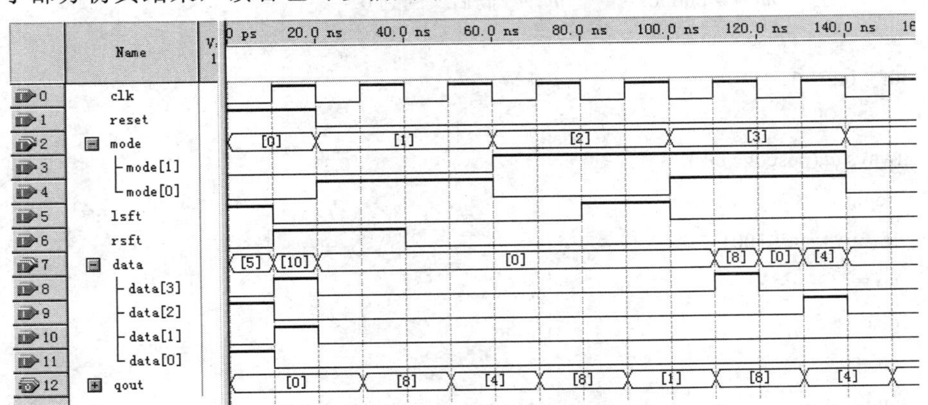

图 6.9　4 位移位寄存器功能仿真结果(部分)

从图 6.9 容易看出，在 0～20 ns 期间，因为同步复位信号 reset = 1，所以该段时间内输出 qout[3:0] = (0000)2 = 0；在 20～60 ns 期间，mode[1:0] = 01，移位寄存器右移，在 30 ns 时刻时钟上升沿到来，此时右移数据 rsft = 1，所以输出数据 qout[3:0] = $(1000)_2$ = 8；在 50 ns 时刻时钟上升沿再次到来，此时右移数据 rsft = 0，所以输出数据 qout[3:0] = $(0100)_2$ = 4；在 60～100 ns 期间，mode[1:0] = 10，移位寄存器左移，在 70ns 时刻时钟上升沿到来，此

时左移数据 lsft = 0，所以此时的输出是将之前的输出 qout[3:0] = $(0100)_2$ 左移 1 位且移入数据 lsft = 0 之后的结果，所以 qout[3:0] = $(1000)_2$ = 8；在 110 ns 时刻，mode[1:0] = 11，移位寄存器将当前的输入数据送到输出端，所以此时 qout = data = 8。其他同理。从功能仿真图看，该移位寄存器设计正确。

3．计数器

计数器是在数字系统中使用最多的时序电路，它不仅能用于对时钟脉冲计数，还可以用于分频、定时、产生节拍脉冲和脉冲序列以及进行数字运算等。计数器又分为同步计数器和异步计数器。

例 6.14 用 Verilog 语言设计一个带时钟使能的十进制同步计数器。

```
//同步置数、同步清零的计数器
module counter_10(out, data, load, reset, clk);
 output[3:0] out;
 input[3:0] data;
 input load, clk, reset;
 reg[3:0] out;
 always @(posedge clk)              // clk 上升沿触发
     begin
      if (!reset)                   //同步清 0，低电平有效
out = 4'b0000;
      else if (load)                //同步预置
           out = data;
      else if(out == 4'b1001)
           out = 4'b0000;           //计数满后又回到 0
           else
out = out + 1;                      //计数
     end
always @(posedge clk)
  begin
  if (out == 4'b1001)
  co = 1;
  else
  co = 0;
  end
endmodule
```

图 6.10 是该十进制计数器功能仿真结果。从图中可以看出，在 10 ns 时刻，时钟上升沿到来，此时 reset = 0，所以计数器清零；在 30 ns 时刻，时钟上升沿再次到来，此时 reset = 1(不再清零)，而 load = 1(置位信号有效)，所以计数器被置为当前的输入数据 data = 4。在 40 ns 之后，计数器在时钟信号的控制下计数。当计数到 9 的时候，进位输出 co = 1，

且计数器从 0 开始重新计数。从功能仿真图看，该计数器设计正确。

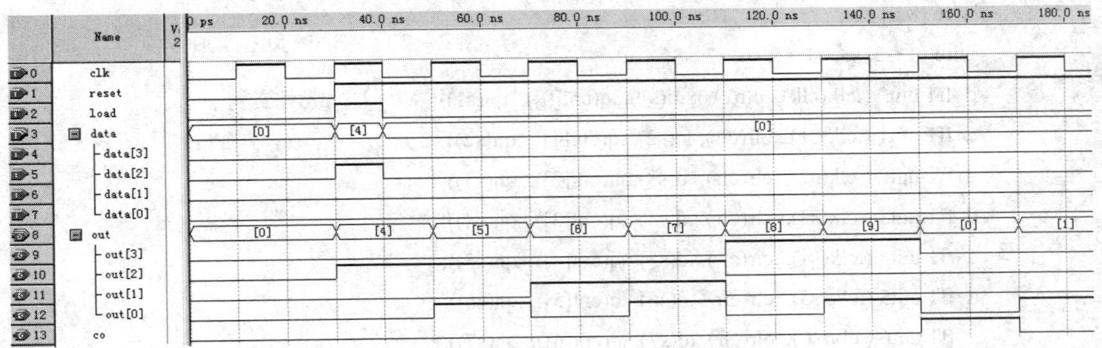

图 6.10　十进制计数器功能仿真结果

在设计模比较大的计数器时，还可以采用基本触发器级联的方式来实现。下面举例说明。

例 6.15　设计一个由 8 个 D 触发器构成的异步计数器。

```
//基本 D 触发器 d_ff1.v
module   d_ff1(clk, clr, d, q, qn);
   input   clk, clr;
   input   d;
   output   q, qn;
   reg   q, qn;
   reg q_in;
   always   @(posedge clk)
      begin
         if (clr)
begin
q <= q_in;
            qn <= ~q_in;
            end
         else
            begin
            q <= d;
            qn <= ~d;
            end
      end
endmodule
//由 8 个 D 触发器构成的 8 位计数器 dcnt8.v
module dcnt8(clk, clr, cnt);
   input clk;
   input clr;
```

```
    output [7:0] cnt;
    wire [8:0] cnt;
    wire s1, s2, s3, s4, s5, s6, s7, s8;
    d_ff1 uut0 (.clk(clk), .clr(clr), .d(s1), .q(cnt[0]), .qn(s1));          //元件实例
    d_ff1 uut1 (.clk(s1), .clr(clr), .d(s2), .q(cnt[1]), .qn(s2));
    d_ff1 uut2 (.clk(s2), .clr(clr), .d(s3), .q(cnt[2]), .qn(s3));
    d_ff1 uut3 (.clk(s3), .clr(clr), .d(s4), .q(cnt[3]), .qn(s4));
    d_ff1 uut4 (.clk(s4), .clr(clr), .d(s5), .q(cnt[4]), .qn(s5));
    d_ff1 uut5 (.clk(s5), .clr(clr), .d(s6), .q(cnt[5]), .qn(s6));
    d_ff1 uut6 (.clk(s6), .clr(clr), .d(s7), .q(cnt[6]), .qn(s7));
    d_ff1 uut7 (.clk(s7), .clr(clr), .d(s8), .q(cnt[7]), .qn(s8));
endmodule
```

在实际应用中，有时候既需要加法计数器，又需要减法计数器。下面设计一个 8 位的加法/减法计数器。

例 6.16　用 Verilog 语言设计一个 8 位加法/减法计数器。

```
//8 位加法/减法计数器
module updown_counter(d, clk, clear, load, up_down, qd);
input[7:0] d;
input   clk;
input   clear;                          //同步清零控制信号，低电平有效
input   load;                           //同步置数控制信号，高电平有效
input up_down;                          //计数方式控制信号
output[7:0] qd;
reg[7:0] cnt;
assign qd = cnt;
always @(posedge clk)
begin
if (!clear)   cnt = 8'h00;              //同步清 0，低电平有效
else   if (load)   cnt = d;             //同步预置，高电平有效
else   if (up_down)     cnt = cnt + 1;  //加法计数
else                    cnt = cnt - 1;  //减法计数
end
endmodule
```

图 6.11 是该 8 位加法/减法计数器的功能仿真图。在 10 ns 时刻，时钟上升沿到来，同时清零信号有效(clear = 0)，所以输出 qd = 0；在 30 ns 时刻，第二个时钟上升沿到来，此时清零信号无效，置数信号有效(load = 1)，所以此时计数器置数，将此时的输出预置位当前的输入，所以 qd = d = 170，随后每来一个时钟上升沿，计数器计数一次；在 110 ns 时刻计数器又被置数，且随后 up_down = 0，计数器减法计数。总之，从功能仿真图看，该计数器设计正确。

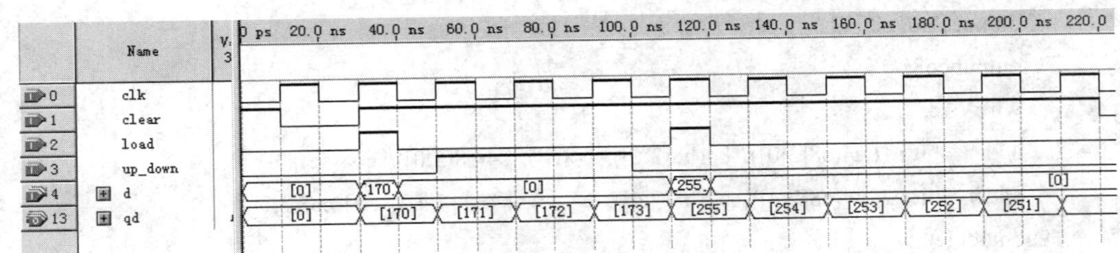

图 6.11　8 位加法/减法计数器

6.1.3　Verilog 综合设计实例

1. 加法器的设计

前面已经接触过加法器的设计，此次再次讲解加法器的设计，那么为何要深入研究加法器的设计？

(1) 加法运算是最基本的运算。在多数情况下，无论乘法、除法还是减法等运算，最终都可以分解为加法运算来实现；

(2) 由于加法器、乘法器大量使用，因此其速度以及资源的占有率往往就影响了整个系统的运行速度和效率。

依据实现方法，加法器可分为：级联加法器(组合电路实现)、并行加法器(组合电路实现)、超前进位加法器(组合电路实现)以及流水线加法器(时序电路实现)等等。并行加法器设有进位产生逻辑，运算速度较快，但比串行级联加法器占用更多的资源。随着位数的增加，相同位数的并行加法器与串行加法器的资源占用差距也越来越大。实践证明，4 位二进制并行加法器和串行级联加法器占用几乎相同的资源。这样多位加法器由 4 位二进制并行加法器级联构成是较好的折中选择。

下面以两个 4 位二进制并行加法器级联构成一个 8 位二进制并行加法器为例说明加法器的设计。

例 6.17　用 Verilog 语言设计一个 4 位二进制并行加法器。

```
// 4 位二进制并行加法器 adder_4bit.v
module adder_4bit(a4, b4, c4, s4, co4);
  input [3:0] a4, b4;
  input c4;
  output [3:0] s4;
  output co4;
  assign {co4, s4} = a4 + b4 + c4;
endmodule
```

例 6.18　设计一个 8 位二进制并行加法器。

```
//8 位二进制并行加法器 adder_8bit.v
  module adder_8bit(a8, b8, c8, s8, co8);
  input [7:0] a8, b8;
  input c8;
```

```
    output [7:0] s8;
    output co8;
    wire   sc;
    adder_4bit u1(.a4(a8[3:0]), .b4(b8[3:0]), .c4(c8), .s4(s8[3:0]), .co4(sc));
    adder_4bit u2(.a4(a8[7:4]), .b4(b8[7:4]), .c4(sc), .s4(s8[7:4]), .co4(co8));
endmodule
```

图 6.12 是借助于 QuartusⅡ8.1(32 bit)8 位加法器的功能仿真结果，该图只展示了 8 位加法器的各种输入的极少部分，读者可以借助于第三方软件对该加法器进行更详细的功能仿真。图 6.13 是 QuartusⅡ8.1 进行逻辑综合后的 adder_8bit 的 RTL 视图，图 6.14 是使用 QuartusⅡ8.1 对 adder_8bit 中 adder_4bit 进行展开后的视图。

	Name	0 ps	10.0 ns	20.0 ns	30.0 ns	40.0 ns	50.0 ns	60.0 ns	70.0 ns	80.0 ns
0	a8	[1]	[2]	[3]	[4]	[5]	[6]	[7]	[136]	[137]
9	b8	[129]	[130]	[132]	[136]	[144]	[160]	[192]	[128]	[129]
18	c8									
19	s8	[130]	[132]	[135]	[140]	[150]	[167]	[200]	[9]	[11]
28	co8									

图 6.12　adder_8bit 的功能仿真结果

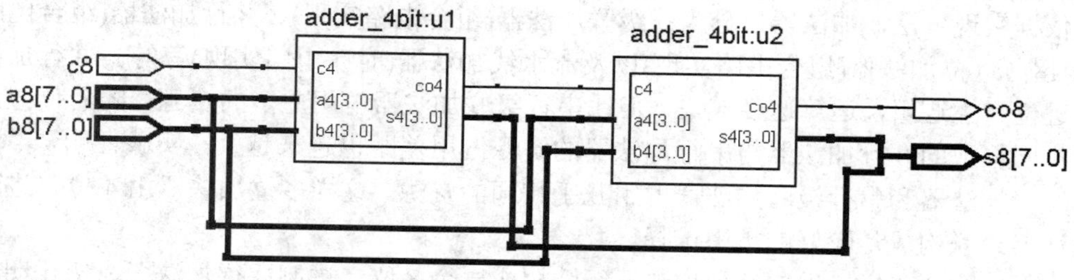

图 6.13　adder_8bit 综合后的 RTL 视图

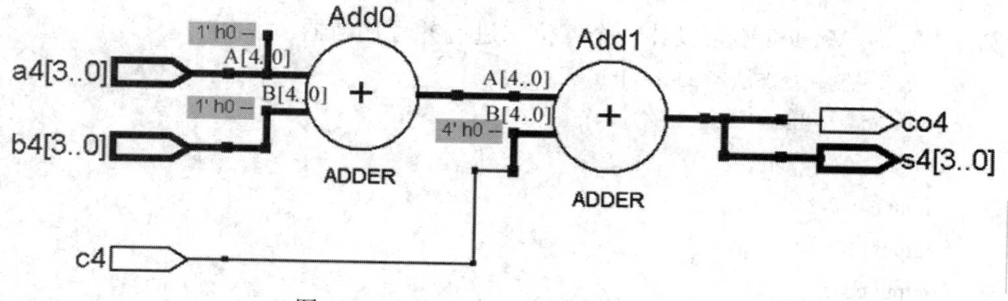

图 6.14　adder_4bit 综合后的 RTL 视图

2. 乘法器

乘法器有移位乘法器、定点乘法器及布斯(booth)乘法器。采用各种不同的设计方法、设计技巧，综合后的电路亦有不同的执行效能。

例 6.19　采用 Verilog 语言设计一个 8 位移位乘法器。

不带符号的 8 位乘法器若采用移位式则最多仅需要 8 次即可完成乘法计算。移位式 8 位乘法器计算流程如下：

(1) 输入8位被乘数a及乘数b时，程序会先判断输入值：

① 若乘数及被乘数有一个为0，则输出乘积为0；

② 若被乘数与乘数中有一个为1，则输出乘积为被乘数或乘数；

③ 若被乘数或乘数皆非0或1，则利用算法求得乘积。

先预设乘积p为0，位n = 0，0≤位n<8。

算法求乘积的方法是：利用判断乘数中的第n位是否为1的方法进行计算。若为1，则乘积缓存器等于被乘数左移n位，积数等于乘积缓存器加积数；若为0，则位n = 位n + 1。如此判断8次即可获得乘积。

(2) 当乘数和被乘数均为8位时，以for循环执行8次即可完成乘法计算。其设计代码如下：

```
// 8位移位乘法器 mult8s.v
module mult8s(p, a, b);
input [7:0] a, b;                 // a为被乘数，b为乘数
output [15:0] p;                  // 16位乘积
reg [15:0] rp, temp;
reg [7:0] ra, rb;
reg [3:0] rbn;
always @(a or b)
begin
  ra = a; rb = b;
  if (a == 0 || b == 0)           //当a = 0或b = 0时，rp = 0
    rp = 16'b0;
  else if (a == 1)                //当a = 1时，rp = rb
    rp = rb;
  else if (b == 1)                //当b = 1时，rp = ra
    rp = ra;
  else
    begin
    rp = 15'b0;
    for (rbn=0; rbn<8; rbn = rbn + 1)
        if   (rb[rbn] == 1'b1)
            begin
            temp = ra << rbn;        //左移rbn位
            rp = rp + temp;
            end
        end
  end
assign p = rp;
endmodule
```

图 6.15 是 8 位移位乘法器功能仿真结果图，从图中可以看出，当乘数或被乘数有一个位 0，乘积为 0，当乘数中有一个为 1，乘积即是另一个乘数。对于其他的各种输入，其输出结果都是正确的。从功能仿真图可以看出，该乘法器设计正确。

	Name	Value at 120.0 ns	0 ps … 90.0 ns
0	a	U 0	0, 1, 2, 4, 8, 16, 34, 64, 136
9	b	U 0	128, 64, 32, 16, 136, 196, 98, 161
18	p	U 0	0, 64, 128, 2176, 6664, 6272, 21896

图 6.15　8 位移位乘法器功能仿真结果

例 6.20　采用 Verilog 语言设计一个 8 位定点乘法器。

一般作乘法运算时，均以乘数的每一位数乘以被乘数后，所得部分乘积再与乘数每一位数的位置对齐后相加。经过对二进制乘法运算规律的总结，定点乘法运算中进行相加的运算规则为：

(1) 当乘数的位数字为 1 时，可将被乘数的值放置适当的位置作为部分乘积。

(2) 当乘数的位数字为 0 时，可将 0 放置适当的位置作为部分乘积。

(3) 在硬件中可利用 and 门做判断，如 1010 × 1，乘数 1 和每一个被乘数的位都作 and 运算，其结果为 1010，只需用 and 门就可得到部分乘积。

(4) 当部分乘积都求得后，再用加法器将上述部分乘积相加完成乘积运算。

8 位定点乘法器 Verilog 设计代码如下：

```
//8 位定点乘法器 multiplier_8bit.v
module multiplier_8bit(p, a, b);
parameter width = 8;                    //设定数据宽度为 8 位
input [width-1:0] a;                    //被乘数
input [width-1:0] b;                    //乘数
output [width+width-1:0] p;             //乘积
reg [width-1:0] pp;                     //设定乘积的暂存器
reg [width-1:0] ps;                     //设定和的暂存器
reg [width-1:0] pc;                     //设定进位的暂存器
reg [width-1:0] ps1, pc1;
reg [width-1:0] ppram [width-1:0];      //设定乘积的暂存器
reg [width-1:0] psram [width:0];        //设定和的暂存器
reg [width-1:0] pcram [width:0];        //设定进位的暂存器
reg [width+width-1:0] temp;             //设定乘积的暂存器
integer j, k;
always @(a or b)                        //读取乘数与被乘数
  begin
     for(j = 0; j < width; j = j+1)
      begin
       for(k = 0; k<width; k = k+1)
       pp[k] = a[k]&b[j];               //利用 and 完成部分乘积
```

```
            ppram[j] = pp[width-1:0];              //存入乘积缓存器中
            pc[j] = 0;                             //将进位 pc 设定为 0
    end
        pcram[0] = pc[width-1:0];
        psram[0] = ppram[0];                       //将 ppram 的列设定给 pp
        pp = ppram[0];
        temp[0] = pp[0];
        for(j = 1; j < width; j = j+1)
          begin
             pp = ppram[j];                        //将 ppram 的列设定给 pp
            ps = psram[j-1];
            pc = pcram[j-1];
        for(k = 0; k < width-1; k = k+1)
        begin
           ps1[k] = pp[k] ^ pc[k] ^ ps[k+1];       //全加器之和与进位运算
           pc1[k] = pp[k] & pc[k] | pp[k] & ps[k+1] | pc[k] & ps[k+1];//
        end
        ps1[width-1] = pp[width-1];                //将 pp 乘积指定给 ps1
        pc1[width-1] = 0;                          //设定每列的最后一个进位都为 0
        temp[j] = ps1[0];                          //将每个 ps1(0)设定给乘积
        psram[j] = ps1[width-1:0];                 //将 ps1 存到 psram 数组中
        pcram[j] = pc1[width-1:0];
   end
   ps = psram[width-1];
   pc = pcram[width-1];
   pc1[0] = 0;
   ps1[0] = 0;
   for (k = 1; k < width; k = k+1)
     begin
        ps1[k] = pc1[k-1]^pc[k-1]^ps[k];           //全加器之和与进位运算
        pc1[k] = pc1[k-1]&pc[k-1]|pc1[k-1]&ps[k]|pc[k-1]&ps[k];
     end
        temp[width+width-1] = pc1[width-1];        //将 ps1 的值设定给乘积结果
        temp[width+width-2:width] = ps1[width-1:1];
   end
   assign p = temp[width+width-1:0];               //乘积结果的输出
   endmodule
```

图 6.16 是 8 位定点乘法器功能仿真结果的一部分。从图上可以看出，当一个乘数为 0 时，乘积为 0，当输入为 2 和 16 时，乘积为 32，结果正确。输入为其他情况时，输出也

是正确的，总之该乘法器设计正确。

	Name	Value at 140.0 ns	0 ps		20.0 ns		40.0 ns		60.0 ns		80.0 ns		100.0 ns		120.0 ns
0	a	U 0	0	1	2	4	8	16	32	64	32	16	8	4	
9	b	U 0	0	4	16	32	64	128	0	64	32	16	8	4	
18	p	S 0	0	4	32	128	512	2048	0	4096	1024	256	64	16	

图 6.16　8 位定点乘法器功能仿真结果

例 6.21　采用 Verilog 语言设计一个 8 位布斯乘法器。

布斯(booth)乘法算法，是先将被乘数的最低位加设一虚拟位，开始时虚拟位设为 0，并存放于被乘数中。根据最低位与虚拟位构成的布斯编码的不同，分别执行如下四种运算：

(1) 00：不执行运算，乘积缓存器直接右移 1 位。

(2) 01：将乘积加上被乘数后右移 1 位。

(3) 10：将乘积减去被乘数后右移 1 位。

(4) 11：不执行运算，乘积缓存器直接右移 1 位。

```
//8 位布斯乘法器 multiplier_booth.v
module multiplier_booth(a, b, p);
   parameter width = 8;                          //设定为 8 位
   input [width-1:0] a, b;                       // a 为被乘数，b 为乘数
   output [width+width-1:0] p;                   //乘积结果
   reg [width+width-1:0] p;
   integer cnt;                                  //右移次数
   reg [width+width:0] pa, right;                //暂存乘数
   always @ (a or b)
begin
   pa[width+width:0] = {16'b0, a, 1'b0};         // {p, a, 1'b0}
      for(cnt = 0; cnt < width; cnt = cnt+1)
         begin
            case(pa[1:0])                        // pa 最后两位 pa[1:0]用于 case 选择函数
             2'b10:
               begin                             // pa = pa-b
                  pa[width+width:width+1] = pa[width+width:width+1] - b[width-1:0];
                  rshift(pa, right);             //执行算术右移 task 子程序
               end
             2'b01:
                begin                            // pa = pa+b
                     pa[width+width:width+1] = pa[width+width:width+1] + b[width-1:0];
                   rshift(pa, right);            //执行算术右移 task 子程序
                end
             default:
                  rshift(pa, right);             //直接执行算术右移 task 子程序
```

```
            endcase
          pa = right;
        end
    p[width+width-1:0] = pa[width+width:1];                //将乘积指定给输出端
      end
      //右移 task 子程序
      task rshift;
      input [width+width:0] pa;                            //输入为 pa
      output [width+width:0] right;                        //输出为 right
      case (pa[width+width])
        //最高位为 0 的算术右移
        1'b0: right[width+width:0] = {1'b0, pa[width+width:1]};
        //最高位为 1 的算术右移
        1'b1: right[width+width:0] = {1'b1, pa[width+width:1]};
        endcase
      endtask
    endmodule
```

图 6.17 是该 booth 乘法器的仿真结果，读者也可以借助于第三方仿真软件进行仿真，从仿真结果看，该乘法器设计正确。

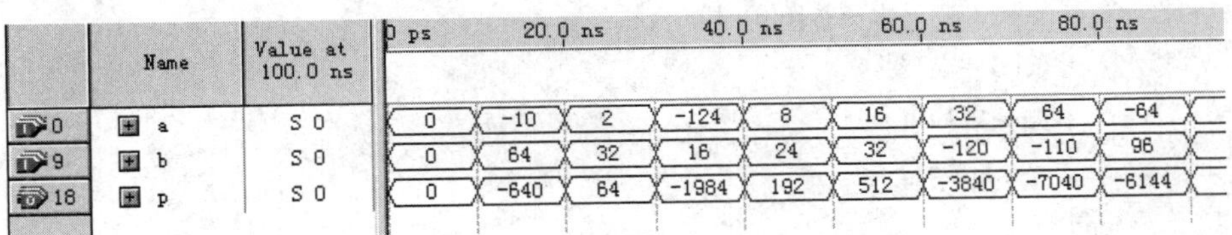

图 6.17　booth 乘法器的仿真结果

3. 除法器

除法器也是计算机系统中常见的功能部件，其实现的方法有比较法、恢复余数和不恢复余数法，其中比较法的基本思想与笔算的十进制乘法相似。

1) 比较法除法器

下面以 14 除以 5 的过程为例，说明利用比较法怎样设计除法器，参见表 6.6。

表 6.6　比较法除法器举例

初始状态	被除数 A = 1110　除数 B = 0101　中间变量 K = 00001110
第一步	因为 K[6:3] < B，所以商为 0，并把商移入 K 的低位，K = 00011100
第二步	因为 K[6:3] < B，所以商为 0，并把商移入 K 的低位，K = 00111000
第三步	因为 K[6:3] ≥ B，所以 K[6:3]减去 B，商为 1，并把商移入 K 的低位，K = 00100001
第四步	因为 K[6:3] < B，所以商为 0，并把商移入 K 的低位，K = 01000010
结果	此时 K 的低 4 位就是商(2)，高 4 位就是余数(4)

例 6.22　用 Verilog 语言和比较法设计一个 4 位除法器。

```
//比较法设计 4 位除法器
module divider_4bit(a, b, q, r);
  input[3:0]   a, b;    //被除数、除数
  output[3:0] q, r;      //商、余数
  reg[3:0]      q, r;
  reg[7:0]         k;
  integer          i;
  always@(a or b)
        begin
          k = {4'h0, a};
          for(i = 0; i < 4; i = i+1)
               begin
                     if(k[6:3] >= b)
                            begin
                                   k[6:3] = k[6:3]-b;
                                   k = {k[6:0], 1'b1};
                            end
                     else
                            k = {k[6:0], 1'b0};
               end
               q = k[3:0];
               r = k[7:4];
        end
endmodule
```

图 6.18 是该方法设计的除法器的功能仿真结果(部分)。在 0～10 ns 期间，被除数是 1，除数是 2，所以商 0(q = 0)，余 1(r = 1)；在 10～20 ns 期间，被除数为 2，除数为 2，所以商 1，余 0。其他时间段内与此类似。从该仿真图上看，该除法器设计正确。

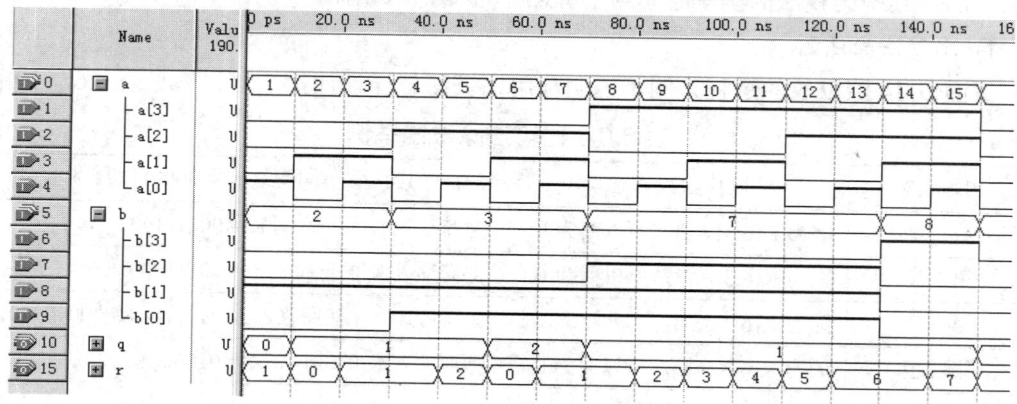

图 6.18　4 位除法器功能仿真图

2) 利用恢复余数法设计除法器

采用比较法设计除法器既需要比较器，又需要减法器，使整个电路比较复杂。其实在进行减法运算的时候，如果有借位，就表示不够减、商应该是 0；如果没有借位，就表示够减、商是 1，所以我们可以用减法器代替比较器，由此形成恢复余数算法，在不够减的时候，要把误减的数据进行恢复。下面仍以 14 ÷ 5 的过程为例进行说明，参见表 6.7。

表 6.7　恢复余数法除法器举例

初始状态	被除数 A = 1110　　除数 B = 0101　　中间变量 K = 00001110
第一步	因为 K[7:3]-B，有借位，所以把减过的再恢复回去，商为 0，并把商移入 K 的低位，K = 00011100
第二步	因为 K[7:3]-B，有借位，所以把减过的再恢复回去，商为 0，并把商移入 K 的低位，K = 00111000
第三步	因为 K[7:3]-B，无借位，所以，减了之后不用恢复回去，商为 1，并把商移入 K 的低位，K = 001000001
第四步	因为 K[7:3]-B，有借位，所以把减过的再恢复回去，商为 0，并把商移入 K 的低位，K =0 1000010
结果	此时 K 的低 4 位就是商(2)，高 4 位就是余数(4)

例 6.23　用 Verilog 语言和恢复余数法设计一个 4 位除法器。

```
//恢复余数法设计一个 4 位除法器
module divider_4bit_r(a, b, q, r);
input[3:0] a, b;            //被除数、除数
output[3:0] q, r;           //商、余数
reg[3:0] q, r;
reg[7:0] k;
reg[3:0] bn;
integer i;
always@(a or b)
  begin
       bn = 4'h0-b;
       k = {4'h0, a};
       for(i = 0; i < 4; i = i+1)
          begin
               k[7:3] = k[7:3]-b;
               if(k[7])                        //如果不够
                    k[7:3] = k[7:3]-bn;        //减恢复余数
               k = {k[6:0], ~k[7]};
          end
       q = k[3:0];
       r = k[7:4];
```

```
  end
endmodule
```

图 6.19 是采用恢复余数法设计的 4 位除法器的功能仿真结果(部分)。从图上看，在 0～10 ns 期间，被除数为 1，除数为 2，所以商为 0，而余数为 1；在 10～20 ns 期间，被除数为 2，除数为 2，所以商为 1，余数为 0；在 20～30 ns 期间，被除数为 3，除数为 2，所以商为 1，余数为 1。其他情况类似。总之，从仿真结果看，该除法器设计正确。

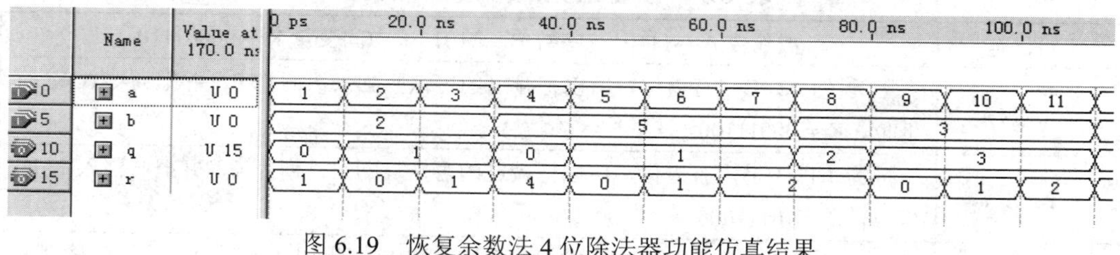

图 6.19　恢复余数法 4 位除法器功能仿真结果

4. 分频器的设计

分频器是 FPGA 设计中使用频率非常高的基本设计之一，尽管在目前大部分设计中，广泛使用芯片厂家集成的锁相环资源，如 Altera 的 PLL，Xilinx 的 DLL.来进行时钟的分频，倍频以及相移。但是对于时钟要求不高的基本设计，通过语言进行时钟的分频相移仍然非常流行，首先这种方法可以节省芯片内部的锁相环资源，再者，消耗不多的逻辑单元就可以达到对时钟操作的目的。另一方面，通过语言设计进行时钟分频，可以看出设计者对设计语言的理解程度。因此很多招聘单位在招聘时往往要求应聘者写一个分频器以考核应聘人员的设计水平和理解程度。

1) 分频的概念

从频率定义：N 分频意味着输出信号的频率为输入信号频率的 1/N，即

N = fin/fout　　　　(输出信号频率比输入低)

从周期定义：N 分频意味着输出信号的周期为输入信号周期的 N 倍，即

N = Pout/Pin　　　　(输出信号周期比输入长)

2) 占空比

在一串理想的脉冲序列中(如：方波)，正脉冲的持续时间与脉冲总周期的比值。

3) 分频器设计

• 基本方法：通过对输入脉冲计数，根据计数值控制输出波形，从而得到要求的分频时钟。

• 注意事项：根据分频比的要求不同，占空比要求不同，以及计数的初始值不同。都要调整计数值，以得到要求的波形。

例 6.24　将 100 Hz 的方波信号变为正、负周期不等的 5 Hz 信号的非均匀分频电路。

```
//将 100Hz 的方波信号变为 5 Hz 信号的非均匀分频电路
module div_fjy(clk_in, reset, clk_out);
input clk_in,   reset;
output   clk_out;
reg [4:0] cnt;
```

```
reg clk_out;
parameter divide_period = 20;            //分频常数为 100/5 = 20
//按分频常数控制分频计数
always @(posedge clk_in or posedge reset)
    begin
      if(reset)
       cnt <= 0;
     else
       begin
          if (cnt == divide_period-1)
             cnt <= 0;
          else
             cnt <= cnt+1;
        end
     end
  //按分频常数控制分频输出
always @(posedge clk_in or posedge reset)
    if (reset)
        clk_out <= 1;
    else
      if (cnt == divide_period-1)
         clk_out <= 1'b1;
      else
         clk_out <= 1'b0;
endmodule
```

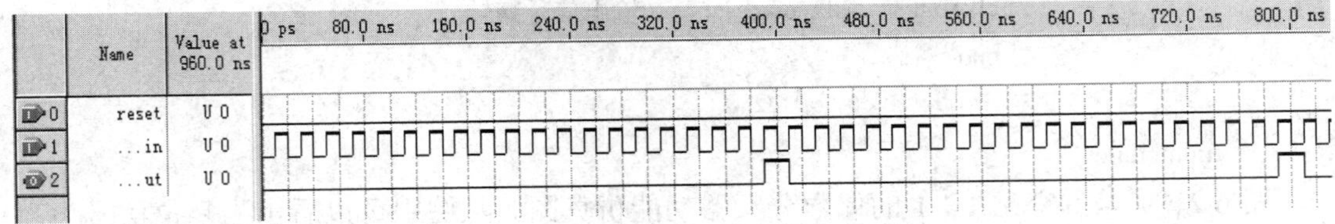

图 6.20　非均匀分频器 div_fjy 的仿真结果

图 6.20 是非均匀分频器 div_fjy 的仿真结果图。从设计程序及仿真结果可看出，每输入 20 个上升沿，就产生一个输出脉冲，而且输出脉冲的高电平维持时间与低电平的维持时间不等。从功能仿真图看，该分频器设计正确。

例 6.25　用 Verilog 语言设计一个输出占空比为 1∶1 的偶数分频器。

```
//占空比为 1:1 的偶数分频器顶层模块
module div_1_1(clk, rst, clk_even);
input clk;
input rst;
```

```
output clk_even;
even_div #(6)u1(clk, rst, clk_even);
endmodule
//偶数分频，输出占空比为 1:1 的分频器的模块定义
module even_div(clk, rst, clk_out);
input clk,     rst;                    //输入时钟信号
output clk_out;
reg clk_out;
reg[3:0] count;
parameter N = 6;
always@(posedge clk)
     if(!rst)
     begin
          count <= 1'b0;
          clk_out <= 1'b0;
     end
     else if(N%2 == 0)
          begin
               if(count < N/2-1)
                    begin
                    count <= count+1'b1;
                    end
               else
                    begin
                    count <= 1'b0;
                    clk_out <= ~clk_out;          //输出信号翻转
                    end
     end
endmodule
```

图 6.21 是该占空比 1：1 的偶数分频器功能仿真图。从图中可以看出当复位信号为高电平时，输出信号是输入时钟的 6 分频信号，且占空比为 1：1。

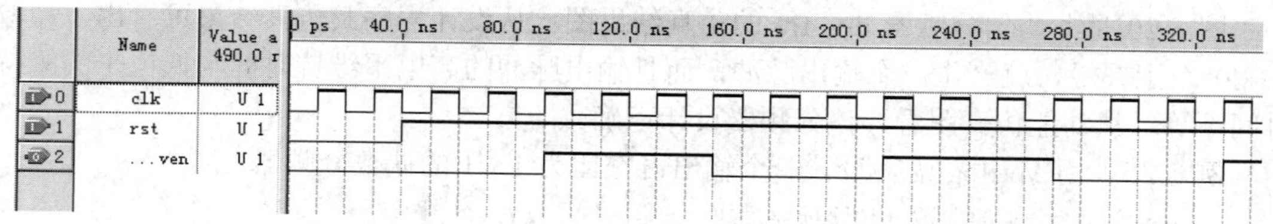

图 6.21　占空比 1:1 的偶数分频器功能仿真图

例 6.26　用 Verilog 语言设计一个输出占空比为 1：1 的 2^K 分频器。

对于 2^K 分频器可以采用计数器不同位输出得到。比如，若计数器为 4 位，则计数器

的最低位即可以实现 2 分频，最高位可以实现 16 分频。具体实现代码如下：

```
//2 分频、4 分频、8 分频、16 分频，占空比为 1:1
module div_2_k(clk, rst, clk_div_2, clk_div_4, clk_div_8, clk_div_16);
input clk, rst;
output clk_div_2, clk_div_4, clk_div_8, clk_div_16;
reg[15:0] count;

assign clk_div_2 = count[0];          // 2 分频信号
assign clk_div_4 = count[1];          // 4 分频信号
assign clk_div_8 = count[2];          // 8 分频信号
assign clk_div_16 = count[3];         // 16 分频信号

always@(posedge clk)
    if(!rst)
        count <= 1'b0;
    else
        count <= count+1'b1;
endmodule
```

图 6.22 是该分频器的功能仿真图。从图上看在 rst 为高电平期间，该电路能够正确输出 2 分频、4 分频、8 分频、16 分频信号，与设计期望一致，设计正确。

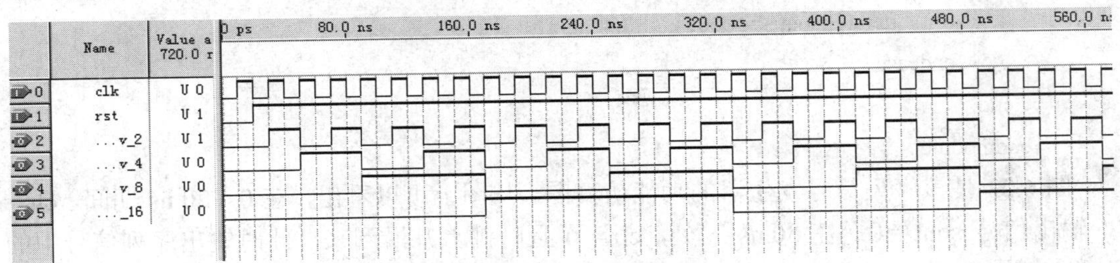

图 6.22　2^K 分频器的功能仿真图

5. 序列信号发生器

在数字信号的传输和数字系统的测试中，有时需要用到一组特定的串行数字信号。产生序列信号的电路称为序列信号发生器。

例 6.27　用 Verilog 语言设计一个序列信号发生器，产生“01111110”信号。

```
\\"01111110"序列信号发生器
module seq_gen(clk, clr, sout);
input clk, clr;
output sout;
reg[2:0] counter;
reg sout;
always@(posedge clk or posedge clr)
```

```
    begin
        if(clr)
            counter = 3'b000;
        else
            if(counter == 3'b111)
            counter = 3'b000;
            else
            counter = counter+1;          //注意：在清零完之后的第一个时钟上升沿之后，
    end                                   // counter = 1，而不是 counter = 0
  always@(counter)
    begin
        case(counter)
            3'b000:sout <= 1'b0;
            3'b001:sout <= 1'b0;          //因为在清零完了之后，counter = 1，所以此处是
            3'b010:sout <= 1'b1;          //第一个输出信号 0
            3'b011:sout <= 1'b1;
            3'b100:sout <= 1'b1;
            3'b101:sout <= 1'b1;
            3'b110:sout <= 1'b1;
            3'b111:sout <= 1'b1;
            default:sout <= 1'b0;
        endcase
    end
  endmodule
```

图 6.23 是该序列信号发生器的功能仿真图。从图上可以看出，在 0～20 ns 期间，clr = 1，输出信号 sout = 0；在 30 ns 时刻，clr = 0 且时钟上升沿到来，此时输出序列信号中的第一个信号“0”；在 50 ns 时刻，第二个时钟上升沿到来，此时输出序列信号中的第二个信号“1”。其他时刻与此类似，从仿真图可以看出，该电路设计正确。

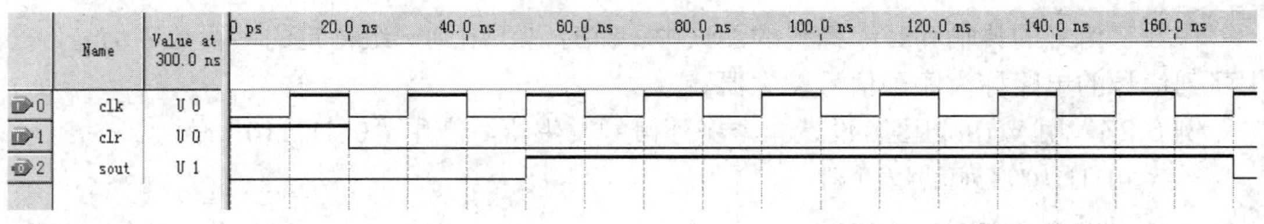

图 6.23　序列信号发生器功能仿真

6. 序列信号检测器

序列检测器可用于检测一组或多组由二进制码组成的脉冲序列信号，这在数字通信领域有广泛的应用。当序列检测器连续收到一组串行二进制码后，如果这组码与检测器中预先设置的码相同，则输出 1，否则输出 0。由于这种检测的关键在于正确码的收到必须是

连续的，这就要求检测器必须记住前一次的正确码及正确序列，直到在连续的检测中所收到的每一位码都与预置数的对应码相同为止。在检测过程中，任何一位不相等都将回到初始状态重新开始检测。

例 6.28　设计一个 01111110 序列信号检测器。

分析：在检测序列信号中可能出现的状态有：1(S0 状态)、0(S1 状态)、01(S2 状态)、011(S3 状态)、0111(S4 状态)、01111(S5 状态)、011111(S6 状态)、0111111(S7 状态)、01111110(S8 状态)共 9 个状态。如图 6-24 所示，假设初始输入 1(S0 状态)，如果紧接着输入 1，这个 1 与已有的 1 组合后仍然相当于 S0 这个状态，所以输入 1 后 S0 状态转为 S0 状态；如果初始状态为 S0，而紧接着输入的是 0，那么前一个 1 没有用了，而现在从当前的 0 开始，即此时为 S1 状态；其他以此类推，如果所有已经输入信号为 0111111(即 S7 状态)，那么再输入 0，则该段连续输入信号为：01111110(即 S8 状态)，这个序列就是要检测的序列，所以此时输出 dout = 1，如果 S7 状态之后输入的是 1，那么前面所有的输入都前功尽弃了，电路回到 S1 状态重新开始。

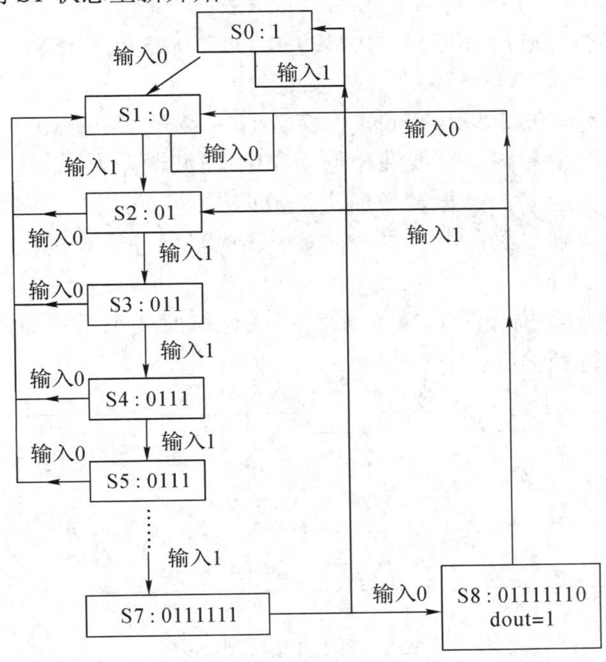

图 6.24　状态转移

图 6.25 是该序列信号检测器的功能仿真结果(部分)。从图上可以看出当输入序列为 01111110 时，输出端 dout = 1，而其他情况下输出端 dout = 0，从仿真结果看该电路设计正确。

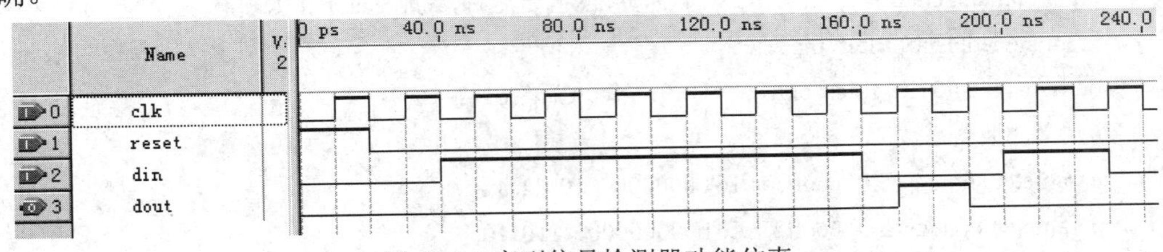

图 6.25　序列信号检测器功能仿真

7. FIR 滤波器的设计

FIR 滤波器即有限冲激响应滤波器，其系统函数为

$$h(z)=\sum_{r=0}^{M} b(r)z^{-r}$$

该滤波器系统没有反馈，对单位脉冲的响应为有限长，其系数 b(r)长度总是有限的，因此系统总是稳定收敛的。当系数 b(r)对称时，FIR 滤波器具有线性相位，输出等于输入在时间上的移位，不会产生相位失真。

FIR 滤波器应用广泛，其设计方法多种多样，例如窗函数法、频率抽样法、最小二乘法、等波纹法等，对于大部分典型的滤波器还可以借用 MATLAB 软件进行设计。借助于 MATLAB 软件设计完滤波器之后，得到相应的滤波器系数，剩下的任务就是用 Verilog 语言编写可综合的实现代码。下面讨论 FIR 滤波器的直接实现法和转置结构法。

1) *直接实现法*

设已经由 MATLAB 软件得到相应滤波器的系数：

$$b(r) = \{0.1551, 0.2399, 0.2713, 0.2399, 0.1551\}$$

对应的差分方程为

$$y(n) = 0.1551x(n) + 0.2399x(n-1) + 0.2713x(n-2) + 0.2399x(n-3) + 0.1551x(n-4)$$

很明显，这是一个奇对称具有线性相位的 FIR 滤波器。为了能够写成可综合的 HDL 程序，应该把这些浮点类型的数据转换成定点数据类型，可以把这些数同时乘以 2^{10}，即 1024，这样近似于保留到小数点后 3 位。程序中还应当保证计算过程中不能溢出，为此求和寄存器位数设定为 32 位。

直接型 FIR 滤波器结构如图 6.26 所示，z^{-1} 表示延时一个采样周期，输入信号延时后与系数相乘并累加即得到输出。

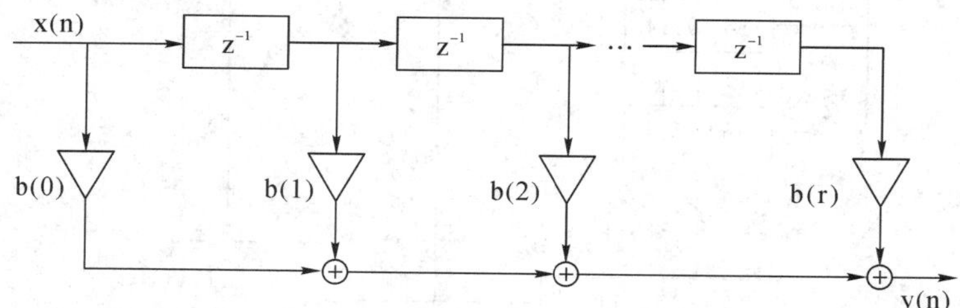

图 6.26　FIR 直接实现结构

例 6.29　用 Verilog 语言设计和直接实现结构设计上述差分方程表示的 FIR 滤波器。

```
//直接实现结构设计 FIR 滤波器
module fir_1(clk, clk_enable, filter_in, filter_out);
input clk, clk_enable;                // clk:同步时钟，clk_enable:FIR 滤波器使能
input signed[15:0] filter_in;         //输入信号
output signed[31:0] filter_out;       //滤波后输出信号
//定义滤波器系数
parameter signed[15:0] coeff1 = 16'b0000000010011111;
parameter signed[15:0] coeff2 = 16'b0000000011110110;
```

```
parameter signed[15:0] coeff3 = 16'b0000000100011000;
parameter signed[15:0] coeff4 = 16'b0000000011110110;
parameter signed[15:0] coeff5 = 16'b0000000010011111;
//内部中间信号
reg signed[15:0]delay_pipeline[0:4];
wire signed[31:0] product5, product4, product3, product2, product1;
wire signed[31:0] sum1, sum2, sum3, sum4;
reg signed[31:0] output_register;
//
always@(posedge clk)
  begin:Delay_Pipeline_process
       if(clk_enable == 1'b1)begin
          delay_pipeline[0] <= filter_in;              //保存前几次的输入信号
          delay_pipeline[1] <= delay_pipeline[0];
          delay_pipeline[2] <= delay_pipeline[1];
          delay_pipeline[3] <= delay_pipeline[2];
          delay_pipeline[4] <= delay_pipeline[3];
          output_register <= sum4;                     //同步实现
          end
  end
  //
  assign product5 = delay_pipeline[4]*coeff5;        //FIR 滤波器乘法实现
  assign product4 = delay_pipeline[3]*coeff4;
  assign product3 = delay_pipeline[2]*coeff3;
  assign product2 = delay_pipeline[1]*coeff2;
  assign product1 = delay_pipeline[0]*coeff1;
  //
  assign sum1 = product1+product2;                   //FIR 滤波器加法实现
  assign sum2 = sum1+product3;
  assign sum3 = sum2+product4;
  assign sum4 = sum3+product5;
  //
  assign filter_out = output_register;               //信号输出
 endmodule
```

2) 转置结构的 FIR 滤波器

除了上述方法，用 FPGA 实现 FIR 滤波器时还常采用转置结构的 FIR 滤波器，转置结构 FIR 滤波器结构如图 6.27 所示。它同样实现 $y(n)=\sum_{k=0}^{r} b(k)x(n-k)$，与直接结构的 FIR 滤波器不同，它不是把 x(n)延迟 k 个周期后再进行乘积和运算，而是先计算乘积，再进行延迟，最后累加。

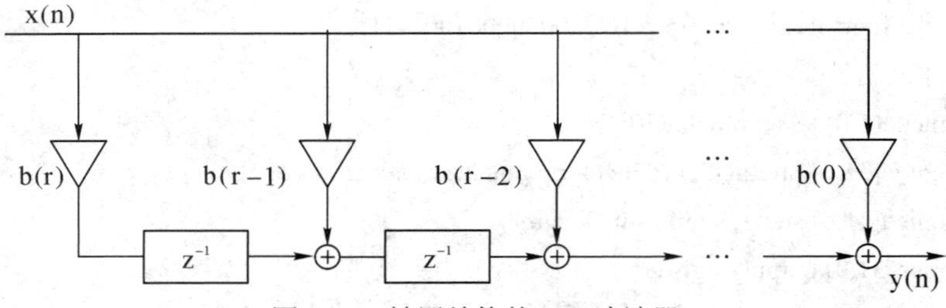

图 6.27　转置结构的 FIR 滤波器

对于这种结构的滤波器它表达的输入输出之间的关系仍然是传递函数关系。相对于直接实现型结构，转置结构不用为 x(n)分配移位寄存器以保存 x(n)过去的信息，同时也不用为达到高吞吐量而给乘积的加法器添加流水线。采用转置结构并对其中的系数进行处理可以使电路大大简化。

例 6.30　采用转置 FIR 滤波器结构，设计实现差分方程为如下形式的滤波器。

$$y(n) = 0.1551x(n) + 0.2399x(n-1) + 0.2713x(n-2) + 0.2399x(n-3) + 0.1551x(n-4)$$

```
//转置结构 FIR 滤波器设计代码
module fir_2(clk, x_in, y);
input    clk;                        //时钟信号
input    [7:0] x_in;                 //输入信号
output [10:0]y;                      //输出信号
reg[18:0] m0, m1, m2, m3, m4, m5;    //用于流水线的缓存器
reg[18:0] x40, x61, x70;             //滤波器系数
reg[18:0] x32, x64, x8, x2;          //滤波器系数中用到的中间值
reg[7:0]  x;
wire[18:0] x_ext;

assign x_ext = {{9{x[7]}}, x};       //信号 x 扩展
assign y = (m0>>8);                  //信号 y 扩展
always@(posedge clk)                 // FIR 计算过程，使用了转置 FIR 结构
  begin
       x <= x_in;
       m0 <= m1+x40;                 // x[0]*40+ x[1]*61+ x[2]*70+x[3]*61+x[4]*40
       m1 <= m2+x61;                 // x[1]*61+ x[2]*70+x[3]*61+x[4]*40
       m2 <= m3+x70;                 // x[2]*70+x[3]*61+x[4]*40
       m3 <= m4+x61;                 // x[3]*61+x[4]*40
       m4 <= x40;                    // x[4]*40
  end
```

```
always@(posedge clk)                //计算 x 与系数的乘积
  begin
      x40 <=x32+x8;                 // 40 = 32 + 8
      x61 <=x64-x2-x;               // 61 = 64 – 2 – 1;
      x70 <= x64+x8-x2;             // 70 = 64 + 8 – 2
  end

always@(x_ext)                      //实现系数乘法时用到的一些中间值
  begin:Factors
      x2 = (x_ext<<1);
      x8 = (x2<<2);
      x32 = (x8<<2);
      x64 = (x32<<1);
  end
endmodule
```

分析：在程序设计中，首先把浮点类型的系数进行量化，乘以 2^8 后，用 8 位有符号数表示{40, 61, 70, 61, 40}。为了使电路实现尽量简单，希望把系数尽量都用 2 的 N 次幂形式表示，这样便于乘法计算。例如 40 = 32 + 8，而 61 = 64 – 2 – 1，70 = 64 + 8 – 2。由于 64、8 等重复出现，可以借用前面已经计算出来的值表示。这样一来，电路结构会大大简化。

8. 循环冗余校验码(CRC)设计

1) 概述

信息在传递过程中，可能因为各种原因使传输或接收的数据发生错误。为了能在接收端判断数据的正确性，使用校验码是一种常用的方法。循环冗余校验码 CRC(Cyclic Redundancy Code)就是其中的一种。

CRC 在通信传输中的应用范围十分广泛，如 USB 协议、IEEE 802.3 标准、IEEE 802.11 标准、RFID 协议等都采用了 CRC 作为正确性校验的方法。实际应用的过程一般是在发送端计算发送信息的 CRC 值，并将它作为信息包/帧的一部分传递给接收端；接收端将对接收到的信息进行 CRC 计算，并与发送过来的 CRC 进行比较，从而判断接收的信息是否正确。CRC 的计算实现可以有多种方法，它可以通过软件方式计算，也可以通过硬件方式计算，还可以通过查表得到。发送时，CRC 的计算过程可以在传输之前完成，也可以在传输过程中进行；对 CRC 的校验可以在接收的同时进行，也可以在传输完成之后进行。CRC 的计算可以是按位串行进行的，也可以是多位并行进行的。

2) CRC 校验码的原理

CRC 校验利用的是线性编码理论，对于要进行检验的 k 位二进制码序列，在发送端以一定的规则产生一个校验用的 r 位的监督码(即 CRC 码)，并附在信息后边，构成一个新的二进制码序列，共(n+k)位，最后发送给接收方。在接收端，则根据接收的数据部分和 CRC 码之间是否符合一定的关系来判断传送中是否出现错误。这种编码又叫(n，k)码。对于一个给定的(n，k)码，可以证明存在一个最高次幂为 r 的多项式 G(x)。根据 G(x)可以生成 k

位信息的校验码，而 G(x)叫做这个 CRC 码的生成多项式。

校验码的具体生成过程为：假设发送信息用信息多项式 C(x)表示，将 C(x)左移 r 位，则可表示成 $C(x)\times 2^r$，这样 C(X)的右边会空出 r 位，这就是校验码的位置。通过 $C(x)\times 2^r$ 除以生成多项式 G(X)得到的余数就是校验码。

接收方将接收到的二进制序列数(包括信息码和 CRC 码)除以多项式，如果余数为 0，则说明传输中无错误发生，否则说明传输有误。

例如，假设生成多项式是 $G(x) = x^3 + x + 1$。4 位的原始报文为 1010，求编码后的报文。首先，将生成多项式 $G(x) = x^3 + x + 1$ 转换成对应的二进制除数 1011；其次，由于生成多项式 4 位(r+1)，要把原始报文 C(x)左移 3(r)位变成 1010000；第三，用生成多项式对应的二进制数对左移 3 位后的原始报文进行模 2 除；第四，得到余数 011，即为校验位；最后得到编码后的报文(CRC 码)为 1010011。

完成 CRC 编码后，将码字添加在原始数据比特流后面，然后再整体发送。在接收端，则对整个数据进行 CRC 译码，只有所有接收到的比特(包括原始数据比特和 CRC 码字)都经过译码后，才能给出有无错误的标志。若校验结果为 0，则说明传送时没有发现错误；否则意味着传输有误，需要采取一定的措施。

下面介绍 CRC-16 码的串行编码实现。CRC-16 码采用的生成多项式为 $G(x) = x^{16} + x^{15} + x^2 + 1$，其逻辑实现结构如图 6.28 所示。初始化时，每一位寄存器都清零，然后每输入一个数据，16 级移位寄存器按照异或逻辑由低位到高位移动 1 位，直到一组校验数据结束。此时，16 级移位寄存器的内容就是该组数据的 CRC-16 的校验位。

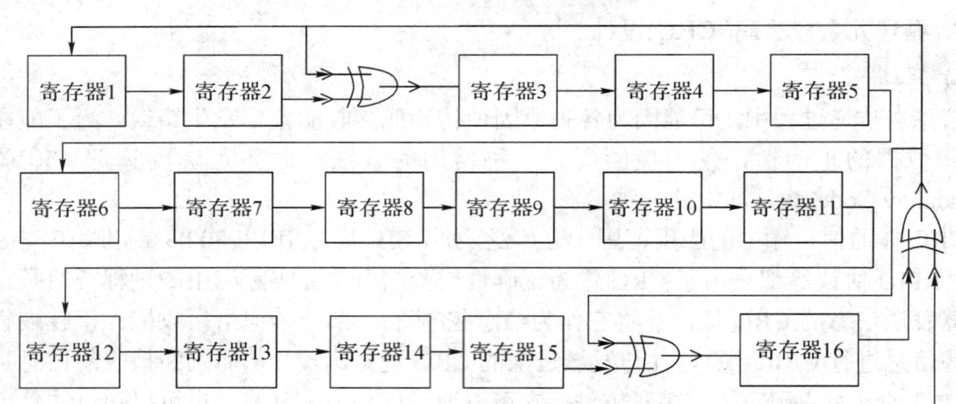

图 6.28　CRC-16 校验码的逻辑结构图

例 6.31　用 Verilog 实现一个串行 CRC-16 编码器。代码如下：

```
module crc_16(clk, reset, x, crc_reg, crc_s);
input clk;                    //系统工作时钟
input reset;                  //复位信号
input x;                      //串行输入数据
output[15:0]crc_reg;          // CRC 编码输出
output crc_s;                 // CRC 异步信号，标志着一帧编码的结束
reg[15:0] crc_reg;
reg crc_s;
```

```
reg[3:0]cnt;
wire[15:0]crc_enc;
always@(posedge clk)begin
  if(!reset)
    begin
      crc_reg <= 0;
      cnt <= 0;
    end
  else
    begin
      crc_reg <= crc_enc;
      cnt <= cnt+1;
      if(cnt == 0)
        crc_s <= 0;
      else
        crc_s <= 1;
    end
  end
assign crc_enc[0] = crc_reg[15]^x;
assign crc_enc[1] = crc_reg[0];
assign crc_enc[2] = crc_reg[1]^crc_reg[15]^x;
assign crc_enc[14:3] = crc_reg[13:2];
assign crc_enc[15] = crc_reg[14]^crc_reg[15]^x;
Endmodule
```

6.2　VHDL 程序实例

针对 VHDL 语言，给出如下的程序示例，读者可以自行验证、仿真。

例 6.32　2 输入异或门的 VHDL 描述。代码如下：

```
LIBRARY IEEE;
USE IEEE.STD_LOGIC_1164.ALL;
  ENTITY xor2 IS
    PORT(a, b : IN STD_LOGIC;
            y: OUT STD_LOGIC);
  END xor2;
ARCHITECTURE one OF xor2 IS
  BEGIN
    Y <= a xor b;
```

```
END one;
```

例 6.33　3-8 线译码器的 VHDL 描述。代码如下：

```
LIBRARY IEEE;
USE IEEE.STD_LOGIC_1164.ALL;
  ENTITY decoder38 IS
    PORT(a : IN STD_LOGIC_VECTOR(2 DOWNTO 0);
          y: OUT STD_LOGIC_VECTOR(7 DOWNTO 0));
  END decoder38;
ARCHITECTURE one OF decoder38 IS
  BEGIN
   PROCESS (a)
   BEGIN
     CASE a   IS
        WHEN "000" => y <= "00000001";
        WHEN "001" => y <= "00000010";
        WHEN "010" => y <= "00000100";
        WHEN "011" => y <= "00001000";
        WHEN "100" => y <= "00010000";
        WHEN "101" => y <= "00100000";
        WHEN "110" => y <= "01000000";
        WHEN "111" => y <= "10000000";
        WHEN OTHERS => null;
     END CASE;
   END PROCESS;
END one;
```

例 6.34　8-3 线优先编码器的 VHDL 描述。代码如下：

```
LIBRARY IEEE;
USE IEEE.STD_LOGIC_1164.ALL;
ENTITY encoder83 IS
PORT( d : IN STD_LOGIC_VECTOR(7 DOWNTO 0);
encode: OUT STD_LOGIC_VECTOR(2 DOWNTO 0));
END encoder83;
ARCHITECTURE one OF encoder83 IS
BEGIN
encode <= "111" when d(7) = '1' else
        "110" when d(6) = '1' else
        "101" when d(5) = '1' else
        "100" when d(4) = '1' else
        "011" when d(3) = '1' else
```

```
        "010" when d(2) = '1' else
        "001" when d(1) = '1' else
        "000" when d(0) = '1';
    END one;
```

例 6.35　同步复位 D 触发器的 VHDL 描述。代码如下：

```
LIBRARY IEEE;
USE IEEE.STD_LOGIC_1164.ALL;
  ENTITY d_ff   is
   PORT (d, clk, reset : IN STD_LOGIC;
                   q    : OUT STD_LOGIC);
  END d_ff;
ARCHITECTURE one OF d_ff IS
  BEGIN
   PROCESS (clk)
    BEGIN
     IF clk'EVENT AND clk = '1' THEN
     IF reset = '1' THEN
     Q <= '0';
     ELSE q <= d;
     END IF;
    END IF;
 END PROCESS;
END one;
```

例 6.36　边沿 JK 触发器的 VHDL 描述。代码如下：

```
LIBRARY IEEE;
USE IEEE.STD_LOGIC_1164.ALL;
  ENTITY jk_ff   is
  PORT (j, k, clk : IN STD_LOGIC;
        q, qn   : OUT STD_LOGIC);
  END jk_ff;
ARCHITECTURE one OF jk_ff IS
    SIGNAL q_s : STD_LOGIC;
BEGIN
    PROCESS (j, k, clk)
     BEGIN
      IF clk'EVENT AND clk = '1' THEN
     IF J = '0' AND k = '0' THEN
     q_s <= q_s;
     ELSIF J = '0' AND k = '1' THEN
```

```
            q_s <= '0';
            ELSIF J = '1' AND k = '0' THEN
            q_s <= '1';
            ELSIF J = '1' AND k = '1' THEN
            q_s <= NOT q_s;
            END IF;
            END IF;
        END PROCESS;
        q <= q_s;
        qn <= not q_s;
    END one;
```

例 6.37　十进制计数器的 VHDL 描述。代码如下：

```
    LIBRARY IEEE;
    USE IEEE.STD_LOGIC_1164.ALL;
    USE IEEE.STD_LOGIC_UNSIGNED.ALL;
      ENTITY count10 is
       PORT (cp : IN STD_LOGIC;
                    oc : OUT STD_LOGIC;
                     q : OUT STD_LOGIC_VECTOR(3 DOWNTO 0) );
    END count10;
    ARCHITECTURE one OF count10 IS
    SIGNAL count :STD_LOGIC_VECTOR(3 DOWNTO 0);
    BEGIN
        PROCESS (cp)
         BEGIN
           IF cp'EVENT AND cp = '1' THEN
           IF count = "1001" THEN
            count <= "0000"; oc <= '0';
           ELSE count <= count +1; oc <= '1';
            END IF;
          END IF;
        END PROCESS;
      q <= count;
    END one;
```

例 6.38　4 位基本寄存器的 VHDL 描述。代码如下：

```
    LIBRARY IEEE;
    USE IEEE.STD_LOGIC_1164.ALL;
      ENTITY registerb is
       PORT (cp, reset : IN STD_LOGIC;
```

```
        data : IN STD_LOGIC_VECTOR(3 DOWNTO 0);
          q: OUT STD_LOGIC_VECTOR(3 DOWNTO 0) );
END registerb;
ARCHITECTURE one OF registerb IS
  BEGIN
  PROCESS (cp)
  BEGIN
 IF cp'EVENT AND cp = '1' THEN
  IF reset = '1' THEN
  q <= "0000";
  ELSE
  q <= data;
 END IF;
 END IF;
END PROCESS;
END one;
```

例 6.39　波形发生器。代码如下：

```
Library IEEE;
use IEEE.std_logic_1164.all;
use IEEE.std_logic_arith.all;
package waveform_pkg is
   constant rom_width : integer := 6;
   subtype   rom_word   is std_logic_vector ( 1 to rom_width);
   subtype   rom_range is integer range 0 to 12;
   type      rom_table is array ( 0 to 12) of rom_word;
   constant rom_data : rom_table := rom_table'(
                        "111010",
                        "101000" ,
                        "011000" ,
                        "001000" ,
                        "011010" ,
                        "010011" ,
                        "101110" ,
                        "110100" ,
                        "001010" ,
                        "001000" ,
                        "010110" ,
                        "010101" ,
                        "001111" );
```

```
    subtype   data_word is integer range 0 to 100;
    subtype   data_range is integer range 0 to 12;
    type      data_table is array (0 to 12) of data_word;
    constant data : data_table := data_table'(1, 40, 9, 2, 2, 4, 1, 15, 5, 1, 1, 3, 1);
end waveform_pkg;
LIBRARY IEEE;
USE IEEE.std_logic_1164.ALL;
USE IEEE.std_logic_arith.ALL;
USE work.waveform_pkg.all;
entity smart_waveform is
   port (
         clock : in   std_logic;
         reset : in   boolean;
         waves : out rom_word
        );
end;
architecture rtl of smart_waveform is
     signal step, next_step : rom_range;
     signal delay                    : data_word;
   begin
   next_step <= rom_range'high when step = rom_range'high else step + 1;
    time_step : process
       begin
         wait until clock'event and clock = '1' and clock'last_value = '0';
         if (reset) then
            step <= 0;
         elsif (delay = 1) then
            step <= next_step;
         else
            Null;
         end if;
    end process;
    delay_step : process
      begin
        wait until clock'event and clock = '1';
        if (reset) then
           delay <= data(0);
        elsif (delay = 1) then
```

```
            delay <= data(next_step);
          else
          delay <= delay - 1;
          end if;
     end process;
    waves <= rom_data(step);
end;
```

例 6.40　综合设计 1：分析多路彩灯控制器设计原理，设计四花彩灯控制器。

分析：设计一个彩灯控制程序器，可以实现四种花型循环变化，有复位开关。整个系统共有三个输入信号 CLK、RST、SelMode，八个输出信号控制八个彩灯。时钟信号 CLK 脉冲由系统的晶振产生。各种不同花样彩灯的变换由 SelMode 控制。硬件电路的设计要求在彩灯的前端加 74373 锁存器。用来对彩灯进行锁存控制。此彩灯控制系统设定有四种花样变化，这四种花样可以进行切换，四种花样分别为

(1) 彩灯从左到右逐次闪亮，然后从右到左逐次熄灭。

(2) 彩灯两边同时亮两个，然后逐次向中间点亮。

(3) 彩灯从左到右两个两个点亮，然后从右到左两个两个逐次点亮。

(4) 彩灯中间两个点亮，然后同时向两边散开，逐次点亮。

设计代码如下：

```
LIBRARY IEEE;
USE IEEE.std_logic_1164.ALL;
USE IEEE.std_loglc_ARITH.ALL;
USE IEEE.std_logic_UNSIGNED.ALL;
  ENTITY CaiDeng IS
  port(CLK:IN std_logic;
    RST:in std_logic;
    SelMode:in std_logic_vector(1 downto 0);                    --彩灯花样控制
    Light:out std_logic_vector(7 downto 0));
END CaiDeng;
ARCHITECTURE control OF CaiDeng IS
  SIGNAL clk1ms:std_logic := '0';
  SIGNAL cnt1:std_logic_vector(3 downto 0) := "0000";
  SIGNAL ent2:std_logic_vector(1 downto 0) := "00";
  SIGNAL cnt3:std_logic_vector(3 downto 0) := "0000";
  SIGNAL cnt4:std_logic_vector(1 downto 0) := "00";
BEGIN
P1:PR0CESS(clk1ms)
  BEGIN
  if(clk1ms'EVENT AND clk1ms = '1')then
  if selmode = "00" then                                      --第一种彩灯花样的程序
```

```
    if cnt1 = "1111" then
  cnt1 <= "0000";
    else cnt1 <= cnt1+1;
  end if;
  case cnt1 is
      when "0000" => light <= "10000000";
      when "0001" => light <= "11000000";
      when "0010" => light <= "11100000";
      when "0011" => light <= "11110000";
      when "0100" => light <= "11111000";
      when "0101" => light <= "11111100";
      when "0110" => light <= "11111110";
      when "0111" => light <= "11111111";
      when "1000" => light <= "11111110";
      when "1001" => light <= "11111100";
      when "1010" => light <= "11111000";
      when "1011" => light <= "11110000";
      when "1100" => light <= "11100000";
      when "1101" => light <= "11000000";
      when "1110" => light <= "10000000";
      when others => light <= "00000000";
  end case;
  elsif selmode = "01" then                          --第二种彩灯花样的程序
    if cnt2 = "11" then
      cnt2 <= "00";
    else cnt2 <= cnt2+1;
  end if;
  case cnt2 is
      when "00" => light <= "10000001";
      when "01" => light <= "11000011";
      when "10" => light <= "11100111";
      when "11" => light <= "11111111";
      when others => light <= "00000000";
  end ease;
  elsif selmode = "10" then                          --第三种彩灯花样的程序
    if cnt3 = "1111" then
      cnt3 <= "0000";
  else cnt3 <= cnt3+1;
  end if;
```

```
case cnt3 is
    when "0000" => light <= "11000000";
    when "0001" => light <= "01100000";
    when "0010" => light <= "00110000";
    when "0011" => light <= "00011000";
    when "0100" => light <= "00001100";
    when "0101" => light <= "00000110";
    when "0110" => light <= "00000011";
    when "0111" => light <= "00000110";
    when "1000" => light <= "00001100";
    when "1001" => light <= "00011000";
    when "1010" => light <= "00110000";
    when "1011" => light <= "01100000";
    when "1100" => light <= "11000000";
    when others => light <= "00000000";
end case;
elsif selmode = "11" then                          --第四种彩灯花样的程序
  if cnt4 = "11" then
    cnt4 <= "00";
else cnt4 <= cnt4+1;
end if;
case cnt4 is
    when "00" => light <= "00011000";
    when "01" => light <= "00111100";
    when "10" => light <= "01111110";
    when "11" => light <= "11111111";
    when others => light <= "00000000";
end ease;
end if;
end if;
END PROCESS P1;
P2:PROCESS(clk)                                    --分频进程
  variable cnt:integer range 0 to 1000;
  BEGIN
    IF(RST = '0')then
    cnt := 0:
    ELSIF(clk'EVENT AND clk = '1')then
    if cnt<999 then
    cnt := cnt+1;
```

```
      clk1ms <= '0';
      else
      cnt := 0;
      clk1ms <= '1';
    end if;
  end if;
  end PROCESS P2;
  end control;
```

例 6.41　综合设计 2：红绿灯指示设计。设计要求如下：

(1) 显示一个方向的绿、黄、红的指示状态。

(2) 特殊情况按键能实现特殊的功能，计数器停止计数并保持在原来的状态，显示红灯状态。特殊状态解除后能继续计数。

(3) 复位按键实现总体计数清零功能。

(4) 实现正常的倒计时功能。用数码管作为倒计时显示，显示时间为绿灯 17 s，黄灯 3 s，红灯 20 s。

设计代码如下：

```
LIBRARY IEEE;
USE IEEE.std_logic_1164.all;
  ENTITY redgreen is
  Port
  ( clock_in:in std_logic;
    hold_state:in std_logic;
   reset_state:in std_logic;
    led_red，led_green，led_yellow:out std_logic;
    select_en:buffer std_logic;
    select_display:out std_logic_vector(0 to 6) );
end;
  Architecture half of redgreen is
   onstant loop_hz:integer := 800000;                --根据晶振实际频率算出来
   ignal count_time:integer range 0 to loop_hz;
   ignal clock_buffer:std_logic;
   ignal clock_out:std_logic;
   ignal count_num:integer range 0 to 40;
   ignal display_num:integer range 0 to 20;
   ignal display_shi:integer range 0 to 9;
   ignal display_ge:integer range 0 to 9;
   constant loop_time:integer := 40;                 --一个循环周期的时间
   onstant red_time:integer := 20;                   --红灯的时间
   onstant green_time:integer := 17;                 --绿灯的时间
```

```
    onstant yellow_time:integer := 3;                   --黄灯的时间
begin
    process(clock_in)                                   --分频进程
    begin
      if rising_edge(clock_in) then
        if count_time =l oop_hz then
          count_time <= 0;
          clock_buffer <= not clock_buffer;
        else
          count_time <= count_time+1;
        end if;
      end if;
      clock_out <= clock_buffer;                        --输入 1 Hz 频率
    end process;
    pcess(reset_state, clock_out)                       --计数进程
    begin
      if reset_state = 1 then                           --重启后计数归零
        count_num <= 0;
      elsif rising_edge(clock_out) then
        if hold_state = 1 then                          --紧急时计数暂停
         count_num <= count_num;
        else
          if count_num = loop_time-1 then
             count_num <= 0;
          else
            count_num <= count_num+1;
      end if;
    end if;
  end if;
 end process;
 process(clock_out)                                     --交通灯显示
    begin
      if falling_edge(clock_in) then
        if hold_state = 1 then                          --暂停时红灯亮
          led_red <= 1;
          led_green <= 0;
          led_yellow <= 0;
     else
         if count_num           display_num <= green_time-count_num;
```

```
            led_red <= 0;
            led_green <= 1;
            led_yellow <= 0;
      elsif count_num         display_num <= green_time+yellow_time-count_num;
            led_red <= 0;
            led_green <= 0;
            led_yellow <= 1;
      else
            display_num <= loop_time-count_num;
            led_red <= 1;
            led_green <= 0;
            led_yellow <= 0;
          end if;
      end if;
   end if;
end process;
process(display_num)                                    --分位进程
     begin
        if display_num >= 20 then
            display_shi <= 2;
           display_ge <= display_num-20;
     elsif display_num >= 10 then
            display_shi <= 1;
            display_ge <= display_num-10;
     else
            display_shi <= 0;
            display_ge <= display_num;
        end if;
     end process;
process(clock_in)                                       --数码管显示
begin
   if falling_edge(clock_in) then
      select_en <= 1;
         case display_shi is
         when 0 => select_display <= 1111110;
         when 1 => select_display <= 0110000;
         when 2 => select_display <= 1101101;
         when others => select_display <= 0000000;
        end case;
```

```
        if select_en = 1 then
          select_en <= 0;
          case display_ge is
            when 0 => select_display <= 1111110;
            when 1 => select_display <= 0110000;
            when 2 => select_display <= 1101101;
            when 3 => select_display <= 1111001;
            when 4 => select_display <= 0110011;
            when 5 => select_display <= 1011011;
            when 6 => select_display <= 1011111;
            when 7 => select_display <= 1110000;
            when 8 => select_display <= 1111111;
            when 9 => select_display <= 1110011;
            when others => select_display <= 0000000;
          end case;
        end if;
      end if;
    end process;
  end;
```

第 7 章　EDA 实验及课程设计

EDA 技术是一门全新的综合性电子设计技术，涉及面广，因此在知识构成上对于新时代嵌入式创新人才有更高的要求，除了必须了解基本的 EDA 软件、硬件描述语言和 FPGA 器件相关知识外，还必须熟悉计算机组成与接口、汇编语言或 C 语言、DSP 算法、数字通信、嵌入式系统开发、片上系统构建与测试等知识。显然，知识面的拓宽必然推动电子信息及工程类各学科分支与相应的课程类别间的融合，而这种融合必将有助于学生设计理念的培养和创新思维的升华。

另外，实验的目的在于巩固理论知识的同时拓展知识面，提高工程能力，为将来的学习及工作打下良好的基础，因此唯有踏踏实实地完成实验过程的每一步，才能从中有所学，获得工程经验，体会到收获的感觉和实验的快乐。

7.1　课程实验部分

7.1.1　MAX+plus Ⅱ/Quartus Ⅱ 软件图形设计

实验一　MAX+plus Ⅱ/Quartus Ⅱ 软件应用

一、实验目的

1. 熟悉 EDA 开发平台的基本操作；
2. 掌握 EDA 开发工具的图形设计方法；
3. 掌握图形设计的编译与验证方法。
4. 熟悉 EDA/SOPC 实验箱。

二、实验仪器

计算机、MAX+plus Ⅱ 或 Quartus Ⅱ 软件、EDA/SOPC 实验箱。

三、实验内容

1. 建立图 7.1 所示的原理图电路。
2. 通过该例熟悉软件的使用。
3. 熟悉 EDA/SOPC 实验箱的使用。

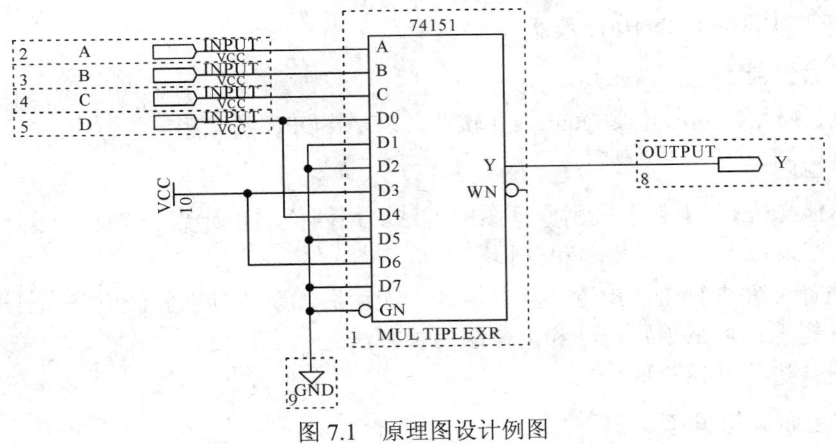

图 7.1　原理图设计例图

四、实验研究与思考

功能仿真、验证可以起到什么作用？

实验二　奇偶检测电路设计

一、实验目的

1. 掌握 EDA 软件开发工具中原理图设计的步骤及方法；

2. 掌握简单组合逻辑电路原理图的设计方法，进一步熟悉开发工具的界面和设计流程；

3. 设计并实现一个奇偶检测电路。

二、实验仪器

计算机、MAX+plusⅡ或 QuartusⅡ软件、EDA/SOPC 实验箱。

三、实验内容

1. 设计一个三输入的奇数检测电路，要求对三个输入信号的输入情况进行检测，当有奇数个 1 电平输入时，输出为 1，否则为 0。

2. 对设计文件进行语法检查、项目编译，无误后加以仿真，验证电路设计是否正确。

3. 设计提示：假设输入信号为 a b c，输出为 F，则其输入输出关系应满足：

$$F(a, b, c) = \sum m(1, 2, 4, 7) = a \oplus b \oplus c$$

4. 画出设计电路并编译、仿真和进行硬件验证。

四、实验研究与思考

如何把具体功能转换成相对应的表达式?

实验三　同步计数器 74161 的应用

一、实验目的

1. 掌握 EDA 开发工具中原理图设计的步骤及方法；

2. 设计并实现一个模 10 计数器。

二、实验仪器

计算机、MAX+plus II 或 Quartus II 软件、EDA/SOPC 实验箱。

三、实验内容

1. 在 MAXplus II 工具中采用原理图的方法，用四位同步计数器 74161 设计一个模 10 的计数器，要求输出端有计数端和分频端。

2. 对设计文件进行语法检查、项目编译，无误后加以仿真以验证电路设计是否正确。

3. 设计提示：可采用置位法和复位法两种方法之一进行设计。

4. 对设计进行硬件验证。

四、实验研究与思考

1. 置位法和复位法有什么差异?

2. 如何设置分频端?

实验四　数据选择器 74151 的应用

一、实验目的

1. 掌握 EDA 软件开发工具中原理图设计的步骤及方法;

2. 设计并实现一个四位二进制数输入中含偶数个“0”的判断电路。

二、实验仪器

计算机、MAX+plus II 或 Quartus II 软件、EDA/SOPC 实验箱。

三、实验内容

1. 设计要求：用八选一数据选择器 74151 实现一个四位二进制数输入中含偶数个‘0’的判断电路，可附加必要的外围电路。

2. 对设计文件进行语法检查、项目编译，无误后加以仿真以验证电路设计是否正确。

四、实验研究与思考

1. 外围电路如何添加更简单?

2. 实现偶数个“0”的判断后如何简单修改电路实现奇数个“0”的判断?

实验五　3-8 译码器

一、实验目的

1. 掌握组合逻辑电路的设计方法;

2. 掌握组合逻辑电路的静态测试方法;

3. 初步掌握 EDA 软件的基本操作与应用;

4. 初步了解可编程器件的设计的全过程。

二、实验仪器

计算机、MAX+plus II 或 Quartus II 软件、EDA/SOPC 实验箱。

三、实验内容

1. 新建一个设计工程。
2. 输入并连接如图 7.2 所示的原理图。

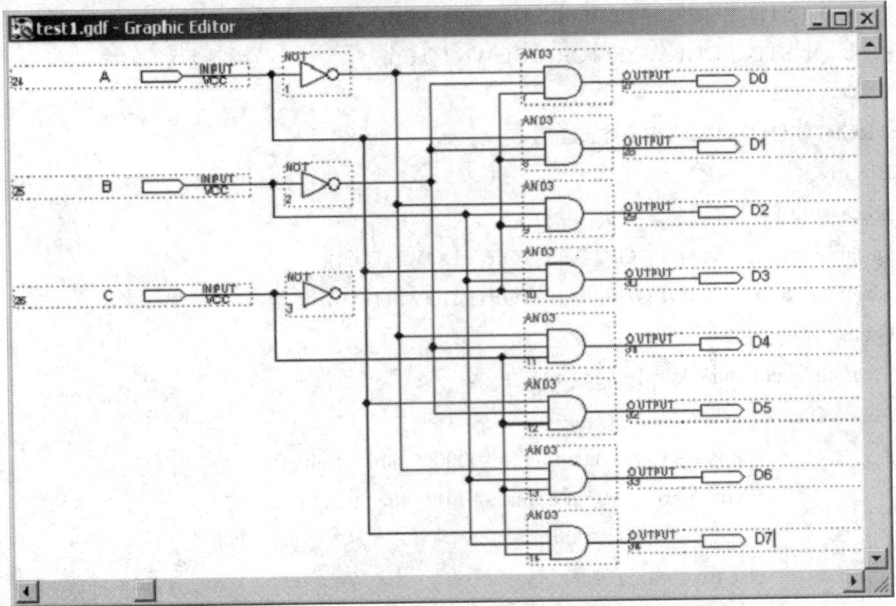

图 7.2　3-8 译码器原理图

3. 编译与适配。
4. 波形文件输入与设定，功能仿真与验证。

四、实验研究与思考

组合逻辑电路的设计应该注意什么问题？

7.1.2　MAX+plus Ⅱ/Quartus Ⅱ软件 VHDL 设计

实验六　VHDL 软件设计

一、实验目的

1. 熟悉 EDA 开发平台的基本操作；
2. 掌握 EDA 开发工具的 VHDL 设计方法；
3. 掌握硬件描述语言设计的编译与验证方法。

二、实验仪器

计算机、MAX+plus II 或 Quartus II 软件、EDA/SOPC 实验箱。

三、实验内容

1. 二十四进制加法计数器设计与验证。代码如下：

```
LIBRARY IEEE;
USE ieee.std_logic_1164.ALL;
```

```
USE ieee.std_logic_unsigned.ALL;
ENTITY count24 IS
PORT(en, clk: IN   STD_LOGIC;
   qa: out STD_LOGIC_VECTOR(3 DOWNTO 0);          --个位数计数
   qb: out STD_LOGIC_VECTOR(1 DOWNTO 0));         --十位数计数
END count24;
ARCHITECTURE a1 OF count24 IS
BEGIN
process(clk)
variable   tma:   STD_LOGIC_VECTOR(3 DOWNTO 0);
variable   tmb:   STD_LOGIC_VECTOR(1 DOWNTO 0);
begin
    if clk'event and clk = '1' then
        if en = '1' then
            if tma = "1001" then tma := "0000"; tmb := tmb+1;
            Elsif   tmb = "10" and tma = "0011" then tma := "0000";
                        tmb := "00";
            else tma := tma+1;
            end if;
        end if;
  end if;
  qa <= tma;
  qb <= tmb;
  end process;
END a1;
```

2. 修改以上程序获得六十进制加法计数器并进行功能和时间仿真验证。
3. 自行设定实验步骤和设计记录方式，完成实验报告。

四、实验研究与思考

比较图形设计和语言设计方法的差别及其各自的优缺点。

实验七　编　码　器

一、实验目的

设计并实现一个 8-3 线优先编码器。

二、实验仪器

计算机、MAX+plusⅡ或 QuartusⅡ软件、EDA/SOPC 实验箱。

三、实验原理

常用的编码器有：4-2 编码器、8-3 编码器、16-4 编码器，下面我们用一个 8-3 线编码器的设计来介绍编码器的设计方法。8-3 编码器如图 7.3 所示，其真值表如表 7.1 所示。

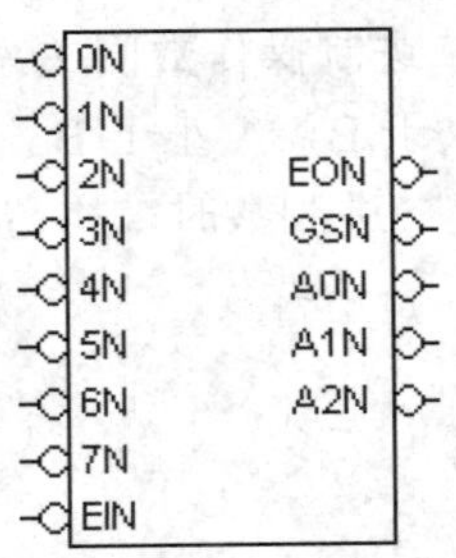

图 7.3　8-3 编码器

表 7.1　8-3 优先编码器真值表

输入									输出				
EIN	0N	1N	2N	3N	4N	5N	6N	7N	A2N	A1N	A0N	GSN	EON
1	X	X	X	X	X	X	X	X	1	1	1	1	1
0	1	1	1	1	1	1	1	1	1	1	1	1	0
0	X	X	X	X	X	X	X	0	0	0	0	0	1
0	X	X	X	X	X	X	0	1	0	0	1	0	1
0	X	X	X	X	X	0	1	1	0	1	0	0	1
0	X	X	X	X	0	1	1	1	0	1	1	0	1
0	X	X	X	0	1	1	1	1	1	0	0	0	1
0	X	X	0	1	1	1	1	1	1	0	1	0	1
0	X	0	1	1	1	1	1	1	1	1	0	0	1
0	0	1	1	1	1	1	1	1	1	1	1	0	1

四、实验内容

1. 启动软件建立一个空白工程，然后命名。

2. 新建 VHDL 源程序文件并命名，输入程序代码并保存，进行综合编译，若在编译过程中发现错误，则找出并更正错误，直至编译成功为止。

3. 新建仿真文件，对各模块设计进行仿真，验证设计结果，打印仿真结果。

五、实验研究与思考

对于优先级编码器的设计，是如何控制其优先顺序的？

实验八　数据比较器

一、实验目的

设计并实现一个 4 位二进制数据比较器。

二、实验仪器

计算机、MAX+plus II 或 Quartus II 软件、EDA/SOPC 实验箱。

三、实验原理

二进制比较器是提供关于两个二进制操作数间关系信息的逻辑电路。两个操作数的比较结果有三种情况：A 等于 B，A 大于 B，A 小于 B。

考虑当操作数 A 和 B 都是一位二进制数时，构造比较器的真值表(见表 7.2)。输出表达式如下：

$$A\ EQ\ B = A'B' + AB = (AB)'$$

$$A > B = AB'$$

$$A < B = A'B$$

表 7.2　一位比较器的真值表

输　入		输　　出		
A	B	A = B	A > B	A < B
0	0	1	0	0
0	1	0	0	1
1	0	0	1	0
1	1	1	0	0

在一位比较器的基础上，我们可以继续得到两位比较器，然后通过“迭代设计”得到四位的数据比较器。对于 4 位比较器的设计，我们还可以通过原理图输入法或 VHDL 描述来完成，其中 VHDL 语言描述是一种最为简单的方法。

四、实验内容

1. 启动软件建立一个空白工程，然后命名为 comp4.qpf。
2. 新建 VHDL 源程序文件 comp.vhd，输入程序代码并保存，进行综合编译，若在编译过程中发现错误，则找出并更正错误，直至编译成功为止。
3. 建立波形仿真文件(comp.vwf)并进行仿真验证。

五、实验研究与思考

在进行多位二进制数据比较时，可以采用整体比较的方法，也可以采用由高位到低位的顺序进行比较，试写出这两种不同方法设计的比较器程序，并比较两种方法输出速度的快慢。

实验九　组合逻辑电路的 VHDL 描述

一、实验目的

1. 掌握组合逻辑电路的设计方法；
2. 掌握组合逻辑电路的静态测试方法；
3. 熟悉 FPGA 设计的过程，比较原理图输入和文本输入的优劣。

二、实验仪器

计算机、MAX+plus Ⅱ 或 Quartus Ⅱ 软件、EDA/SOPC 实验箱。

三、实验内容

1. 用 VHDL 语言设计一个四舍五入判别电路，其输入为 8421BCD 码，要求当输入大于或等于 5 时，判别电路输出为 1，反之为 0。参考电路原理图如图 7.4 所示。

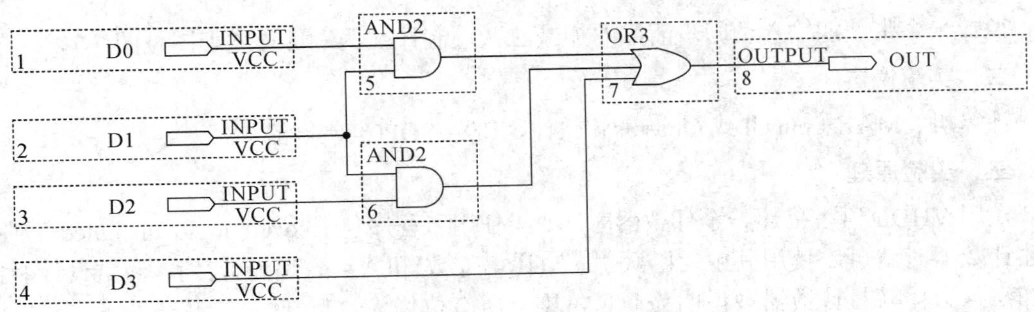

图 7.4　四舍五入判别参考电路

2. 用 VHDL 语言设计四个开关控制一盏灯的逻辑电路，要求改变任意开关的状态能够引起灯亮灭状态的改变。(即任一开关的合断改变原来灯亮灭的状态，参考电路原理图如图 7.5 所示。)

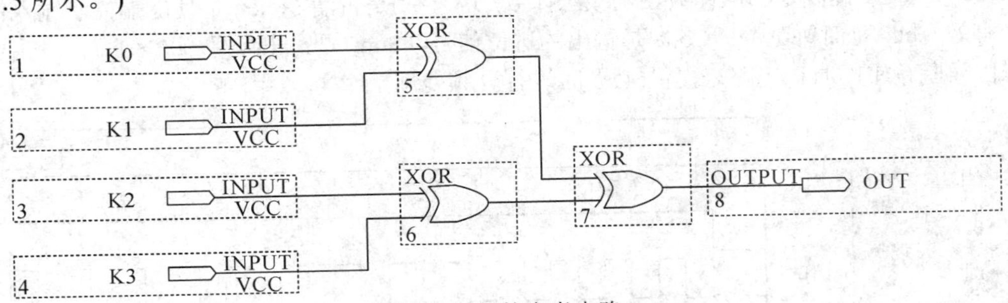

图 7.5　灯控参考电路

3. 用 VHDL 语言设计一个优先排队电路(参考电路原理图如图 7.6 所示)，其中：A = 1，最高优先级；B = 1，次高优先级；C = 1，最低优先级。要求输出端最多只能有一端为“1”，即只能是优先级较高的输入端所对应的输出端为“1”。

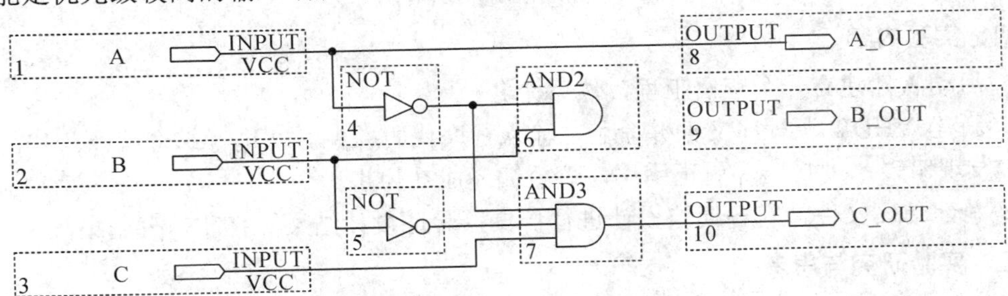

图 7.6　优先排队参考电路

4. 自行设定实验步骤和设计记录方式，完成实验报告。

四、实验研究与思考

1. CPLD 和 FPGA 有什么差别？设计中应该注意什么问题？
2. 图形设计方法中采用 LPM 设计有什么好处？

实验十　计　数　器

一、实验目的

设计一个带使能输入及同步清零的加减法八进制计数器，仿真波形图见图 7.7。

二、实验仪器

计算机、MAX+plusⅡ或 QuartusⅡ软件、EDA/SOPC 实验箱。

三、实验原理

在用 VHDL 语言描述一个计数器时，如果使用了程序包 ieee.std_logic_unsigned，则在描述计数器时就可以使用其中的函数“+”(递增计数)和“-”(递减计数)。假定设计对象是加法计数器并且计数器被说明为向量，则当所有位均为‘1’时，计数器的下一状态将自动变成‘0’。举例来说，假定计数器的值到达“111”时将停止，则在增 1 之前必须测试计数器的值。如果计数器被说明为整数类型，则必须有上限值测试。否则，在计数数值等于 7，并且要执行增 1 操作时，模拟器将指出此时有错误发生。

图 7.7 的 up 控制是加法计数还是减法计数，rst 控制是否清零，en 是使能端控制输入信号是否有效，clk 是时钟脉冲。Cout 是输出的进位信号，Sum 是输出信号(000～111)。其中 clk 可以由实验箱中的时钟电路来提供(必要时进行分频处理)，也可以手动产生。

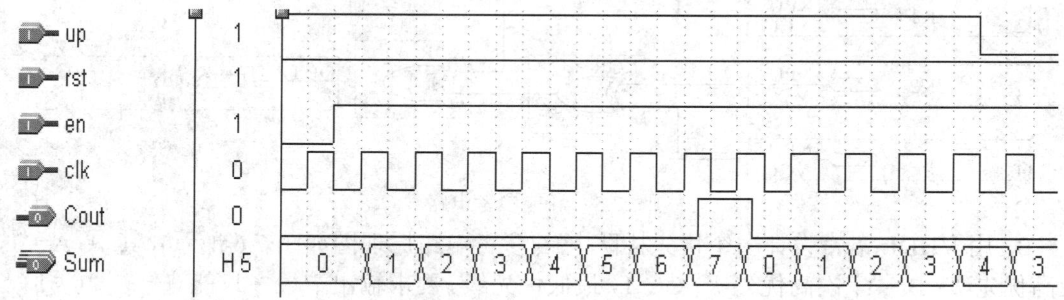

图 7.7　加减控制计数器波形图

四、实验内容

1. 启动软件建立一个空白工程，然后命名。

2. 新建 VHDL 源程序文件并命名，输入程序代码并保存，进行综合编译，若在编译过程中发现错误，则找出并更正错误，直至编译成功为止。

3. 新建仿真文件，对各模块设计进行仿真，验证设计结果，打印仿真结果。

五、实验研究与思考

计数器的清零方式(同步/异步)如何控制？

实验十一　数 字 时 钟

一、实验目的

设计一个可以计时的数字时钟，其显示时间范围是 00:00:00～23:59:59，且该时钟具有暂停计时、清零等功能。

二、实验仪器

计算机、MAX+plusⅡ或 QuartusⅡ软件、EDA/SOPC 实验箱。

三、实验原理

数字时钟框图如图 7.8 所示，一个完整的时钟应由四部分组成：秒脉冲发生电路、计数部分、译码显示部分和时钟调整部分。

(1) 秒脉冲发生电路。一个时钟的准确与否主要取决于秒脉冲的精确度。可以设计分频电路对系统时钟 50 MHz 进行 5×10^7 分频从而得到稳定的 1 Hz 的基准信号。定义一个 5×10^7 进制的计数器，将系统时钟作为时钟输入引脚 clk，进位输出即为分频后的 1 Hz 信号。

(2) 计数部分。应设计 1 个六十进制秒计数器、1 个六十进制分计数器、1 个二十四进制时计数器用于计时。秒计数器应定义 clk(时钟输入)、rst(复位)两个输入引脚，Q3～Q0(秒位)、Q7～Q4(十秒位)、Co(进位位)共 9 个输出引脚。分、时计数器类似。如需要设置时间可再增加置数控制引脚 set 和置数输入引脚 d0～d7。

(3) 译码显示部分。此模块应定义控制时钟输入、时分秒计数数据输入共 25 个输入引脚；8 位显示码输出(XQ7～XQ0)、6 位数码管选通信号(DIG0～DIG5)共 14 个输出引脚。在时钟信号的控制下轮流选择对十时、时、十分、分、十秒、秒输入信号进行译码输出至 XQ7～XQ0，并通过 DIG0～DIG5 输出相应的选通信号选择数码管。每位显示时间控制在 1ms 左右。时钟信号可由分频电路引出。

各模块连接方式如图 7.8 所示。

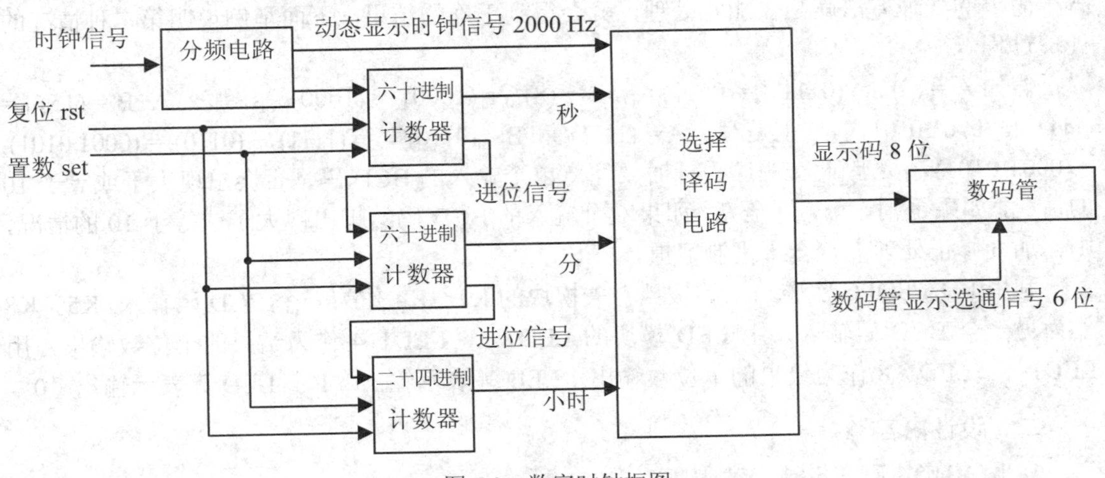

图 7.8　数字时钟框图

四、实验内容

1. 启动 QuartusⅡ建立一个空白工程并命名。

2. 新建 VHDL 源程序文件，输入程序代码并保存，进行综合编译，若在编译过程中发现错误，则找出并更正错误，直至编译成功为止。最后再生成图形符号文件。

3. 用波形仿真进行验证。

五、实验研究与思考

如何实现时间的调整？

7.2 课程设计部分

设计一 BCD 码加法器

一、设计任务及要求

BCD 码是二进制编码的十进制码，也就是用 4 位二进制数来表示十进制中的 0～9 这十个数。由于 4 位二进制数有 0000～1111 共 16 种组合，而十进制数只需对应 4 位二进制数的 10 种组合，故从 4 位二进制数的 16 种组合中取出 10 种组合来分别表示十进制中的 0～9，则有许多不同的取舍方式，于是便形成了不同类型的 BCD 码。

本设计只针对最简单的情况，也是最常见的 BCD 码，就是用 4 位二进制的 0000～1001 来表示十进制的 0～9，而丢弃 4 位二进制的 1010～1111 共 6 种组合，这样一来，就相当于用 4 位二进制的 0～9 对应十进制的 0～9。这样的 BCD 码进行相加时会出现两种可能，一种可能是当两个 BCD 码相加的值小于 10 时，结果仍旧是正确的 BCD 码；另外一种可能是当两个码相加的结果大于或者等于 10 时，就会得到错误的结果，这是因为 4 位二进制码可以表示 0～15，而 BCD 码只取了其中的 0～9 的原因。对于第二种错误的情况，有一个简单的处理方法就是作加 6 处理，就会得到正确的结果。下面举例说明第二种情况的处理过程。

假如 $A = (7)_{10} = (0111)_2 = (0111)_{BCD}$，$B = (8)_{10} = (1000)_2 = (1000)_{BCD}$，那么 $A+B = (15)_{10} = (1111)_2 \neq (0001\ 0101)_{BCD}$。但是对于 $A = (1111)_2$ 和 $B = (0110)_2$，有 $(1111)_2 + (0110)_2 = (0001\ 0101)_2 = (0001\ 0101)_{BCD}$。因此在程序设计时要注意单个输入的 BCD 码是否会出现大于或等于 10 的情况，如果是则无效，灯全亮。如果双个输入的 BCD 码结果出现大于或等于 10 的情况，则作加 6 修正处理，符合十进制习惯。

利用 EDA/SOPC 实验箱上的拨挡开关模块的 K1～K4 作为一个 BCD 码输入，K5～K8 作为另一个 BCD 码输入，用 LED 模块的 LED1_1～LED1_4 作为结果的个位数输出，用 LED1_5～LED1_8 作为结果的十位数输出，LED 亮表示输出‘1’，LED 灭表示输出‘0’。

二、设计内容

1. 用 VHDL 语言设计上述程序。
2. 完成程序的编译、综合、适配、仿真。
3. 完成程序的硬件验证。

三、设计报告要求

1. 写出 BCD 码加法器的 VHDL 语言设计源程序。
2. 给出仿真波形图。
3. 给出硬件验证图。

设计二　四位全加器

一、设计要求及原理

全加器是由两个加数 X_i 和 Y_i 以及低位来的进位 C_{i-1} 作为输入，产生本位和 S_i 以及向高位的进位 C_i 的逻辑电路。它不但要完成本位二进制码 X_i 和 Y_i 相加，而且还要考虑到低一位进位 C_{i-1} 的逻辑。对于输入为 X_i、Y_i 和 C_{i-1}，输出为 S_i 和 C_i 的情况，根据二进制加法法则可以得到全加器的真值表如表 7.3 所示。

表 7.3　全加器真值表

X_i　Y_i　C_{i-1}	S_i	C_i	X_i　Y_i　C_{i-1}	S_i	C_i
0　0　0	0	0	1　0　0	1	0
0　0　1	1	0	1　0　1	0	1
0　1　0	1	0	1　1　0	0	1
0　1　1	0	1	1　1　1	1	1

由真值表得到 S_i 和 C_i 的逻辑表达式，经化简后为

$$S_i = X_i \oplus Y_i \oplus C_{i-1}$$

$$C_i = (X_i \oplus Y)C_{i-1}+X_iY_i$$

这仅仅是一位的二进制全加器，要完成一个四位的二进制全加器，只需要把四个加法器级联起来即可。

本设计要完成的任务是设计一个四位二进制全加器。具体的实验过程就是利用 EDA/SOPC 实验箱上的拨挡开关模块的 K1～K4 作为一个 X 码输入，K5～K8 作为另一个 Y 码输入，用 LED 模块的 LED1_5～LED1_8 来作为进位 C 输出，用 LED1_1～LED1_4 来作为结果 S 输出，LED 亮表示输出‘1’，LED 灭表示输出‘0’。

二、设计内容

1. 用 VHDL 语言设计上述程序。
2. 完成程序的编译、综合、适配、仿真。
3. 完成程序的硬件验证。

三、设计报告要求

1. 写出四位全加器的 VHDL 语言设计源程序。
2. 给出仿真波形图。
3. 给出硬件验证图。

设计三　出租车计费器

一、设计任务及要求

1. 能实现计费功能，计费标准为：按行驶里程收费，起步费为 10.00 元，并在车行 3 公里后再按 2 元/公里收费，当计费器计费达到或超过一定收费(如 20 元)时，每公里加收

50%的返程车费，车停止时不计费。

2. 实现预置功能：能预置起步费、每公里收费、行车加费里程。

3. 实现模拟功能：能模拟汽车启动、停止、暂停、车速等状态。

4. 设计动态扫描电路：将车费显示出来，有两位小数。

5. 用 VHDL 语言设计符合上述功能要求的出租车计费器，并用层次化设计方法设计该电路。

6. 各计数器的计数状态用功能仿真的方法验证，并通过有关波形确认电路设计是否正确。

7. 完成电路全部设计后，通过系统实验箱下载验证设计的正确性。

二、系统顶层框图

本设计任务的系统顶层框图如图 7.9 所示。

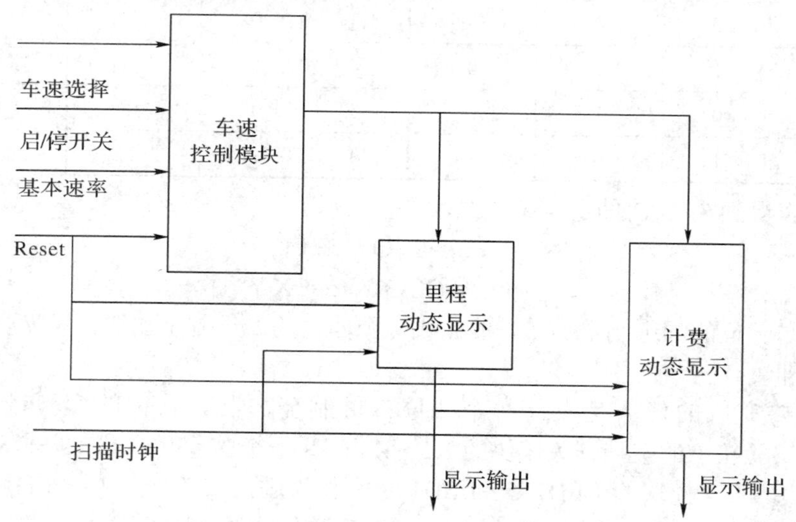

图 7.9 系统顶层框图

计费器按里程收费，每 100 米开始一次计费。各模块功能如下所述：

1. 车速控制模块

当启停键为启动状态时(高电平)，模块根据车速来选择与基本车速相应的频率的脉冲以驱动计费器和里程显示模块进行计数；当处于停止状态时暂停发出脉冲，此时计费器和里程显示模块相应地停止计数。

2. 里程动态显示模块

该模块包括计录车速控制模块发出的脉冲以及将计数显示动态显示出来，每来一个脉冲里程值加 0.1(控制器每发一个脉冲代表运行了 0.1 公里)。

3. 计费动态显示模块

该模块记录的初值为 10 元，当里程超过 3 公里后才接受计数车速控制模块发出的脉冲的驱动，并将计数显示动态显示出来，每来一个脉冲(代表运行了 0.5 公里)其数值加 1 元，当收费超过 20 元时每来一个脉冲，其数值加 1.5 元。

三、设计报告要求

1. 画出顶层原理图。

2. 用 VHDL 语言设计各子模块。
3. 叙述各子模块和顶层原理图的工作原理。
4. 给出各模块和顶层原理图的仿真波形图。
5. 给出硬件测试流程和结果。

设计四　数字秒表

一、设计任务及要求

1. 设计用于体育比赛的数字秒表，要求：

(1) 计时精度应大于 1/100 s，计时器能显示 1/100 s 的时间，提供给计时器内部定时的时钟脉冲频率应大于 100 Hz，这里选用 1 kHz。

(2) 计时器的最长计时时间为 1 小时，为此需要一个 6 位的显示器，显示的最长时间为 59 分 59.99 秒。

2. 设置有复位和启/停开关。

(1) 复位开关用来使计时器清零，并作好计时准备。

(2) 启/停开关的使用方法与传统的机械式计时器相同，即按一下启动/暂停开关，启动计时器开始计时，再按一下启/停开关计时终止。

(3) 复位开关可以在任何情况下使用，即使在计时过程中，只要按一下复位开关，计时进程立刻终止，并对计时器清零。

3. 采用 VHDL 语言用层次化设计方法设计符合上述功能要求的数字秒表。
4. 对电路进行功能仿真，通过有关波形确认电路设计是否正确。
5. 完成电路全部设计后，通过系统实验箱下载验证设计课题的正确性。

二、系统顶层框图

系统顶层框图如图 7.10 所示。

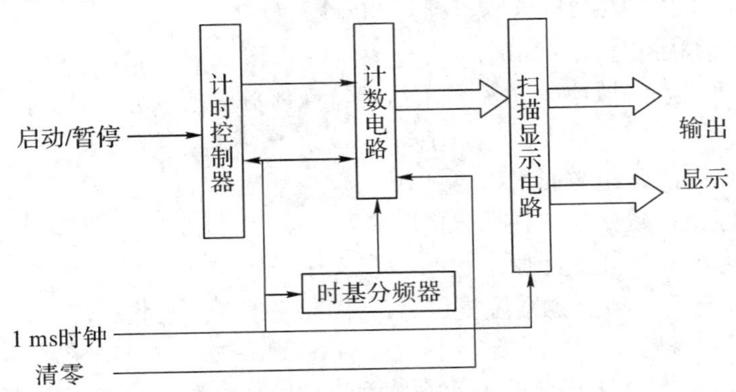

图 7.10　系统顶层框图

1. 计时控制器作用是控制计时。计时控制器的输入信号是启动、暂停和清零。为符合惯例，将启动和暂停功能设置在同一个按键上，按一次是启动，按第二次是暂停，按第三次是继续。所以计时控制器共有两个开关输入信号，即启动/暂停和清除。计时控制器输出信号为计数允许/保持信号和清零信号。

2. 计时电路的作用是计时，其输入信号为 1 kHz 时钟、计数允许/保持和清零信号，输出为 10 ms、100 ms、1 s 和 1 min 的计时数据。

3. 时基分频器是一个 10 分频器，产生 10 ms 周期的脉冲，用于计时电路时钟信号。

4. 显示电路为动态扫描电路，用以显示十分位、1 min、10 s、1 s、100 ms 和 10 ms 序号。

程序设计提示：

程序设计分为两大模块，control 控制模块以及由 cdu99 和两个 cdu90s 级联组成的计数模块。

三、设计报告要求

1. 画出顶层原理图。
2. 用 VHDL 语言设计各子模块。
3. 叙述各子模块和顶层原理图的工作原理。
4. 给出各模块和顶层原理图的仿真波形图。
5. 给出硬件测试流程和结果。

设计五　交通灯控制器

一、实验任务及要求

1. 能显示十字路口东西、南北两个方向的红、黄、绿三色的信号指示灯状态。

用两组红、黄、绿三色灯作为两个方向的红、黄、绿灯。变化规律为：东西绿灯，南北红灯→东西黄灯，南北红灯→东西红灯，南北绿灯→东西红灯，南北黄灯→东西绿灯，南北红灯……依次循环。

2. 能实现正常的倒计时功能。用两组数码管作为东西和南北方向的允许或通行时间的倒计时显示，显示时间为红灯 45 秒、绿灯 40 秒、黄灯 5 秒。

3. 能实现紧急状态处理的功能：

(1) 出现紧急状态(例如消防车、警车执行特殊任务时要优先通行)时，两路上所有车禁止通行，红灯全亮；

(2) 显示倒计时的两组数码管闪烁；

(3) 计数器停止计数并保持在原来的状态；

(4) 特殊状态解除后能返回原来状态继续运行。

4. 能实现系统复位功能。系统复位后，东西绿灯亮，南北红灯亮，东西计时器显示 40 秒，南北显示 45 秒。

5. 用 VHDL 语言设计符合上述功能要求的交通灯控制器，并用层次化设计方法设计该电路。

6. 控制器、置数器的功能用功能仿真的方法验证，可通过有关波形确认电路设计是否正确。

7. 完成电路全部设计后，通过系统实验箱下载验证设计课题的正确性。

二、系统顶层框图

系统顶层框图如图 7.11 所示。

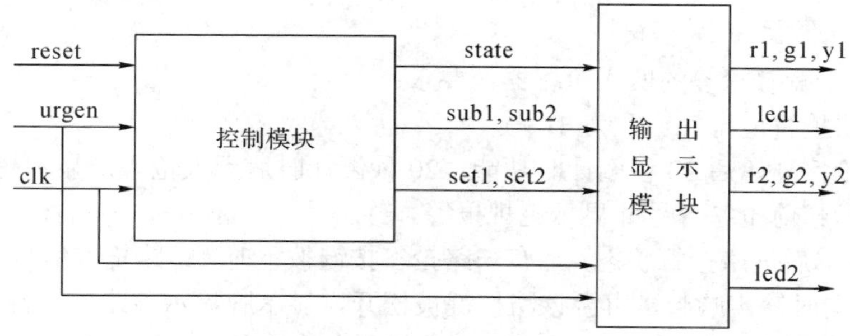

图 7.11　系统顶层框图

1. 信号说明

reset：系统复位；

clk：计时和闪烁频率；

urgen：紧急情况信号，高电平代表紧急情况出现；

state：状态变化信号，00 代表东西绿灯，南北红灯；01 代表东西黄灯，南北红灯；10 代表东西红灯，南北绿灯；11 代表东西红灯，南北黄灯；

sub1、sub2：东西和南北方向的计数器减 1 信号；

set1、set2：东西和南北方向的计数器置数信号；

r1、g1、y1：东西方向的红灯、绿灯和黄灯；

led1：东西方向的计时显示；

r2、g2、y2：南北方向的红灯、绿灯和黄灯；

led2：南北方向的计时显示。

2. 模块说明

(1) 输出模块：正常状态下通过控制模块输出的 state 状态信号、sub 减 1 信号和 set 置数信号控制东西和南北方向的指示灯和计数显示；紧急状态下通过 urgen 紧急信号、clk 时钟信号处理紧急情况，输出红灯，计数输出值不断闪烁。

(2) 控制模块：通过对时钟的计数控制运行状态的转变，输出相应的状态变化信息、递减信号和置数信号给输出模块进行显示；出现紧急情况时停止计数和状态的变化，解除紧急状态后继续原来的运行状态。

三、设计报告要求

1. 画出顶层原理图。

2. 对照交通灯电路框图分析电路工作原理。

3. 写出各功能模块的 VHDL 语言源文件。

4. 叙述各模块的工作原理。

5. 详述控制器部分的工作原理，绘出详细电路图，写出 VHDL 语言源文件，画出有关状态机的变化。

6. 书写实验报告时应结构合理，层次分明，在分析时注意语言流畅、易懂。

设计六　四人抢答器

一、实验任务及要求

1. 设计用于竞赛抢答的四人抢答器，要求：

(1) 有多路抢答，抢答台数为 4；

(2) 具有抢答开始后 20 秒倒计时功能，20 秒倒计时后无人抢答，显示超时并报警；

(3) 能显示超前抢答台号并显示犯规报警。

2. 系统复位后进入抢答状态，当有一路抢答按键按下时，该路抢答信号将其余各路抢答信号封锁，同时铃声响起，直至该路按键被松开，显示牌显示该路抢答台号。

3. 用 VHDL 语言设计符合上述功能要求的四人抢答器，并用层次化设计方法设计该电路。

4. 完成电路全部设计后，通过系统实验箱下载验证设计课题的正确性。

二、系统顶层框图

满足本设计要求的四人抢答器系统顶层框图如图 7.12 所示。

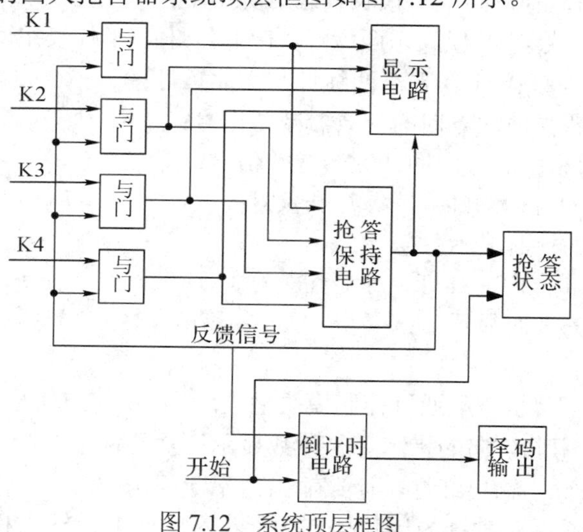

图 7.12　系统顶层框图

系统复位后，反馈信号为一个高电平，使 K1、K2、K3、K4 键入有效。当抢答开始后，在第一个人按键后，保持电路输出低电平，同时送抢答信号至显示电路，让其保存按键的台号并输出，同时反馈给抢答台，使所有抢答台输入无效，计时电路停止。当在规定时间内无人抢答时，倒计时电路输出超时信号。当主持人未说完开始二字时，若有人抢先按键则显示犯规信号。

三、设计报告要求

1. 画出顶层原理框图。
2. 对照四人抢答器电路框图分析电路工作原理。
3. 写出各功能模块的 VHDL 语言源文件。
4. 书写实验报告时应结构合理，层次分明，在分析时注意语言的流畅性与易读性。

设计七　四位并行乘法器

一、实验原理及要求

实现并行乘法器的方法有很多种，但是归结起来基本上就分为两类，一类是靠组合逻辑电路实现，另一类通过流水线结构实现。流水线结构的并行乘法器的最大优点就是速度快，尤其是在连续输入的乘法器中，可以达到近乎于单周期的运算速度，但是实现起来比组合逻辑电路要稍微复杂一些。下面就组合逻辑电路实现无符号数乘法的方法作详细介绍。

假如有被乘数 A 和乘数 B，首先用 A 与 B 的最低位相乘得到 S1，然后再把 A 左移 1 位与 B 的第 2 位相乘得到 S2，再将 A 左移 3 位与 B 的第 3 位相乘得到 S3，依此类推，直到把 B 的所有位都乘完为止，然后再把乘得的结果 S1、S2、S3……相加，即得到相乘的结果。需要注意的是，具体实现乘法器时，并不是真正地去乘，而是利用简单的判断去实现，举个简单的例子：假如 A 左移 n 位后与 B 的第 n 位相乘，如果 B 的这位为‘1’，那么相乘的中间结果就是 A 左移 n 位后的结果，否则如果 B 的这位为‘0’，那么就直接让相乘的中间结果为‘0’即可。待 B 的所有位相乘结束后，把所有的中间结果相加即得到 A 与 B 相乘的结果。

本设计的任务是实现一个简单的四位并行乘法器，被乘数 A 用拨挡开关模块的 K1～K4 来表示，乘数 B 用 K5～K8 来表示，相乘的结果用 LED 模块的 LED1_1～LED1_8 来表示，LED 亮表示对应的位为‘1’。

二、设计内容

1. 用 VHDL 语言设计上述程序。
2. 完成程序的编译、综合、适配、仿真。
3. 完成程序的硬件验证。

三、设计报告要求

1. 写出四位乘法器的 VHDL 语言设计源程序。
2. 给出仿真波形图。
3. 给出硬件验证图。
4. 书写实验报告时应结构合理，层次分明，在分析时注意语言流畅、易懂。

设计八　步长可变的加减法计数器

一、实验任务及要求

计数器的步长是指计数器每次的改变量，比如上一个实验中的计数模块 74169，它每次改变的时候要么加 1，要么减 1，因此我们就说该计数器的步长为 1。

在很多应用场合，都希望计数器的步长可变。所谓步长可变，也就是计数器的步长是一个不定值，具体是多少是要靠外部干预的，比如外部给定其步长为 5，那么该计数器每次要么增加 5，要么减少 5，也就是说计数器每次的改变量是 5。这种步长可变的计数器才具有一定的实际意义。比如在 DDFS 中的地址累加器就是一个步长可变的递增计数器。

本设计要完成的任务就是设计一个 8 位的计数器，步长的改变量要求从 0～15，实验中用拨挡开关模块的 K1～K4 来作为步长改变量的输入(二进制表示)，用 K8 来控制计数器的增减，具体要求为：当 K8 输入为高时，计数器为步长可变的加计数器；当 K8 输入为低时，计数器为步长可变的减计数器。计数器输出的 Q 值用 LED 模块的 LED1_1～LED1_8 来表示(二进制)。实验中计数器的时钟频率为了便于眼睛观察，同上个实验一样用 1 Hz 的时钟。

二、设计内容

1. 用 VHDL 语言设计上述程序。
2. 完成程序的编译、综合、适配、仿真。
3. 完成程序的硬件验证。

三、设计报告要求

1. 写出变步长加减法计数器的 VHDL 语言设计源程序。
2. 给出仿真波形图。
3. 给出硬件验证图。
4. 书写实验报告时应结构合理，层次分明，在分析时注意语言流畅、易懂。

设计九　VGA 彩条发生器

一、　实验任务及要求

VGA 显示器在显示过程中主要由五个信号来控制，分别是 R、G、B、HS 和 VS。其中，R、G、B 分别用来驱动显示器三个基色的显示，即红、绿和蓝，HS 是行同步信号，VS 是场同步信号。在做本实验时，由于没有任何显示器驱动，所以显示器工作在默认状态，分辨率为 640×480，刷新率为 60 Hz。在此状态下，当 VS 和 HS 都为低电平时，VGA 显示器为点亮状态，其正向扫描过程约为 26 μs。当一行扫描结束后，行同步信号 HS 置高电平，持续约 6 μs 后，变成低电平，在 HS 为高电平期间，显示器产生消隐信号，这就是显示器回扫的过程。当扫描完一场后，也就是扫描完 480 行以后，场同步信号 VS 置高电平，产生场同步，此同步信号可以使扫描线回到显示器的第一行第一列位置。显示器显示的时序图如图 7.13 所示。

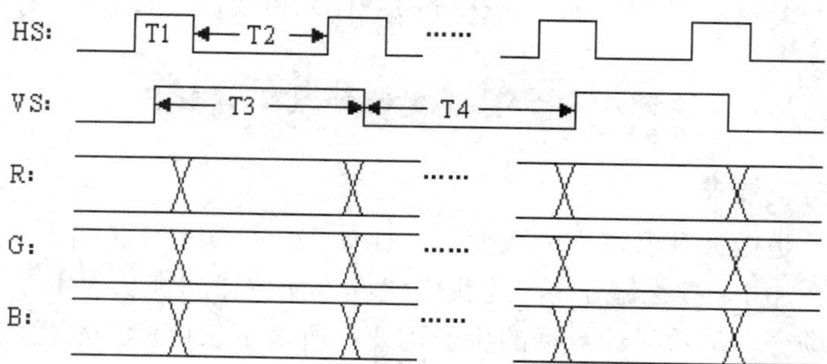

图 7.13　CRT 显示器时序

图中 T1 为同步消隐信号，脉宽约为 6 μs，T2 为行显示过程，脉宽约为 26 μs，T3 为行同步信号，宽度为两个行同步周期，T4 为显示时间，约为 480 行周期。

本设计要完成的任务就是通过 FPGA 在显示器上显示一些条纹或图案，要求 CRT 显示器上能够显示横条纹、竖条纹以及棋盘格子图案。实验中系统时钟选择时钟模块的 12 MHz，用一个按键模块的 S1 来控制显示模式，每按下一次，屏幕上的图案改变一次，依次为横条纹、竖条纹以及棋盘格子图案。实验的输出信号直接输出到 VGA 接口，并通过 CRT 显示器显示出来。

二、设计内容

1. 用 VHDL 语言设计上述程序。
2. 完成程序的编译、综合、适配、仿真。
3. 完成程序的硬件验证。

三、设计报告要求

1. 画出顶层原理图。
2. 分析电路工作原理。
3. 写出彩条发生器的 VHDL 语言源文件。
4. 给出硬件验证图。
5. 书写实验报告时应结构合理，层次分明，在分析时注意语言流畅、易懂。

附录　试验箱接口资源 I/O 对照表

1. 复位信号

信号名称	对应 FPGA 引脚
RESET	210

2. 串行接口(RS-232)

信号名称	对应 FPGA 引脚
RXD	221
TXD	220

3. VGA 接口

信号名称	对应 FPGA 引脚
R	50
G	55
B	52
HS	57
VS	56

4. PS/2 接口

信号名称	对应 FPGA 引脚
CLOCK1	101
DATA1	100
CLOCK2	99
DATA2	98

5. USB 接口模块

信号名称	对应 FPGA 引脚	信号名称	对应 FPGA 引脚
DB0	219	DB7	101
DB1	218	A0	189
DB2	217	WR	198
DB3	216	RD	201
DB4	214	CS	195
DB5	207	INT	196
DB6	100	SUSPEND	未用

6. LCD 显示模块

信号名称	对应 FPGA 引脚	信号名称	对应 FPGA 引脚
DB0	113	DB6	106
DB1	111	DB7	103
DB2	110	C/D	117
DB3	109	WR	182
DB4	108	RD	181
DB5	107	CS	112

7. 以太网接口模块

信号名称	对应 FPGA 引脚	信号名称	对应 FPGA 引脚
SA0	183	SD2	207
SA1	182	SD3	214
SA2	181	SD4	216
SA3	118	SD5	217
SA4	117	SD6	218
SA5	113	SD7	219
SA6	110	RD	106
SA7	111	WR	107
SA8	108	AEN	103
SA9	109	INT	185
SD0	101	RESET	102
SD1	100		

8. LED 显示模块

信号名称	对应 FPGA 引脚	信号名称	对应 FPGA 引脚
D1_1	219	D2_1	201
D1_2	218	D2_2	198
D1_3	217	D2_3	196
D1_4	216	D2_4	195
D1_5	214	D2_5	189
D1_6	207	D2_6	188
D1_7	203	D2_7	187
D1_8	202	D2_8	186

9. 拨挡开关模块

信号名称	对应 FPGA 引脚	信号名称	对应 FPGA 引脚
K1	78	K5	83
K2	82	K6	86
K3	81	K7	85
K4	84	K8	99

10. 按键模块

信号名称	对应 FPGA 引脚	信号名称	对应 FPGA 引脚
S1	65	S5	71
S2	70	S6	76
S3	69	S7	73
S4	72	S8	80

11. 键盘阵列模块

信号名称	对应 FPGA 引脚	信号名称	对应 FPGA 引脚
ROW0	65	COL0	71
ROW1	70	COL1	76
ROW2	69	COL2	73
ROW3	72	COL3	80

12. 七段码显示模块

信号名称	对应 FPGA 引脚	信号名称	对应 FPGA 引脚
A	56	G	46
B	57	DP	49
C	52	SEL0	68
D	55	SEL1	63
E	50	SEL2	64
F	51		

13. 交通灯显示模块

信号名称	对应 FPGA 引脚	信号名称	对应 FPGA 引脚
R1	45	R2	38
Y1	41	Y2	39
G1	43	G2	22

14. 高速 DA 和高速 AD 模块

信号名称	对应 FPGA 引脚	信号名称	对应 FPGA 引脚
DB0	4	DB6	19
DB1	240	DB7	18
DB2	6	AD_CLK	239
DB3	5	AD_OE	238
DB4	13	DA_CLK	21
DB5	9		

15. 存储器模块

信号名称	对应 FPGA 引脚	信号名称	对应 FPGA 引脚
A0	174	A17	120
A1	128	A18	173
A2	131	A19	160
A3	132	A20	144
A4	133	DB0	126
A5	134	DB1	119
A6	135	DB2	176
A7	137	DB3	177
A8	139	DB4	162
A9	145	DB5	164
A10	146	DB6	166
A11	159	DB7	167
A12	148	RD	168
A13	147	WR	142
A14	161	SRAM_CS	175
A15	169	FLASH_CS	127
A16	171		

16. 音频 CODEC 模块

信号名称	对应 FPGA 引脚
SDIN	99
SCLK	94
CS	95

17. 时钟源模块(1 Hz～48 MHz)

信号名称	对应 FPGA 引脚
CLOCK	33

18. 直流电机模块

信号名称	对应 FPGA 引脚
PWM	20
SPEED	37

19. 输入/输出探测模块

信号名称	对应 FPGA 引脚
INPUT	93
OUTPUT	95

参 考 文 献

[1] 高飞，王玮，何春燕．EDA 技术基础．广州：中山大学出版社，2013．

[2] 潘松．VHDL 实用教程．成都：电子科技大学出版社，2000．

[3] 吴翠娟，陈曙光．EDA 技术．北京：清华大学出版社，2009．

[4] 范晶彦，黄蓉．EDA 技术及应用．北京：机械工业出版社，2011．

[5] 徐飞．EDA 技术与实践．北京：清华大学出版社，2011．

[6] 高有堂，徐源．EDA 技术与创新实践．北京：机械工业出版社，2012．